工业和信息化"十三五"
人才培养规划教材

U0160334

Python
程序设计基础教程

慕课版

宗大华 宗涛 ◉ 编著

BASIC COURSE OF
PYTHON PROGRAMMING

人民邮电出版社
北 京

图书在版编目（CIP）数据

Python程序设计基础教程：慕课版 / 宗大华，宗涛编著. -- 北京 : 人民邮电出版社，2021.10（2022.1重印）
工业和信息化"十三五"人才培养规划教材
ISBN 978-7-115-55066-8

Ⅰ. ①P… Ⅱ. ①宗… ②宗… Ⅲ. ①软件工具－程序设计－高等学校－教材 Ⅳ. ①TP311.561

中国版本图书馆CIP数据核字(2020)第201319号

内 容 提 要

本书主要讲解 Python 编程的基础知识，全书分为 4 个部分。第一部分是搭建工作平台：Python的安装、Sublime Text 的安装、Python 程序的运行、Python 自带的集成开发环境 IDLE 简介。第二部分是基础知识：变量、字符串、常量、表达式，选择和循环：程序的结构，元组、列表、字典，函数。第三部分是提高：类、图形用户界面（GUI）、异常处理及程序调试、文件与目录操作、基本数据结构的扩展。第四部分是实践：用 Python 的游戏模块 pygame 编制 3 个较为简单的游戏，一是跳跃的小圆球，二是一步步行走的小圆球，三是小鸟穿越门柱游戏。

本书语言简洁清晰，描述通达明了，各个部分的内容都配有大量的程序例子进行解释，每个例子都能够在所搭建的平台上正确运行。每章后面附有思考与练习。

本书适合作为高等院校、高职高专院校 Python 基础课程的教材，也可作为 Python 爱好者的学习参考书。

♦ 编　著　宗大华　宗　涛
　　责任编辑　桑　珊
　　责任印制　彭志环
♦ 人民邮电出版社出版发行　　北京市丰台区成寿寺路 11 号
　　邮编　100164　　电子邮件　315@ptpress.com.cn
　　网址　https://www.ptpress.com.cn
　　三河市中晟雅豪印务有限公司印刷
♦ 开本：787×1092　1/16
　　印张：19.75　　　　　　　　　　2021 年 10 月第 1 版
　　字数：560 千字　　　　　　　　2022 年 1 月河北第 2 次印刷

定价：69.80 元
读者服务热线：(010)81055256　印装质量热线：(010)81055316
反盗版热线：(010)81055315
广告经营许可证：京东市监广登字 20170147 号

前言 开篇絮语

0.1 火热的 Python

2017 年 12 月 12 日,一则消息出现在朋友圈,"重大改革: Python 语言将被加入高考科目, VB 惨被淘汰!"从 2018 年起,浙江省中小学信息技术教材编程语言从 Visual Basic 更换为了 Python。其实不止浙江,北京和山东也确定要把 Python 编程基础纳入中小学信息技术课程和高考的内容体系。教育部考试中心于 2017 年 10 月 11 日发布了《关于全国计算机等级考试(NCRE)体系调整的通知》,决定自 2018 年 3 月起,在计算机二级考试中加入 Python 程序设计科目。

Python 具有其他语言所没有的易学、简洁的特点,已经成为一种广受欢迎的编程语言。

0.2 关于 Python

1. Python 的作者

Python 是一个名叫吉多·范罗苏姆(Guido van Rossum)的荷兰人(见图 0-1)在 1989 年开始研发的,那时他 35 岁,正在荷兰的数学和计算机科学研究院工作。1991 年初,Python 的第一个公开发行版本问世,推出后不久就得到了各行各业人士的青睐和好评。1995 年,Guido 移居美国。

图 0-1

2. Python 的研发过程

据说,1989 年圣诞节期间,Guido 为了打发节日中寂寞难耐的漫长时日,突发奇想,决心开发一种新的脚本解释程序,以继承和完善 ABC 语言的功能。ABC 程序设计语言最初是他们团队创造的,当时的设想当然是美好的,但由于没有互联网,在开发者和使用者之间不能形成积极反馈的环路,因此开发的 ABC 语言没有达到预期的目标。Guido 指出,ABC 语言为什么最后以失败告终? 那是由于没有互联网的支撑,没有采用所谓的开源性。

所谓软件的"开源性",通常的理解是"开放源代码"的意思。在计算机发展的早期阶段,软件大都是开放源代码的,任何人使用软件的同时都可以查看该软件的源代码,甚至还可以根据自己的需要去修改它。但随着软件开发逐渐变得商业化,软件成了被知识产权保护的一种"产品",人们获取软件时不再能够附带得到源代码。直到现在,专有软件不公开源代码仍是默认的一种行业规则。

ABC 项目失败 5 年之后,互联网已蓬勃地展现在了人们的面前。Guido 汲取了之前 ABC 语言的开发经验和教训,大大增强了开发中的反馈环路,就势提出了开发 Python 的成熟思想,并且获得了极大的成功。可以这么说,Python 是在 ABC 语言的基础上,一步一步地发展和完善起来的。Python 绝对不可能是 Guido "突发奇想",一蹴而就得来的。要知道,任何一件事情,没有付出根本不可能有收获! 他自己就说:"我相信,网络发展对于我程序语言的成功所做的贡献,远远超过我的编程技巧和经验。"

3. Python 名字的由来

Python 一词的含义是"大蟒蛇",因此很多 Python 的图书封面都会印着一条蛇。但 Guido 选中 Python

作为该编程语言的名字，是因为他是一个叫 Monty Python 的喜剧团体的"粉丝"。

4. 目前 Python 的主要应用领域

（1）云计算

云计算（Cloud Computing）是一种按使用量付费的模式，这种模式按需提供可用的、便捷的网络访问，进入可配置的计算资源共享池（资源包括网络、服务器、存储、应用软件、各种服务等），这些资源能够被快速提供，只需投入很少的管理，且价廉物美，极少需要交互。目前，云计算技术在网络购物、水电费收取、养老金发放、网络购票等领域运用广泛。

Python 的强大之处在于模块化和灵活性高，而构建云计算平台 IaaS 服务的 OpenStack 就是采用 Python 设计的。云计算的其他服务都建立在 IaaS 服务之上，掌握 Python 是使用 OpenStack 开发的基础。

（2）Web 开发

实现 Web 开发的技术路线有很多，例如传统的.Net、很火热的 Java，而 Django 作为 Python 的 Web 开放框架，因为灵活易学，已经越来越受程序员的欢迎和追捧。使用 Django 可以用很小的代价构建和维护高质量的 Web 应用。例如 Reddit、豆瓣、YouTube、Quora、SlideShare 等网站的开发都应用到了 Python。

（3）人工智能

人工智能（Artificial Intelligence，AI）是计算机科学的一个分支，它尝试了解智能的实质，并生产出一种新的、能以与人类智能相似的方式做出反应的智能机器。该领域的研究包括机器人、语言识别、图像识别、自然语言处理和专家系统等。人工智能可以使用几乎所有编程语言实现，如 C 语言、C++、Java、LISP、Prolog、Python 等。Python 是非常适合人工智能的编程语言，因为相比于其他编程语言，Python 具有更加人性化的设计，有丰富的 AI 库、机器学习库、自然语言和文本处理库等。例如，深度学习框架 TensorFlow 的大部分代码是用 Python 编写的。

（4）大数据

大数据（Big Data）的采集、整理和利用在各行各业应用广泛，大数据已经成为政府、企业做出各种重大决策的依据。由于数据量大、种类繁多，大数据的处理必须采用分布式计算架构，依托云计算的分布式处理、分布式数据库、云存储和虚拟化技术。很多大公司，都推出了自己的大数据框架和服务，比较流行的有 MapReduce、Hadoop 和 Spark。MapReduce 作为 Hadoop 数据集的并行运算模型，除了提供 Java 编写 MapReduce 任务外，还兼容了 Streaming 方式，使用 Python 编写 MapReduce 任务的优点是开发简单且灵活。

（5）金融

Python "精通"于计算，其语法精确、简洁，很容易实现金融算法和数学计算。Python 具有大量宝贵的第三方工具，这使它成为处理金融（Finance）行业错综复杂的事务的可靠选择。如我们可以利用 Python 的 datetime.time 对象进行索引，抽取出每天特定时间的盘中市场价格数据。目前，Python 已广泛应用于银行、保险、投资、股票交易、对冲基金、券商等公司和部门。

（6）图形用户界面

图形用户界面（Graphical User Interface，GUI）是一种人与计算机进行交互的界面显示方式，用户通过鼠标、键盘等设备选择窗口中的图标或菜单项，达到执行命令、调用文件、启动程序或执行其他任务的目的。GUI 通常由窗口、菜单、对话框、按钮等组成，它的广泛应用极大地方便了非计算机专业用户使用计算机，人们从此不再需要死记硬背大量的操作命令了。图 0-2 是利用 Python 提供的 GUI 设计出来的窗口操作界面：左边是列表框（可以用鼠标单击进行选取），中间是多行文本框（如同一个小编辑器，接受多行文本的输入），右边是 4 个按钮（可以通过鼠标单击不同的按钮，完成不同的工作）。

图 0-2

（7）科学计算

随着 NumPy、SciPy、matplotlib、ETS 等众多程序库的出现，Python 越来越适合进行科学计算。与科学计算（Scientific Calculation）领域最流行的商业软件 MATLAB 相比，Python 是一门真正的通用程序设计语言，比 MATLAB 所采用的脚本语言的应用范围更广泛，有更多程序库的支持，适用于 Windows 和 Linux 等多种操作系统，完全免费并且开放源代码。虽然 MATLAB 中的某些高级功能目前还无法用 Python 替代，但是基础性、前瞻性的科研工作和应用系统的开发，完全可以借助 Python 来完成。

5. Python 的主要版本

目前市面上较为流行的 Python 版本为 2.x 及 3.x。从资料上看，2010 年 7 月发布的是 Python 的 2.7 版，2008 年 12 月发布的是 Python 的 3.0 版，2015 年 9 月发布的是 Python 的 3.5 版，2018 年 6 月发布的是 Python 的 3.7 版。

Python 3.x 没有向下兼容的功能，在编程中的书写格式及提供的扩展库的数量与第二版或多或少有所不同。因此在选择安装版本的时候，应该考虑清楚。

不过，Python 3.x 毕竟是大势所趋，在没有具体应用限制的前提下，建议在自己的计算机上安装 Python 3.x 系列的高版本。本书是在 Python 3.6.4 的基础上进行介绍和讨论的。

0.3 对 Python 的评说

相比 C/C++、C#、Java、PHP、Ruby 等编程语言，Python 的发展一路高歌猛进，这把火不仅在程序员的圈子里越烧越旺，甚至还烧到了程序员的圈子外，使 Python 逐渐成为一种人们认识、接受、喜欢的程序设计语言。之所以能这样，都是因为它不俗的表现。

使用者对 Python 是如何评说的？下面列出几点。

1. 简单性

用 Python 编写的程序，简单又易懂。初学者学习 Python，入门快捷、上手容易，将来如果要深入下去，编写大而复杂的程序是水到渠成的事情。

例如要编写一个程序，它接收从键盘输入的两个整数，将其中的大数输出。图 0-3 所示程序是用 C 语言编写的，图 0-4 所示程序是用 Python 编写的。

图中给人的印象大致会有如下几点。

（1）用 C 语言写的程序"长"，用 Python 写的程序"短"。有人说，若要实现同样的功能，Python 用 10 行代码就可以解决，用 C 语言则可能需要 100 行甚至更多。

```
#include "stdio.h"
int max(int x, int y)
{
 int temp;
 if (x>y)
  temp=x;
 else
  temp=y;
 return(temp);
}
main()
{
 Int a,b,c;
 scanf("%d%d",&a,&b);
 c=max(a,b);
 print("max=%d\n,c";
}
```

图 0-3　C 语言程序

```
def max(x1,x2):
        if x1>x2:
                temp=x1
        else:
                temp=x2
        return temp

print('Please enter two integers!')
a=input('Enter first integer: ')
b=input('Enter second integer: ')
c=max(int(a),int(b))
print('The maximum number is:%d '%c)
```

图 0-4　Python 程序

（2）用 C 语言写的程序，语法极为严谨周密，如大括号、分号等；而用 Python 编写的程序，除了"缩进"外，语法上的限制较少，编写起来较为轻松。

（3）用 C 语言写的程序，里面要对每一个变量进行类型说明，而 Python 中却没有这些"啰唆"，拿来就可以用。

总之，Python 程序结构简单，语法清晰明了，学习起来自然容易上手。

2. 丰富的类库

Python 的最大优势是它有丰富且齐全的类库。正是这些类库，支持着许多常见编程任务的开发，基本上你想通过计算机实现任何功能，Python 都有相应的模块供选用，从而大大降低了开发周期，避免重复无效的劳动付出。

3. 高级语言

Python 是一种计算机高级语言。当用它编写程序的时候，你根本无须去过问和考虑诸如内存分配之类的底层细节，这些事情全由计算机的操作系统负责完成。

计算机只能执行它的机器指令，通常称这些机器指令集合为"机器语言"。当今，人们把能够编写程序的语言分为机器语言、汇编语言及高级语言 3 种。偏向底层功能设计的是低级语言，如机器语言、汇编语言。其实，低级语言并不是说它能够完成的功能少，而是说用它来编程实在是太麻烦了。但无论你是用"低级"还是"高级"语言来编程，最终都要将所编写出来的源程序翻译成计算机能够"听懂"的机器语言，这样程序才能够被计算机执行。

把高级语言编写出来的源程序翻译成机器语言，目前有两种办法：编译和解释。所谓"编译"，就是通过编译器把源程序的每一条语句一次性地翻译成机器语言，然后提供给计算机执行。既然计算机最终是直接以机器语言来运行程序的，那么速度自然很快。所谓"解释"，就是只在执行程序时，才通过解释器一条一条地把语句解释成机器语言，提供给计算机执行，相比之下运行速度会比编译型的程序逊色一些。

Python 属于解释型的高级语言，因此它的执行速度没有 C 语言等编译型的语言那么快。不过话又说回来，由于 Python 是一种知道如何不妨碍你编写程序的语言，它能够让你毫无困难地实现所需要的功能，能够让你编写的程序清晰易懂，还可以节约编写程序的时间。考虑到这一切，选用 Python 似乎是顺理成章的。

4. 可移植性

由于 Python 具有"开源"本质，它已被成功地移植到了许多平台上。可移植性是目前体现软件质量的重要标准之一。良好的可移植性可以提高软件的生命周期。

不过要注意，可移植性并不是指所写的程序不做修改就可以在任何计算机上运行，而是指当条件有变化时，程序无须做很多的修改就可运行。

5. 可扩展性

一个设计良好的程序，应该允许更多的功能在有必要的时候被插入适当的位置，以灵活应对未来可能需要进行的功能扩充和修改。与可移植性相似，可扩展性也是软件设计的重要原则之一，是一种"未雨绸缪"的思想体现。

例如，如果需要把原先编写的一段代码加以改进，使其运行得更快，或者不希望公开某些算法，那么你可以把部分程序用 C 语言或 C++编写，然后在你的 Python 程序中使用它们。

6. 可嵌入性

可以把用 Python 所编写的程序嵌入 C/C++程序中，以达到向你的程序用户提供"脚本"功能的目的。也就是说，此时的 Python 起到了脚本语言的作用。

脚本语言其实是为了缩短"编程→编译→链接→运行"4 个步骤而创建的一种计算机编程语言，相当于以往的批量处理语言或工作控制语言。脚本语言通常具有简单、易学、易用的特性，一个脚本通常被解释执行而不是编译。

7. 无可盗版

Python 是解释型的高级程序设计语言，它的源代码都是以明文形式存放的，因此不会产生以往的盗版问题。当然，如果你项目的源代码必须是加密的，那么你一开始就不要用 Python 作为编程语言，否则就违背了 Python 被设计出来的"初心"。

0.4 关于作者及本书

本书是我基于多年教学和编程经验学习 Python 时所形成的心得的汇总，希望能帮助大家掌握这种 AI 时代的编程语言，起到抛砖引玉的作用。在即将结束前言之前，再说以下几点。

其一，我长期奋斗在教学第一线。

我于 1962 年毕业于南开大学数学力学系，随后分配至某军事院校任教；1969 年从部队转业至北京某工厂；1973 年回调至北京某市属高校计算机系任教，自此一直工作在计算机教学的第一线，直至退休。

其二，我的写作生涯。

我自 2000 年正式退休后，一直与人民邮电出版社合作，至今已近 20 年。曾经编撰过《汇编语言》《C 语言程序设计》《数据结构》《操作系统》等多部有关计算机基础知识的教材，受到读者的欢迎和好评。其中，《操作系统》一书入选为"普通高等教育"十一五"国家级规划教材"，目前已连续再版 4 次。

其三，本书是 Python 语言的基础篇。

我在漫长的教学生涯中，既接触过机器语言、面向过程的语言，也接触过面向对象的语言，我体会最为深刻的是：要掌握一种编程语言，就必须吃透该语言的基础知识。只有基础扎实、融会贯通，编程才会得心应手。学习 Python 自然也是如此，正所谓"九层之台，起于累土"。

其四，本书所有程序都经过验证。

我的计算机上运行的是 Windows 操作系统，哪怕是书中几条简单的代码行，都是通过 Sublime Text 编写后在 Python 环境中运行验证过的。用 Python 编程确实很容易上手，但它的语法同样也是非常严格的。在整个学习过程中，我总结了编写时最容易出现的错误，主要有以下几个：

- 是否在需要冒号（：）的地方丢失了冒号；
- 单引号或双引号未配对；
- 该缩进的地方未正确地缩进；
- if-else 安排得不符合逻辑、位置不正确；
- 变量类型不正确，需要进行转换（int、str 等）；
- 未及时进行了中英文输入方式的切换。

有时标注的出错信息位置（^）是指其前还是其后，并不是很准确。编程时，如果能随时谨记上述几点，就有可能降低出错的概率，并有助于快速定位错误位置，提高编程的效率。

其五，期望。

当前出版的 Python 书籍多为舶来品，这些译著都是大部头，涉猎面广，但细读之下多会给人以"面面俱到""蜻蜓点水"的感觉。我希望这本《Python 程序设计基础教程（慕课版）》能够满足国内初学者学习和 Python 教学的需要。如果真的能够做到这一点，我的那颗耄耋之心会受到极大的安慰。

编著者

2021 年 6 月

目录 CONTENTS

第11章

第1章
搭建Python的工作平台

01

与其他程序设计语言一样，要使用 Python 编程，就需要在计算机里搭建起可以让它工作的平台。这个平台至少要由两个部分组成：一是语言编译（或解释）程序，二是代码编辑程序，二者缺一不可。在本书中，前者是 Python，后者是 Sublime Text。本章将向读者介绍这两个程序的具体安装过程。

要说明的是，适合 Python 的文本编辑程序有多种，Sublime Text 仅是其中之一。还要说明的是，这里介绍的安装过程，都是针对 Windows 操作系统的。如果使用的是 Linux 或 Mac OS X 等操作系统，那么安装过程会有所不同，这里不做介绍。

慕课视频

第 1 章

1.1 Python 的安装

学习 Python 之前，首先要安装 Python，并搭建 Python 的工作平台。

1.1.1 在 Windows 操作系统下安装 Python

打开浏览器，进入 Python 的官网，如图 1-1 所示。

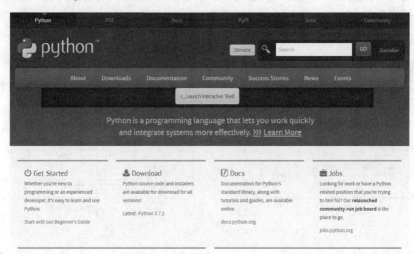

图 1-1

选择"Downloads"菜单，即可进入图 1-2 所示的下载界面。

单击画面中的黄色按钮即可下载当前最新版本的 Python 安装程序。本书以 Python 3.6.4 版本为例，其他版本的安装和使用方法类似。单击"下载"按钮，下载 Python 的安装程序。

这时桌面上出现图 1-3 所示的"新建下载任务"对话框，里面给出了下载的网址、名称和下载到的位置。如果保持默认设置，系统会将名称为"python-3.6.4.exe"的软件下载到"C:\"（C 盘的根目录）下。

图1-2

图1-3

下载完成后，屏幕上会出现图 1-4 所示的"打开文件-安全警告"对话框。单击"运行"按钮，就会出现图 1-5 所示的"Python 3.6.4（32-bit）Setup"对话框。

图1-4

图1-5

注意 在继续安装之前，要勾选图 1-5 所示的"Add Python 3.6 to PATH"复选框，把 Python 添加到计算机的环境变量 PATH 中去。以后每次使用 Python 时，就不必输入完整的路径了。

选择"Install Now"选项，开始安装，如图 1-6 所示。安装成功后，单击"Close"按钮，如图 1-7 所示，就会出现图 1-8 所示的"管理员：C:\Windows\system32\cmd.exe-python"窗口，它正是我们所需要的 Python 工作窗口，因为它显示了 Python 提示符">>>"。

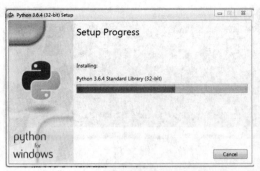

图 1-6

图 1-7

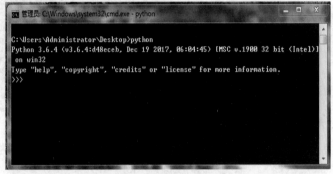

图 1-8

下载、安装完成后，可以查看当前计算机的 C 盘。这时，在其根目录下会出现 Python 的标识 "python-3.6.4"，如图 1-9 所示。

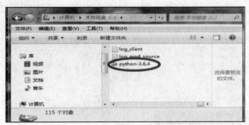

图 1-9

1.1.2　Python 的版本更新和卸载

如果计算机系统里已经安装了 Python，那么除非出现了新的版本，否则没有必要再去安装它。

识别计算机系统里有没有安装 Python，有如下两种方法。

（1）在桌面上按住 Shift 键的同时单击鼠标右键，在弹出的快捷菜单中选择"在此处打开命令窗口（W）"选项，打开图 1-10 所示的命令窗口。这时，在提示符 ">" 后输入 "python"，并按 Enter 键，如果窗口显示的结果如图 1-11 所示，则表明系统目前没有安装 Python。

（2）单击桌面上的"开始"按钮，选择里面的"运行"命令或按 Win+R 组合键，打开"运行"对话框，输入 "command"，如图 1-12 所示。单击"确定"按钮后，就会出现图 1-13 所示的窗口。

图 1-10 图 1-11

图 1-12 图 1-13

这时，在 ">" 后输入 "python"，按 Enter 键。若结果是 "'python' 不是内部或外部命令，也不是可运行的程序或批处理文件。" 表明系统里没有 Python；但如果显示 ">>>"，如图 1-14 所示，表明系统已经安装了 Python。

要退出 Python，可以在提示符 ">>>" 后输入命令 "exit()" 或按 Ctrl+Z(^Z)组合键。

如果已安装了 Python，需要更新或卸载 Python，可以重复以上的安装步骤，在出现图 1-5 所示的对话框后，会直接出现图 1-15 所示的对话框。这里提供了 3 项功能：Modify（修改）、Repair（恢复）、Uninstall（卸载）。

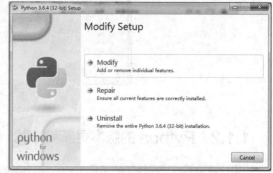

图 1-14 图 1-15

1.2 Sublime Text 的安装

Sublime Text 是一款跨平台的代码编辑器，具有美观的用户界面和强大的功能。本书以 Sublime Text 作为 Python 程序的编写工具。下面介绍 Sublime Text 的安装与使用方法。

1.2.1 在 Windows 操作系统下安装 Sublime Text

进入 Sublime Text 中文官网，如图 1-16 所示。单击 "下载" 按钮，打开下载界面，如图 1-17

所示。根据自己的计算机配置，选择下载合适的安装版本。

图 1-16

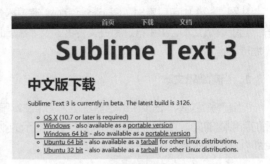

图 1-17

下载完成后，双击安装文件，打开图 1-18 所示的"Sublime Text3"对话框。勾选"添加到开始菜单"和"安装完成后立即运行"两个复选框后，单击"立即安装"按钮，出现图 1-19 所示的对话框，可以根据自己的需要选择软件的安装位置。这里将 Sublime Text 安装位置更改为 D 盘。注意不要勾选图中的复选框。

图 1-18

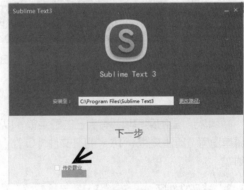

图 1-19

单击"下一步"按钮，出现图 1-20 所示的对话框。注意不要勾选图中的复选框。安装结束后，屏幕上就会立即出现编辑器 Sublime Text3 的工作窗口，如图 1-21 所示。下面就可以开始利用它来进行 Python 语言程序的编写了。

图 1-20

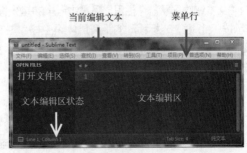

图 1-21

5

通过上述安装过程，Sublime Text 3 的快捷方式也会出现在桌面上，双击该图标即可打开程序，如图 1-22 所示。

图 1-22

1.2.2 Sublime Text 简介

从图 1-21 中可以看出，Sublime Text 编辑器分为 5 个部分：当前编辑文本、菜单行、打开文件区、文本编辑区状态和文本编辑区。

1. 当前编辑文本

"当前编辑文本"记录了编辑器正在为哪个文本服务。图 1-21 中记录的是"untitled"，即一个未命名的新创建的文本文件。而在图 1-23 中，显示的则是"D:\test4.py"，表示正在为 D 盘根目录下的 test4.py 文本服务。

图 1-23

2. 菜单行

"菜单行"里的菜单项都有自己的子菜单，以对应完成不同的工作。例如，菜单项"文件（F）"的子菜单里有"新建文件（N）""打开文件（O）""保存（S）"等，它们的含义大都是明确的，这里不再细讲。

3. 打开文件区

"打开文件区"（OPEN FILES）按照打开的顺序列出了文件的名字。例如，在图 1-23 中，先后打开的文件是 test1.py、test2.py 和 test4.py。其中，文件 test4.py 高亮显示，表明图 1-23 的"文本编辑区"里显示的是 test4.py 的文本内容，并正在对它进行编辑工作。

4. 文本编辑区状态

"文本编辑区状态"栏里，最左边记录的是光标在文本编辑区里的位置（行和列）；"Tab Size：4"表示按 Tab 键，光标移动的距离是 4 个空格；最右边记录的是"纯文本"（见图 1-21）或"Python"（见图 1-23），与目前正在编辑的文件类型有关，如果正在编辑的文件后缀是".py"（Python 文件），就呈现为"Python"，否则就呈现为"纯文本"。

5. 文本编辑区

只要在"打开文件区"里有打开的文件，在"文本编辑区"上方的标签栏中就会列出当前已打开文件的文件名，且正在被编辑的文件名高亮显示，与"打开文件区"是同步的。单击文件名，该文件的内容就会出现在"文本编辑区"中供用户编辑。单击文件名右边的"×"按钮可以关闭文件,如图 1-24 所示。

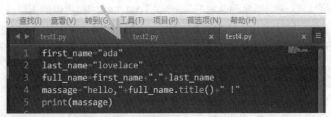

图 1-24

1.3 Python 程序的运行

计算机中安装了 Python 及 Sublime Text 后,就可以在它们的协助下,开始进行编写程序的工作了。

1.3.1 Python 程序的运行步骤

1. 调用 Sublime Text,编写程序

在 Sublime Text 的文本编辑区,输入"输出问候语"程序的代码:

```
1  first_name="adam"
2  last_name="smith"
3  full_name=first_name+"."+last_name
4  massage="hello,"+full_name+" !"
5  print(massage)
```

程序要实现的功能:

- 第 1 条语句是将名字"adam"存储在变量 first_name 里。
- 第 2 条语句是将姓"smith"存储在变量 last_name 里。
- 第 3 条语句是将名和姓拼成全名存储在变量 full_name 里。
- 第 4 条语句是拼成一句问候语,并将其存储在变量 massage 里。
- 第 5 条语句是在屏幕上输出问候语,如图 1-25 所示。

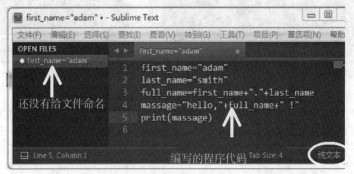

图 1-25

2. 保存程序

执行"文件(F)"→"保存(S)"命令,将编辑的文件存放在 D 盘根目录下,取名为"test",如图 1-26 所示。由于 Sublime Text 在 D 盘,将 test.py 存放在 D 盘会比较方便。

在图 1-26 中，单击"保存"按钮后，图 1-25 所示的窗口变为图 1-27 所示的窗口。请注意，这之间发生了很多变化：文件名变了；文件的性质由"纯文本"变为了"Python"；在程序文本里，有的符号和名称改变了颜色。这一切都是编辑器 Sublime Text 为程序员提供的信息，为程序员编写出正确的程序代码提供的便利。这些信息，随着学习的深入，我们会越来越多地涉及，也会渐渐体会到使用 Sublime Text 编辑程序的便利。

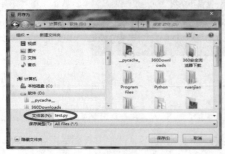

图 1-26

图 1-27

3. 执行程序

在桌面上，按住 Shift 键的同时单击鼠标右键，从弹出的快捷菜单里选择"在此处打开命令窗口（W）"选项（或"在此处打开 Powershell 窗口（S）"选项），进入"管理员：C:\Windows\system32\cmd.exe"窗口，如图 1-28 所示。

在">"提示符后键入"d:"，将命令窗口切换到 D 盘"D:\>"。在"D:\>"后键入"python test.py"，随后按 Enter 键。程序 test.py 将被 Python 执行，在屏幕上输出结果"hello,adam.smith !"，如图 1-29 所示。

> **注意** 输入过程中，在 Python 及所执行的文件名 test.py 之间，必须有空格，这一点非常重要。

图 1-28

图 1-29

安装 Python 至图 1-5 所示步骤时，曾强调要将图中左下方的复选框"Add Python 3.6 to PATH"勾选。这个动作的作用是将 Python 添加到计算机的环境变量 PATH 中去。这样一来，以后每次使用 Python 时，就不必输入完整的路径了。这里的操作就体现了该动作的重要性。

1.3.2　开始编程前的两点建议

1. 双窗口并行操作

为了编程方便，在工作时可以将 Python 及 Sublime Text 两个窗口同时在桌面上打开，如图 1-30

所示。要在哪一个窗口工作，就单击激活哪一个窗口。这样的桌面布局，会给编程和开发工作带来便利。

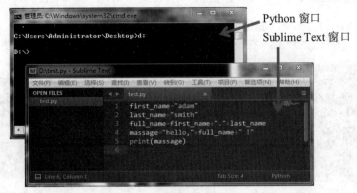

图 1-30

2. 先建立空的 Python 文件，后进行编程

按照前面所述的编程步骤，使用 Sublime Text 时，其窗口的性质从"纯文本"变成了"Python"。为了利用 Sublime Text 提供的编程便利，建议编程时不要先忙于编写程序的内容，而是先创建一个只有一个空行的"空"文件，为它起一个名字后保存，使其成为一个"Python"性质的程序。建立空文件的方法如下。

进入 Sublime Text，执行"文件（F）"→"新建文件（N）"命令，这时光标位于第 1 行。按 Enter键换行后，光标停留在第 2 行上；其窗口如图 1-31 所示。这时，执行"文件（F）"→"保存（S）"命令，为文件起名为"test1.py"。文件保存后，窗口性质就由"纯文本"变为"Python"了，如图 1-32 所示。

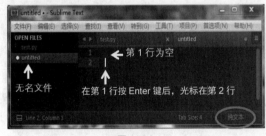

图 1-31

图 1-32

这样，我们在这个"空"文件里编辑程序时，Sublime Text 所提供的一切编程便利就都可以使用了。

1.3.3 交互执行模式

在简单的情况下，只需启动 Python 命令窗口，就可以以交互的方式，一条一条地执行键入的语句。仍以前面给出的"输出问候语"程序为例。具体步骤如下。

1. 进入 Python 命令窗口

在桌面上按 Shift 键的同时单击鼠标右键，从弹出的快捷菜单里选择"在此处打开命令窗口（W）"选项，屏幕上出现熟悉的命令窗口。在提示符">"后键入"python"并按 Enter 键，窗口如图 1-33所示，出现了 Python 提示符">>>"。

2. 输入命令并得到结果

在 Python 提示符"＞＞＞"后每输入一条命令就按 Enter 键，一直到输入完最后一条命令"print(massage)"并按 Enter 键，在窗口里得到结果"hello,adam.smith！"，如图 1-34 所示。

图 1-33

图 1-34

不难理解，在 Python 提示符"＞＞＞"后输入一条命令，Python 就执行这条命令，然后等待在提示符"＞＞＞"后输入下一条命令。

不同于用 Sublime Text 编写好程序，然后通过 Python 调用该程序执行的"程序执行"模式，我们称这种单条执行的模式为 Python 的"交互执行"模式。也就是说，Python 有两种工作模式："程序执行"和"交互执行"。

1.4 Python 自带的集成开发环境 IDLE 简介

在安装 Python 后，系统会自动提供一个标准的集成开发环境 IDLE，程序设计人员可以利用它直接与 Python 进行交互。

1. 寻找你的 IDLE

如果 Python 安装在 C 盘，那么为了寻找 IDLE，可在 C 盘下进行搜索，图 1-35 是在我的计算机里寻找的结果。这就是 Python 自带的集成开发环境 IDLE。

打开 IDLE，该窗口的名称为"Python 3.6.4 Shell"，如图 1-36 所示，可以利用它与 Python 交互工作了：编写、编辑、调试、存储、运行、修改，等等。有了 IDLE，就可以用它来编写 Python 的程序了，如同我们在 Sublime Text 里所做的事情那样。

图 1-35

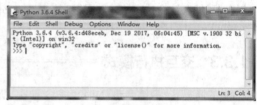

图 1-36

2. 用 IDLE 编写"Hello Python!"

图 1-36 的最上方是 Python Shell 窗口的主菜单条，包含"File""Edit""Debug"等菜单项，它们都有相应的下拉菜单，通过它们提供的多种功能，IDLE 向人们提供一个既可编写程序又可运行、储

存、调试、修改程序的集成开发环境，犹如所谓的"一条龙"服务。

　　为了开始第一个程序的编写，执行"File"→"New File"命令，或按快捷键"Ctrl+N"，如图 1-37 所示。这时会打开一个名为"Untitled"的、完全空白的窗口，供编写程序使用。在里面输入语句：print('Hello Python!')，按"Enter"键结束，等待后续工作，如图 1-38（a）所示。执行"File"→"Save"命令，或按快捷键"Ctrl +S"，这时会弹出"另存为"对话框，在这里选择文件存储的路径（如 D 盘），输入文件名（如 test6），选择保存文件的类型（当然是 Python files）。于是，到 D 盘，就可以看到这个文件的存在了。注意，在你完成这一切工作之后，原先名为"Untitled"的窗口，变成了"test6.py-D：/test6.py(3.6.4)"窗口，见图 1-38（b）。

图 1-37　　　　　　　　　　　　　　　（a）　　　　　　　　　（b）
　　　　　　　　　　　　　　　　　　　　　　　　图 1-38

　　执行"Run"→"Run Module"命令，或按"F5"键，刚才保存的 test6.py 文件被运行，运行效果如图 1-39 所示。如果再运行一次，整个情况就会重复显现一次。

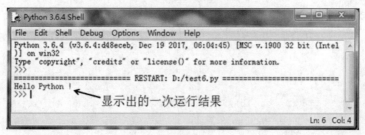

图 1-39

　　与在 Sublime text 中类似，编写程序如下。

```
first_name="adam"
last_name="smith"
full_name=first_name+"."+last_name
massage="hello,"+full_name+" !"
print(massage)
```

　　重复上面的步骤，将该程序投入运行，它在 IDLE 窗口里的运行结果如图 1-40 所示。

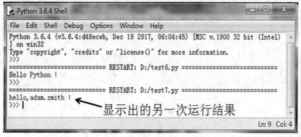

图 1-40

结束语

目前，Python 有两种主流版本，一个是 2.x 版，一个是 3.x 版，它们之间并不兼容。从目前来看，Python 3.x 是大多数使用者的首选。不过要注意，并不是版本越新就越好，在选择使用 Python 的时候，要先考虑清楚自己学习 Python 的目的是什么，打算做哪方面的开发。

Python 的各种开发环境，基本上都可以从网络上免费下载。该语言自问世以来，已广泛地用于多个需要编程的领域。无论是对刚刚涉足编程的初学者，还是对已经具有一定经验的"老"程序员，它都具有极大的魅力，吸引着人们去关注它、采用它。

我们在此介绍了两个可以用来编写 Python 程序的环境，一个是 Sublime Text，一个是 Python 自带的集成开发环境 IDLE。在进入正式的编程后，你会逐渐发现 Sublime Text 使用起来，似乎顺手、方便。这也正是我们通篇都使用它的缘故。不过，它不是一个集成开发环境，工作时，Python 窗口和 Sublime Text 窗口间要不停地来回切换，这是极不方便的地方。学习到后面的程序调试时，我们还会请出 IDLE 来帮忙，以弥补 Sublime Text 的不足。

思考与练习一

第2章
变量、字符串、常量、表达式

本章介绍 Python 中变量、字符串、常量及表达式等概念。这些概念在 Python 里含义简单，使用方便，没有其他语言中烦琐、让人头痛的种种"规矩"，非常人性化。

2.1 变量

变量，是指没有固定的值，可以改变的数。编写程序时，程序员总是用变量来存放数据，Python 也不例外。本节讲解变量的相关知识。

2.1.1 Python 中变量的命名规则

程序员应该为程序中的每一个变量起一个名字，以示它们之间的区别。为变量取的名字称为"变量名"。例如，在第 1 章里给出的"输出问候语"程序中，first_name、last_name、full_name，以及 massage 等都是变量。

当然，也不能随便为变量起名字。在 Python 中，取名字必须遵循如下的命名规则。

- 变量名的第 1 个字符只能是英文字母或下划线。
- 变量名中的其余字符可以是英文字母或数字。
- 不能将 Python 自身留用的关键字（或保留字）作为变量名。

例 2-1 下面给出的标识符，哪些可以作为变量名，哪些不可以？说明理由。

（a）massage_1　　（b）3cx　　　　（c）_DCY　　　　（d）student_name

（e）1_massage　　（f）dmax C　　（g）BBC$TY

答：（a）（c）（d）可以作为变量名。

（b）不行，因为数字不能作为变量名的开始字符。

（e）不行，因为数字不能作为变量名的开始字符。

（f）不行，因为变量名中不能出现空格（dmax 和 C 之间有一个空格）。

（g）不行，因为变量名只能包含字母、数字、下划线，这里却出现了符号"$"。

 注意 Python 语言是区分英文字母大小写的。也就是说，在 Python 里，即使英文字母全都相同，仅大小写不同，也代表不同的变量。因此，birthday、Birthday、BIRthday 是 3 个不同的变量，而不是同一个变量。

例如，在 Sublime Text 中输入图 2-1 所示的程序：

```
1  massage='How are you?'
2  print(massage)
3  Massage='who are you?'
```

```
4   print(massage)
5   print(Massage)
```

它的执行结果如图 2-2 所示。这表明第 1 条语句为变量 massage 赋的值是字符串"How are you?"，第 3 条语句为变量 Massage 赋的值是字符串"who are you?"。由于 Python 将 massage 和 Massage 视为不同的变量，因此第 3 条语句的执行并没有改变变量 massage 的取值。

图 2-1

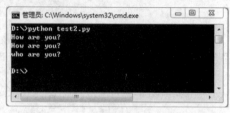

图 2-2

为 Python 程序中的变量取名字，遵循命名规则是第一原则。但是，取名时也不能太随便，取的名字应该既"简短"又"有含义"，当两者有矛盾时，应尽量做到"有含义"。这样在阅读和理解程序时，才能够让人明白这个变量代表什么，在程序中是做什么用的，为日后的工作带来便利。

例如，变量 student_name 虽长一些，但比用 s_n 来代表"学生名字"更好一些，因为 s_n 里一点"学生"或"名字"的意义都没有；而用变量 name_length 来代表"人名长度"比用 length_of_person_name 更好一些。不过要说明的是，为了节省篇幅，本书程序中并未严格遵循这一约定，望读者谅解。

2.1.2 Python 的关键字

在 Python 语言里，有一些变量名是专门留给 Python 自己使用的，这些有特殊用途的变量名绝对不允许程序员用来作为自己程序中的变量名称，这些变量名被称为"关键字"（或"保留字"）。下面列出了 Python 的部分关键字，它们大多会在以后的编程学习中出现。

Python 部分关键字

and	break	class	def	del	continue	for
except	else	from	return	is	while	raise
import	if	as	elif	or	yield	finally
in	pass	with	True	False	None	

我们可以在"交互执行"模式下，通过以下方法来获得 Python 中的所有关键字名称：

```
>>>import keyword
>>>keyword.kwlist（或>>>print(keyword.kwlist)）
```

这时，窗口里会输出 Python 中所有关键字的名字：

```
['false','None','True','and','as','assert','break','class','continue','def','del','elif','else','except','finally','for','from','global','if',
'import','in','is','lambda','nonlocal','not','or','pass','raise','return','try','while','with','yield']
```

在 Python 程序里，如果一不小心将关键字当成了变量名使用，会出现什么情况呢？下面用例子来说明。

例 2-2 如果不小心把关键字当成了变量名使用，Python 会在窗口里给出错信息。例如，在 Sublime Text 窗口中编写一个名为 test3.py 的程序，这里错误地把字符串"hello python world"赋给关键字 for，如图 2-3 所示。

存储后在 Python 命令窗口运行该程序，Python 在命令窗口输出图 2-4 所示的出错信息，即：
- 所列信息的第 1 行告诉我们，文件 test3.py 的第 1 行（line 1）有一个错误。
- 所列信息的第 2 行原封不动地列出了出错行的内容。
- 所列信息的第 3 行显示一个插入符（ ^ ），指示出出错的位置。

- 所列信息的第 4 行显示该错误属于"语法错误"（SyntaxError: invalid syntax）。

图 2-3

图 2-4

我们可以通过 Python 提供的这些信息检查程序，找出出错原因，对错误进行修正。

其实，留心观察的读者肯定已在 Sublime Text 窗口中发现，输入"for"后，Sublime Text 会用特殊的颜色将它显示出来，这实际上是在提醒我们：当前输入的是一个值得注意的变量名。这是体现该编辑程序"人性化"的一个方面。Sublime Text 以不同颜色区分输入的内容，最大限度地向用户提醒可能出现的问题，帮助程序员编写出正确的程序，这点我们在后面的学习中会经常看到。

综上所述，在 Python 里为变量命名，应该注重以下 3 个方面。

（1）按照命名规则命名。

（2）遵循"简短"而又"有含义"的命名原则。

（3）避免将关键字作为变量名。

2.1.3　变量赋值及函数 id()

1. 变量赋值

"数据"是信息的载体，是人们用符号来表示客观事物的一种集合。我们把"数据"定义为所有能够输入计算机中并被计算机加工、处理的符号的集合。

数据进入计算机，计算机就要开辟存储空间存放它，就要能够将它们区分开来。如前文所述，在进行程序设计时，通常使用的办法就是设置一个变量，用变量名来代表一个地方，以区分不同的数据。所以，对于一个变量来说，它应该有 3 个属性：名称、取值、存放的地方。程序员主要关心变量的"名称"和"取值"（让一个变量取值，通常称为"赋值"）。至于"存放的地方"，显然是指存储的位置，那是操作系统在内部进行分配的事情，不深入探究时，程序设计人员不必太过于关心它。

有人会说，在别的程序设计语言里，变量还有一个"类型"属性。确实是如此。不过在 Python 里，变量不需要类型说明，创建时直接对其赋值即可，其类型就由赋给变量的值决定。所以，在 Python 里，一旦创建了一个变量，就必须马上给该变量赋值。

Python 以"="为赋值号。注意，它不是我们以往熟知的"等于"号，其含义是将写在它右边的值赋予左边的变量，成为该变量的当前值。我们称如下形式的语句为赋值语句：

```
<变量名>=<值>
```

例如，student_name='Tom'，表示变量 student_name 的取值为字符串"Tom"。

利用单个赋值号，Python 提供了多种为变量赋值的办法。

（1）允许将同一个值连续赋予多个变量，例如：

```
food1=food2=food3='pizza'
```

表示将字符串"pizza"同时赋给 3 个变量：food1、food2 和 food3。它相当于以下 3 条赋值语句：

```
food1='pizza'
food2='pizza'
food3='pizza'
```

（2）利用逗号"，"分隔赋值号左边和右边的变量名及值，将右边的值按顺序赋给左边的变量名，例如：

```
food4,food5='milk', 'coffee'
```

表示将"milk"赋给变量food4，将"coffee"赋给变量food5，它实际上相当于以下两条赋值语句：

```
food4='milk'
food5='coffee'
```

（3）利用分号"；"可以把两条赋值语句串接在一行上。例如，程序中写为：

```
food6='apple'
food7='banana'
```

这时，可以利用分号，将它们串接为如下的一条语句：

```
food6='apple';  food7='banana'
```

编写一个验证上述功能的程序test4.py，如图2-5所示。它的运行结果如图2-6所示。

图2-5   图2-6

2. 函数id()

为了说明创建了一个变量后，其"名称""取值""存放的地方"三者之间的关系，在此先介绍函数id()。

功能：返回变量所在的内存地址。

用法：

```
id(<变量名>)
```

例2-3 在图2-7所示的Python"交互执行"模式（提示符>>>）下，输入x=5，然后调用函数id(x)。这时窗口返回1669780592，这就是分配给变量x的内存地址。接着，键入y=x，然后调用函数id(y)。这时窗口仍然返回1669780592，表明变量x和y取相同的值，使用了同一个内存位置。

继续输入，重新为变量x赋值，输入x=242，调用函数id(x)后，返回的地址是1669784384。注意：存放变量x的内存地址改变了。这时调用函数id(y)，返回的地址仍然是1669780592。

图2-7

这一段交互执行过程表明，Python 采用的是一种基于值的内存管理方式：如果为不同变量赋予相同的值（如 y=x），那么这个值在内存里只保存一份，Python 只是让多个变量指向同一个内存位置；当重新为某个变量赋值（如 x=242）时，Python 为该变量重新分配一个内存空间，用于存放它的新内容。

这种基于值的内存管理方式，可以用图 2-8 来表述。

以往的程序设计语言（如 C 语言），在创建了一个变量后，就分配给它一个存储空间，变量和存储空间被绑定在一起，是一一对应的。给变量赋值，就是修改该存储空间里的内容。正因为如此，对变量的存储空间管理就显得较为复杂、烦琐，让人望而生畏。

Python 改变了这种变量与存储空间绑定的管理方式。修改变量取值时，Python 直接为它重新分配一个存储空间。这样的管理做法，显得既简捷又便利，它只能在大容量存储空间的支撑下完成，从而使修改变量取值的方式变得简单。

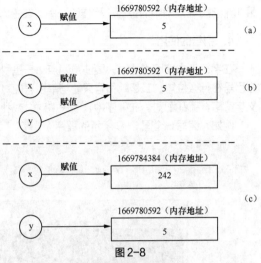

图 2-8

2.2 字符串

2.2.1 Python 的字符串

我们对"字符串"并不陌生，它是前面所举例子中最早提到的名词，是 Python 语言向程序设计人员提供的一种数据类型。

1. 字符串的定义

字符串中的元素仅限于一个一个的字符：英文字母、数字、空格，以及键盘上 Python 允许使用的其他字符。在 Python 里，把字符串定义为用单引号（'）或双引号（"）括起来的一系列字符。例如'this is a book.'、"this is a book."、'that is a string.'和"that is a string."都是正确的字符串。

设有变量 str，将字符串'$a_0a_1\cdots a_{i-2}a_{i-1}$'或字符串"$a_0a_1\cdots a_{i-2}a_{i-1}$"赋给它，即：

str ='$a_0a_1\cdots a_{i-2}a_{i-1}$'

或

str =" $a_0a_1\cdots a_{i-2}a_{i-1}$"

那么，a_0、a_1、$\cdots$、a_{i-2}、a_{i-1} 就是组成该字符串的一个个字符，整个字符串就是变量 str 的值。若将单引号或双引号内的字符个数记为 n，那么称 n 为字符串的"长度"。当一个字符串的长度 n=0 时，称其是一个"空串"，如 str1="和 str2="都是空字符串。

2. 字符串的"索引"

字符串中每个字符的序号称为它在字符串里的"索引"，不同的索引对应字符串中的不同字符。要注意，Python 规定，索引从 0 开始，而不是从 1 开始。因此，字符串中第 1 个字符的索引值为 0，第 2 个字符的索引值是 1，以次类推。

3. 主串与子串

字符串中任意多个连续字符组成的子序列，称作该串的"子串"，字符串本身称为"主串"。子串的第 1 个字符在主串中的位置，称作该子串"在主串中的位置"。

4. 引号的使用

在字符串中使用引号时，要注意两点：一是引号必须成对出现，因此要关注程序中与左引号配对的右引号在什么位置；二是单引号只能与单引号配对，双引号只能与双引号配对，不能因为它们都可以定义字符串，就乱配对。在程序中，丢失"对"或乱配"对"，都会产生语法性的错误。

例如，编写一个图 2-9 所示的程序：

```
1  message1='I said, "this book is my favorite !"'
2  print(message1)
3  message2='I said, "this book is my favorite"
4  print(message2)
```

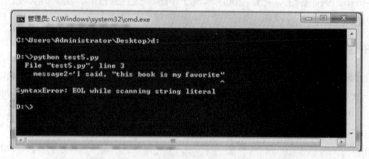

图 2-9

第 1 行内容中的引号都是配对的，第 3 行结束时，丢失了右边的单引号。程序投入运行，结果如图 2-10 所示，窗口上会输出出错信息，显示第 3 行出错了。

图 2-10

由此可以想象，当 Python 接收到一个引号（单或者双）后，就会记住它，在遇见了与其配对的引号后，就解除对该引号的检查。如果在一条语句结束时还没有遇到配对的引号，那么就会认为程序出错，并立即输出出错信息。

其实，从图 2-9 可以看出，在第 3 行最后丢失右单引号而结束输入时，Sublime Text 就已经用颜色发出警示了。

注意 Python 允许撇号（'）出现在字符串里，但只允许它出现在由双引号定义的字符串里。如果撇号出现在由单引号定义的字符串里，Python 就会误将字符串里的撇号与左单引号配对，但它又无法正确地确定该字符串的结束位置，于是只能输出出错信息。

例如，程序中的一条语句就是这种情况：

```
message='grasp the import of Tom's remarks. '
```

当 Python 执行到该语句时，就会出现错误，如图 2-11 所示。为了消除这个错误，需要将语句中的单引号改为双引号，即：

```
message="grasp the import of Tom's remarks."
```

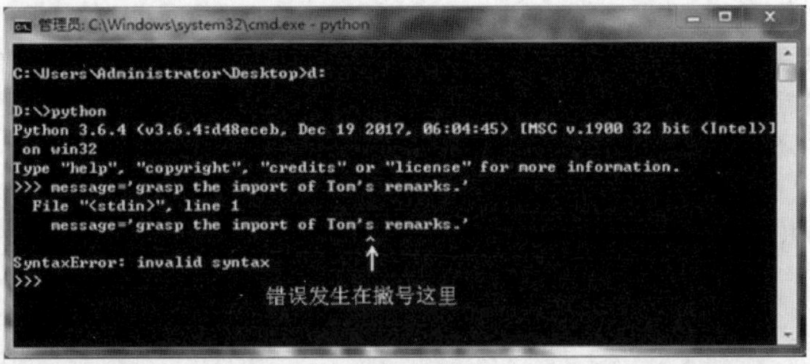

图 2-11

2.2.2 关于字符串的"方法"

在程序设计语言中，所谓"方法"，是指可对数据进行特定操作的一段程序，它有自己的名字，有自己的使用办法。人们常会把"方法"和"函数"两者混为一谈。其实，"函数"指有返回值的程序段，"方法"则是完成一件事情的程序段。本书不去讨论这两者之间的差别。"关于字符串的方法"是指 Python 提供的、可在字符串上进行特定操作的小程序，如关于字符大小写的、关于在字符串中查找字符的、关于字符串长度的。对于字符串来说，Python 提供的方法很多，这里无法一一讲述。下面仅罗列出一些极常用的方法。

1. title()

功能：将字符串变量里出现的每个单词的首字母改为大写。

用法：

```
<变量名>.title()
```

例2-4　输入字符串"please wait beyond the line"，将其赋给变量 message，调用方法 title()，如图 2-12 所示。

图 2-12

从图 2-12 所示的运行结果看，可以有如下两点分析。

（1）该方法把字符串中的每一个单词的首字母改为大写。

（2）该方法不改变字符串变量的原先内容。也就是说，原字符串单词的首字母仍保持调用 title()前的状态不变。

为了正确地使用 Python 里提供的方法，要强调以下两点。

（1）调用时，变量名和方法名之间要用点号（.）隔开，实现变量对方法的调用。

（2）方法名后跟随的括号里面是用户调用该方法时，提供给方法的调用信息，即使不需要提供任何信息，括号也不能缺少。例如，字符串变量调用方法 title()时，虽然不需要提供什么额外调用的信息，但后面跟随的括号绝不可不写（见图 2-12）。

> **注意** 在 print()的括号里可以是变量对方法的调用。例如：
>
> message='please wait beyond the line.'
> print(message.title())
>
> **这时，print()输出的是：**
> Please Wait Beyond The Line.

2. upper()

功能：将字符串变量里的所有字母都改为大写。

用法：

```
<变量名>.upper()
```

3. lower()

功能：将字符串变量里的所有字母都改为小写。

用法：

```
<变量名>.lower()
```

4. find()、rfind()

（1）find()方法。

功能：find()用来查找子串在主串中的位置，返回子串首次出现在主串中时的第 1 个字符的索引编号；主串中不存在该子串时，查找失败，返回-1。

用法：

```
<变量名>.find(sub, start, end)
```

其中：
- sub 表示想要查找的子串，该参数不可省略，如果没有找到，返回-1。
- start 表示开始查找的索引位置，如省略该参数，表示是从主串的开头开始查找。
- end 表示结束查找的索引位置，如果省略该参数，表示从 start 开始，一直查找到主串末尾。

（2）rfind()方法。

功能：rfind()用来查找子串在主串中的位置，返回子串最后一次出现在主串中时的第 1 个字符的索引编号；主串中不存在该子串时，查找失败，返回-1。

用法：

```
<变量名>.rfind(sub, start, end)
```

其中：
- sub 表示想要查找的子串，该参数不可省略，如果没有找到，返回-1。
- start 表示开始查找的索引位置，如省略该参数，表示是从主串的开头开始查找。
- end 表示结束查找的索引位置，如果省略该参数，表示从 start 开始，一直查找到主串末尾。

例 2-5 在 Sublime Text 工作窗口里，输入如下小程序，如图 2-13 所示：

```
1  word="we all look forward to the annual ball."
2  print(word)
3  print(word.find('all'))
4  print(word.find('all',7))
```

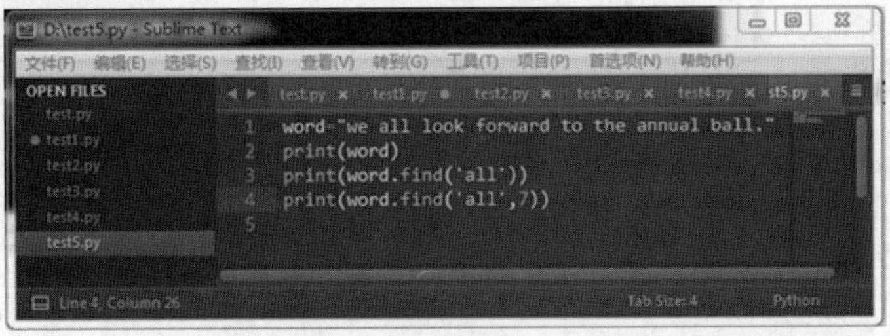

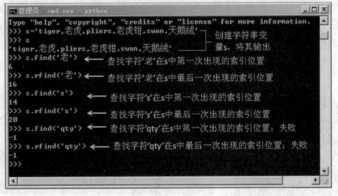

图2-13

第 1 条语句是把一个字符串赋给变量 word；第 2 条语句表示输出变量 word 的值；第 3 条语句表示在字符串 word 里，从索引为 0 的位置，开始查找子字符串"all"，直到字符串末尾；第 4 条语句表示在字符串 word 里,从索引为 7 的位置，开始查找子字符串"all"，直到字符串末尾。

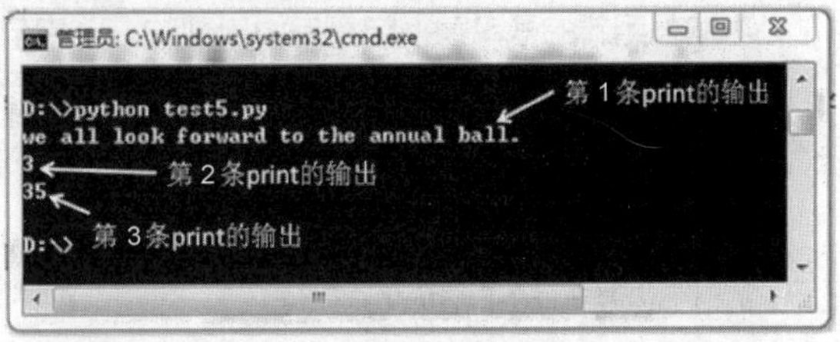

图 2-14 所示是程序运行的结果，第 2 条 print 语句的输出结果是 3，第 3 条 print 语句的输出结果是 35。

图 2-14

由这个例子，我们应该记住，Python 规定的字符串中字符的索引顺序是从 0 开始，而不是从 1 开始的。这一点非常重要。

又如，创建一个字符串：

s='tiger,老虎,pliers,老虎钳,swan,天鹅绒

然后对该字符串 s 分别调用方法 find()和 rfind()，查找 s 中字符"老"、字符"s"、子串"qty"在主串 s 中第 1 次出现和最后一次出现的索引位置。如图 2-15 所示为其结果。

图2-15

5. count()

功能：计算子串在主串中出现的次数。
用法：

<变量名>.count(sub, start, end)

其中：
● sub 表示想要查找的子串，该参数不可省略，如果没有找到，返回 0。

- start 表示开始查找的索引位置，如省略该参数，表示是从主串的开头开始查找。
- end 表示结束查找的索引位置，如果省略该参数，表示从 start 开始，一直查找到主串末尾。

例2-6 在 Sublime Text 里，编写如下小程序：

```
word="we all look forward to the annual ball."
print(word.count('o'))
print(word.count('al'))
print(word.count('x'))
print(word.count('to',10,38))
```

运行后，里面的 4 条 print 语句各自输出的结果是：4、3、0、1，如图 2-16 所示。这是因为整个 word 里，有 4 个字符"o"，所以第 1 条 print 语句输出 4；整个 word 里，有 3 个子串"al"，所以第 2 条 print 语句输出 3；整个 word 里，没有字符"x"，所以第 3 条 print 语句输出 0；在索引 10 到 38 的 word 范围里，有 1 个子串"to"，所以第 4 条 print 语句输出 1。

6. replace()

功能：用新的子串替换字符串中出现的旧子串。

用法：

```
<变量名>.replace(old, new, count)
```

其中：

- old 表示想要替换的旧子串。
- new 表示用于替换的新子串。
- count 表示规定的替换个数，如果省略，则将由 new 替换字符串中全部的 old。

例2-7 在 Sublime Text 里，编写如下小程序：

```
1  word="the duck, the cock, the dog, the tiger."
2  print(word.replace('the','The'))
3  print(word)
4  print(word.replace('the','The',2))
5  word=word.replace('the','The',2)
6  print(word)
```

运行后，4 条 print 语句输出的结果如图 2-17 所示。从第 2 条 print 语句的输出结果可以看出，变量调用 replace()方法，不改变原变量中的内容。但程序中的第 5 条语句 word=word. replace('the','The',2) 是对变量 word 重新赋值（回存），因此再输出结果时，word 里面的内容就变了。记住，要改变字符串变量的内容，必须通过重新赋值（回存）才能达到这个目的。

图 2-16

图 2-17

7. len()

功能：获得字符串中字符的个数，也就是字符串的长度。

用法：

```
len(s)
```

其中：s 是字符串。

Python 3.x 完全支持中文。在程序中，无论是数字、英文字母还是汉字，Python 都以一个字符来对待和处理。在图 2-18 所示的程序中，变量 s='首都北京'，其长度为 4 个字符；变量 s='Python 程序设计基础教程'，其长度为 14 个字符。

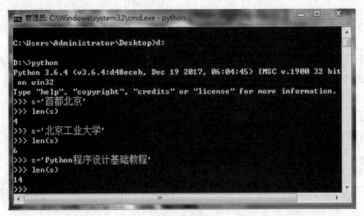

图 2-18

> **注意** 如果为变量赋值的内容是中、英文混搭的，如 s='Python 程序设计基础教程'，那么在输入时要随时注意中、英文之间的切换。

8. isalnum()、isalpha()、isdigit()、isspace()、isupper()、islower()

这几个 Python 的方法，分别用来测试字符串是否为数字或字母、是否为字母、是否为数字字符、是否为空格字符、是否为大写字母、是否为小写字母。

例如从上到下、从左到右：

```
>>>t1='1234abcd'
>>>t1.isalnum()
True
>>>t1.isalpha()
False
>>>'ABC'.isupper()
True
```

```
>>>t2='wxyz'
>>>t2.islower()
True
>>>'4567'.isdigit()
True
>>>'   BBN   '.isspace()
False
```

9. index()、rindex()

（1）index()方法。

功能：用来返回一个字符串在另一个字符串指定范围内第 1 次出现的位置索引，如果不存在，则给出异常信息。

用法：
```
<字符串>.index(sub,start,end)
```
其中：

- sub 表示要寻找的字符或字符串，该参数不可省略，若没有找到，则给出出错信息"ValueError: substring not found"。

- start 表示开始查找的索引位置，可省略。

- end 表示结束查找的索引位置，可省略。

（2）rindex()方法。

功能：

rindex()用来查找子串在主串中的位置，返回子串最后一次出现在主串时，第一个字符的索引编号；当主串中不存在该子串时，查找失败，返回出错信息。

用法：

```
<字符串>.rindex(sub,start,end)
```

其中：

- sub 表示要寻找的字符或字符串，该参数不可省略，若没有找到，则给出出错信息"ValueError:substring not found"。
- start 表示开始查找的索引位置，可省略。
- end 表示结束查找的索引位置，可省略。

不难看出，这两个方法与前面介绍的 find()、rfind()方法很接近，它们同样以索引位置来标识查找的开始和结束位置。不同的是，find()、rfind()在字符串中没有找到所需的子串时，返回-1，而这里则是返回出错信息。在程序执行过程中，如果返回的是出错信息，那么程序就会被中断执行；如果接收到的是-1，那么程序可以根据对-1 的判断，采取需要的后续措施。所以，这两组不同的方法，在程序中有着不同的应用场合。

图2-19 给出了一个字符串：

```
str1='Thing may have get to worse before they get better'
```

对该字符串分别实行：

```
str1.index('be')
str1.rindex('be')
str1.index('They')
```

要注意，由于 Python 区分英文字母的大小写，"they"和"They"是不同的子串，因此执行str1.index('They')后，将返回出错信息：

```
ValueError:substring not found
```

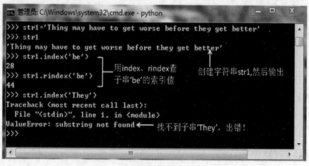

图 2-19

2.2.3 转义字符

在键盘上，除了字母、数字等编程中可见的字符外，还有 Tab（制表符）、Enter（换行）等一些不可见的功能控制符。

在 Python 程序中，可以用"\"（反斜杠）后面跟随特定的单个字符的办法，来表示键盘上的一些不可见的功能控制符，这在编写程序时是很有用处的。这时，跟随在"\"后面的字符失去了它原有的含义，获得了新的特殊意义。此时，人们称反斜杠符号为"转义符"，称反斜杠及随后的字符整体为"转义字符"。表 2-1 是 Python 的转义字符表。

表 2-1　Python 的转义字符表

转义字符	含义	转义字符	含义
\\	反斜杠	\n	换行
\'	单引号	\a	响铃
\"	双引号	\b	退后一格
\t	tab 键	\r	Enter

注意　只有将反斜杠放在表 2-1 中所列出的单个字符的前面时，整体才构成一个转义字符，否则不起任何作用。

例 2-8　使用 Sublime Text 编写下面的小程序：

```
1  str1='I\'m a student.';   print(str1)
2  str2='Good \"Night!\"'; print(str2)
3  str3='Good \tNight!';   print(str3)
4  str4='Good \nNight!';   print(str4)
5  str5='Good \tBye-Bye!\a\a\a';  print(str5)
```

首先要说明，程序将原本应该写成两行的两条语句，例如：

```
str1='I\'m a student.'
print(str1)
```

合并成了一行，中间用分号隔开，这在 Python 里是允许的。

图 2-20 所示是该例的运行结果。该例中共有 5 条 print 语句，它们分别将前面定义的 5 个字符串变量 str1～str5 的内容输出。

下面分析第 1 行中的 str1='I\'m a student.'。该赋值语句的右边是用单引号定义的一个字符串，里面包含了一个撇号（'）。前面已提及，若字符串里包含撇号，那么该字符串必须用双引号定义，否则就会出错。这里的 str1 告诉我们，用单引号定义字符串，且字符串里有撇号时，完全可以利用转义字符\'来解决这个问题，而无须使用双引号定义字符串。

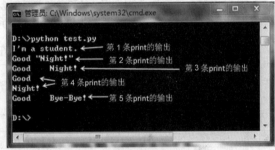

图 2-20

第 2 行的 str2='Good \"Night!\"'，最外层是用单引号定义的字符串，它的里面又有一个用双引号括起来的字符串，这对双引号是通过两个转义字符\"表现的。

第 3 行的 str3='Good \tNight!'，用单引号定义了一个字符串 Good Night!。由于在该字符串的 Good 和 Night 中间，插入了一个转义字符\t，于是在输出时，Good 和 Night 之间的距离加大成了一个制表符的距离。

第 4 行的 str4='Good \nNight!'，与第 3 行相同，仍然是用单引号定义了字符串 Good Night!。不同的是它在 Good 和 Night 之间，插入了一个换行\n，因此 Good 和 Night!被输出到两个不同的行。

第 5 行的 str5='Good \tBye-Bye!\a\a\a'，由于 Good 和 Bye-Bye 之间被插入了一个转义字符\t，因此输出时它们之间的距离被拉大了。另外，由于在最后还安排了 3 个转义字符\a，因此输出结束时，我们会听到 3 声铃响。

2.2.4　字符串的"切片"

所谓字符串的"切片"，其实就是通过截取字符串的一个片段，形成一个子字符串。例如，有字符串 I\'m a student.，它的任何一个片段，如'm a s、a stude、ent.等，甚至它本身，都是它的一个"切片"。

人们通过使用 Python 提供的方括号"[ ]"运算符，即可提取一个字符串中单个字符或局部范围的切片。

用法：

```
<字符串>[start:end:step]
```

其中：

- start 表示切片起始位置的索引。
- end 表示切片终止位置的索引。
- step 表示切片索引的增、减值（步长）。

关于切片，可以有如下简洁的使用方式（str 代表字符串变量名）：

- str[m]表示按指定索引值 m，获取字符串 str 中的某个切片。
- str[m:n]表示从索引值 m 到 n-1，获取字符串 str 中的某个切片。
- str[m:]表示从索引值 m 开始，直到字符串 str 结束，获取切片。
- str[:n]表示从索引值 0 开始，直到索引值 n-1 结束，获取字符串 str 中的切片。
- str[:]表示复制整个字符串 str 作为切片。
- str[::-1]表示将反转后的整个字符串 str 作为切片。

这里解释以下两点。

第一，计算切片在字符串的位置时，索引从 start（即 m）开始，切片包含了 start 指示的字符；切片到 end（即 n）结束，但切片不包含 end 指示的字符。所以，切片真正"切"下来的字符，是从索引值 start 到 end-1 的部分。

第二，Python 为字符串提供了负索引，负索引从字符串的末尾算起，到字符串的头部结束。例如，字符串'I\'m a student.'的索引和负索引如表 2-2 所示。

表 2-2　一个具体字符串的索引和负索引

字符	索引	负索引	字符	索引	负索引	字符	索引	负索引	字符	索引	负索引
I	0	-14	a	4	-10	u	8	-6	t	12	-2
'	1	-13	（空格）	5	-9	d	9	-5	.	13	-1
M	2	-12	s	6	-8	e	10	-4			
（空格）	3	-11	t	7	-7	n	11	-3			

例 2-9　使用 Sublime Text 编写下面的小程序：

```
1  str1='I\'m a student.'
2  print(str1[6])
3  print(str1[1:9])
4  print(str1[9:])
5  print(str1[:])
6  print(str1[::-1])
7  print(str1[0:14:2])
```

图 2-21 所示是它的运行结果。

- 第 1 条 print 语句要求输出字符串 str1 中索引值为 6 的字符，所以在图 2-21 里输出字符 s。注意：空格也是一个字符。

- 第 2 条 print 语句要求输出字符串 str1 从索引值 1 开始到索引值 9-1（即 8）的字符，因此输出的是'm a stu。

- 第 3 条 print 语句要求输出字符串 str1 从索引值 9 开始到字符串末尾的字符，因此输出的是 dent.。

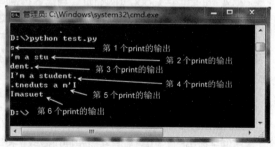

图 2-21

- 第 4 条 print 语句要求复制整个字符串 str1，因此输出的是 I'm a student.。
- 第 5 条 print 语句要求将整个字符串反转后输出，因此输出的是.tneduts a m'I。
- 第 6 条 print 语句要求从字符串 str1 头开始到索引值 14-1（即 13）、每隔两个字符截取一个字符形成的切片，即要求的是索引值 0、2、4、6、8、10、12 所对应的字符，因此输出的是 Imasuet。

如同前面在变量中提及过的，在 Python 中，创建了一个字符串后，它的内容是不能被修改的。也就是说，Python 不支持在原地修改该字符串。如果要变更一个字符串的内容，只能创建一个新字符串，或重新对该字符串赋值（回存）。

2.3 数字常量

数字常量就是通常所说的"常数"。常数与变量及字符串类似，是不可变的，即要修改一个常数，并不是去修改存放在原内存中的该常数，而是为新的常数重新分配一个存储位置，让代表该常数的变量指向这个地址。

2.3.1 Python 的整数

常数有整常量（整数）和实常量（实数）之分。本节介绍 Python 的整数。

整数由正整数、负整数和零组成，在计算机里有十进制、二进制、八进制和十六进制 4 种不同的表示形式。

1. 十进制整数的表示

在 Python 里，十进制整数就是通常意义下的整数。例如，112、2 008、-58、0 等都是正确的十进制整数。

2. 二进制整数的表示

二进制整数是由通常意义下的二进制整数与前缀字符"0b"（数字 0 和小写字母 b）构成。例如，0b110101、0b1010111 等都是 Python 里正确的二进制整数。

3. 八进制整数的表示

八进制整数是由通常意义下的八进制整数与前缀字符"0o"（数字 0 和小写字母 o）构成。例如，在 Python 中，0o112 表示八进制数 112，它相当于十进制的 74；-0o12 表示八进制数-12，也就是十进制的-10；+0o56 表示八进制数+56，也就是十进制的+46；而 0o0 则表示八进制数 0，也就是十进制的 0。

4. 十六进制整数的表示

十六进制整数是由通常意义下的十六进制整数与前缀字符"0x"（数字 0 和小写字母 x）构成。例如，在 Python 中，0x15 表示十六进制数 15，它相当于十进制的 21；-0x5B 表示十六进制数-5B，也就是十进制的-91；+0xFF 表示十六进制数+FF，它相当于十进制的+255；而 0x0 表示十六进制数 0，也就是十进制的 0。

注意，除十进制外，Python 在其他进制整数前添加的前缀并不是该整数本身的内容，没有什么实际的意义，它只是一个标识，用以避免产生不必要的混淆。直接使用 print() 函数输出数值时，只能输出十进制数，如果希望输出其他进制，就必须通过 Python 提供的数制转换函数。表 2-3 列出了用于将十进制数转换成其他 3 种进制数的转换函数，在编写程序时，这一点必须记牢，以免浪费精力和时间。

Python程序设计基础教程
（慕课版）

表 2-3　Python 的数制转换函数

函数	功能
Bin（十进制数）	将十进制数转换成带有前缀 0b 的二进制数
Oct（十进制数）	将十进制数转换成带有前缀 0o 的八进制数
Hex（十进制数）	将十进制数转换成带有前缀 0x 的十六进制数

例 2-10　使用 Sublime Text 编写下面的小程序：

```
num=45
print(bin(num),'\n')
print(oct(num),'\n')
print(hex(num))
```

图 2-22 所示是它的运行结果。从中可以看出，十进制整数 45 对应的二进制数是 101101，对应的八进制数是 55，对应的十六进制数是 2d。

图 2-22

2.3.2　Python 的实数

实数，就是通常所说的带有小数的数值，有时称其为"浮点数"。在 Python 中，实数只有两种表示：一般形式的十进制小数和指数形式的实数。

1. 一般形式的十进制小数

一般形式的十进制小数由整数、小数点和小数 3 部分构成。小数点是必须出现的，否则就不称其为实数了。整数或小数部可以省略，但不能同时省略。例如，12.245、-1.2345、0.618、.123 和 123.都是 Python 中合法的实数。因此要注意，123 表示的是整数，123.表示的则是实数，因为其末尾有小数点。

2. 指数形式的实数

指数形式的实数由尾数、小写字母 e（或大写字母 E），以及指数 3 部分构成，e 或 E 必须出现。尾数部分可以是整数，也可以是实数；指数部分只能是整数（可以带+或-符号）。例如 2.75e3、6.E-5、.123E+4 等都是 Python 中合法的以指数形式表示的实数；而.E-8（尾数部分只有小数点）、e3（没有尾数）、3.28E（没有指数）、8.75e3.3（指数是实数）等都不是 Python 中合法的实数。

不难知道，可以用不同的尾数和指数表示同一个实数，如实数 125.46 可以表示为 125.46e0、12.546E1、1.2546e2 或 0.12546E3 等。

2.4　表达式

用于表示各种运算的符号统称为"运算符"。Python 中的运算符种类很多，有一些是我们熟悉的，有一些则是生疏的。

用运算符将操作数连接在一起组成的式子，称为"表达式"，如图 2-23 所示。表达式中出现的运算符不同，就产生了不同的表达式，每种表达式按照运算符自身的运算规则进行运算，最终得到一个结果，该结果就被称为表达式的"值"。

若运算符只要求一个操作数，那么这种运算符被称为"单目运算符"，如表达 -5 中的负号（-），就是一个单目运算符。若运算符要求两个操作数，那么它就是"双目运算符"，有时称其为"二元运算符"，我们熟知的算术运算符就是双目运算符。

表达式中出现多个运算符时，先做哪个运算，后做哪个运算，必须遵循一定的规则，这种运算符执行的先后顺序，称为"运算符的优先级"。优先级高的运算符的运算，必须先于优先级低的运算符的运算。特别地，圆括号能够改变运算的执行顺序：其内的运算优先级最高。

2.4.1 算术运算符与算术表达式

表 2-4 列出了 Python 中的算术运算符。

表 2-4　Python 中的算术运算符

名称	运算符	单/双目	表达式举例	运算结果
取负	–	单目	num=-12	num 取值-12
取正	+	单目	num=+25	num 取值+25
减法	–	双目	num=26-17	num 取值 9
加法	+	双目	num=26+33	num 取值 59
乘法	*	双目	num=25*5	num 取值 125
除法	/	双目	num=14/7	num 取值 2
指数	**	双目	num=7**2	num 取值 49
取整	//	双目	num=15//4	num 取值 3
求余	%	双目	num=15%7	num 取值 1

由这些算术运算符将数值型运算对象连接在一起，就构成了所谓的"算术表达式"。表中所列的前 5 种运算符是大家熟悉的。下面对除法（ / ）、取整（ // ）两种运算符进行举例说明。

例 2-11 使用 Sublime Text 编写下面的小程序：

```
num1=26
num2=8
num3=26.0
print('26//8=',num1//num2)
print('\r')
print('26.0/8=',num3/num2)
```

图 2-24 是它的运行结果。

例 2-12 有如下表达式：

$$z = 9\left(\frac{4}{x} + \frac{9+x}{y}\right)$$

其中 x=10，y=25。使用 Sublime Text 编写的计算该表达式值的程序段如下：

```
x=10; y=25
z=9*(4/x+(9+x)/y)
print('z=',z)
```

运行后，结果如图 2-25 所示（图示结果为计算机内部实数的表达方式）。

图 2-24

图 2-25

2.4.2　赋值运算符与赋值表达式

我们对"赋值"这个概念，已有了一定的了解。在程序中利用赋值，可以使变量得到取值、运算后的结果，这是非常重要的事情。在 Python 中，除基本赋值运算符"＝"外，对应于算术运算符，还有一组能与之配合使用的算术自反赋值运算符，它是新的概念，但理解和掌握起来并不困难。因此，在 Python 里，有基本赋值运算符与算术自反赋值运算符两种运算符。

在表 2-5 里，最初设置 num=16，这是非常重要的。在程序中使用算术自反赋值运算符时，必须先对变量赋值，否则就会出现错误。

表 2-5　Python 的算术自反赋值运算符（假定 num=16）

名　称	运算符	单/双目	原表达式	对应的自反赋值	运算结果
减赋值	-=	双目	num=num-5	num-=5	num 最终取值 11
加赋值	+=	双目	num=num+5	num+=5	num 最终取值 21
乘赋值	*=	双目	num=num*5	num*=5	num 最终取值 80
除赋值	/=	双目	num=num/5	num/=5	num 最终取值 3.2
指数赋值	**=	双目	num=num**2	num**=2	num 最终取值 256
取整赋值	//=	双目	num=num// 3	num//=3	num 最终取值 5
求余赋值	%=	双目	num=num% 3	num%=3	num 最终取值 1

1. 基本赋值运算符

基本赋值运算符简称"赋值运算符"，它是双目运算符，使用时左边必须是变量，右边是表达式，即应该具有以下形式：

`<变量> = <表达式>`

含义是先计算赋值号"="（等号）右边<表达式>的值，然后将计算后的结果赋给（即存入）左边的<变量>。

运算符和运算对象组成的式子是表达式，因此上述整体是一个表达式，称为"赋值表达式"。每个表达式都有一个值，Python 将右边<表达式>的值视为整个赋值表达式的值，也就是赋予左边变量的那个值。这种赋值表达式，是程序设计中使用得最为频繁的形式。

注意　赋值运算符虽然形同数学中的等号（＝），但它已经完全丧失了"等于"的意义，这是必须注意的。于是，在 Python 里，num=5 读作"把数值 5 赋予变量 num"，即把 5 存放到分配给 num 的存储区里，它不表达"num 等于 5"的意思，不能读作"num 等于 5"。

2. 算术自反赋值运算符

从表 2-5 里可以知道，算术自反赋值运算符的作用是把"运算"和"赋值"两个动作结合起来，成为一个复合运算符。算术自反赋值运算符都是双目运算符，本质上它们都用于赋值，所以运算符的左边必须是变量，右边是表达式。

以"+="为例，其自反赋值的形式为：

`<变量> += <表达式>`

整个式子称为"赋值表达式"。工作过程分为以下两步。

（1）把运算符左边<变量>的当前值与右边<表达式>的值进行"+"运算。

（2）把运算结果赋给（即存入）左边的变量。因此，num+=2 等价于 num=num+2。

例 2-13 使用 Sublime Text 编写下面的小程序：

```
x=8;y=8;z=3
x-=y-z
print('x=',x)
print('\ny=',y)
print('\nz=',z)
```

图 2-26 所示是它的运行结果。

程序为变量 x、y、z 赋初值后，x-=y-z 是自反赋值表达式，它等同于 x=x-(y-z)，也就是 x=x-y+z。按 x、y、z 的初值计算右边表达式，求得结果为 3。将其赋给左边的变量 x，于是 x 取值为 3。x-=y-z 执行后，只改变变量 x 的值，变量 y、z 的值不受影响。所以最终 3 个变量的值为 x=3，y=8，z=3。

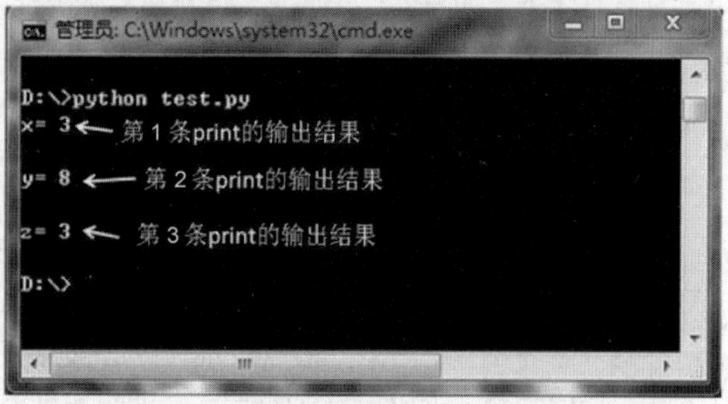

关于算术自反赋值运算符，应该把算术自反赋值运算符右边的表达式看作一个整体。例如，x*=y+5 等效于 x=x*(y+5)，而不应该把它理解为 x=x*y+5，后者是错误的。

图 2-26

2.4.3 条件运算符与条件表达式

编写程序时，少不了要对操作数进行大小比较，比较的结果或成立，或不成立。在计算机中，"成立"即取逻辑值 True（真），"不成立"取逻辑值 False（假）。True 和 False 这两个值，通常称为"布尔值"或"逻辑值"。

所有条件运算符都是双目的，表 2-6 列出了 Python 的条件运算符。用条件运算符将两个运算对象 op1 和 op2 连接起来所形成的表达式整体，称为"条件表达式"。运算符的作用是对左、右两个运算对象进行比较，测试它们之间是否具有所要求的关系。条件表达式的最终运算结果是返回逻辑值：如果关系成立，则返回逻辑值 True；如果关系不成立，则返回逻辑值 False。

有时，也称条件运算符为比较运算符、关系运算符，相应的就有比较表达式、关系表达式之说，这只是一个起名问题，无关紧要。

表 2-6　Python 的条件运算符（op1、op2 是两个运算对象）

名称	运算符	单/双目	表达式举例	运算结果
小于	<	双目	op1<op2	关系成立，返回 True；否则返回 False
小于等于	<=	双目	op1<=op2	关系成立，返回 True；否则返回 False
大于	>	双目	op1>op2	关系成立，返回 True；否则返回 False
大于等于	>=	双目	op1>=op2	关系成立，返回 True；否则返回 False
等于	==	双目	op1==op2	关系成立，返回 True；否则返回 False
不等	!=	双目	op1!=op2	关系成立，返回 True；否则返回 False

例如：

```
3>5
```

这是一个条件表达式，它用于测试 3 是否大于 5。由于 3 不大于 5，所以这个表达式的最终取值为 False，表示关系不成立。

条件表达式中的两个运算对象 op1 和 op2 可以是数值型的，也可以是字符串型的。若是字符串，则对它们的 ASCII 值进行比较。例如，有条件表达式：

```
'A' > 'A'
```

它的最终取值为 False，因为字母 A 的 ASCII 值不会大于自己的 ASCII 值。又如条件表达式：

```
'Abc' >= 'AbC'
```

它的最终取值为 True，因为字母 A 的 ASCII 值是 65，b 的 ASCII 值是 98，c 的 ASCII 值是 99，C 的 ASCII 值是 67，所以逐个比较下来，条件表达式是成立的。在本章的最后，附有常用字符与其 ASCII

值的对照表。

> **注意** 必须区分符号"=="和符号"="。前者是条件运算符，用于检验左右两个对象之间是否具有"等于""相等"的关系；后者则是赋值运算符，表示将右边表达式的值赋给左边的变量。

例2-14 试分析下面的程序输出：

```
a=3; b=5
x=a>b
y=a<b
z=a==b
print('x=',x,'\ty=',y,'\tz=',z)
```

程序中变量a和b初始时分别被赋予值3和5，变量x、y、z是通过赋值语句获得值的。如分析语句：

```
x = a > b
```

该语句将右边条件表达式a>b的最终取值赋予左边的变量x。由于a的值为3，b的值为5，条件a>b不成立，故x的取值是False。同样地，由于条件a<b成立，a==b不成立，所以y被赋值True，z被赋值False。程序中3条赋值语句执行后，分别把False赋给变量x，把True赋给变量y，把False赋给变量z。print语句最终输出的结果如图2-27所示。

图2-27

2.4.4 逻辑运算符与逻辑表达式

编写程序时，常会对各种条件成立与否的组合情况进行判断，以决定程序流程的控制方向（第3章将会涉及"程序控制流程"的内容）。这就要大量用到本节所讲述的逻辑运算符。表2-7列出了Python中使用的逻辑运算符and、or、not，以及各自的运算规则。

逻辑运算符中，逻辑非（not）是单目运算符，并且是前缀式的；逻辑与（and）、逻辑或（or）则是双目运算符。由逻辑运算符和运算对象构成的表达式整体，称为"逻辑表达式"。其运算规则解释如下。

● 当and左边的操作数op1为True时，Python才对右边的操作数op2进行判断。只有在两个操作数都取值为True时，整个逻辑表达式才取值为True。

● 当or左边的操作数op1为False时，Python才对右边的操作数op2进行判断。只要两个操作数中有一个取值为True，整个逻辑表达式就取值为True。

● not是前缀式的单目运算符，操作数总是在它的右边。操作数取值为True时，整个逻辑表达式的取值为False；操作数取值为False时，整个逻辑表达式的取值为True。

表2-7 Python的逻辑运算符（op1、op2是两个运算对象）

运算符	op1	op2	结果	说明
and（与）	True	True	True	op1与op2均为True时，运算结果才为True
	True	False	False	
	False	True	False	
	False	False	False	
or（或）	True	True	True	只要op1或op2中有一个为True，运算结果就为True
	True	False	True	
	False	True	True	
	False	False	False	
not（非）	True	无	False	op1为True时，结果为False；op1为False时，结果为True
	False	无	True	

例 2-15 试分析下面的程序输出：

```
num=15
result=(num % 2 == 0) and (num % 3 == 0)
print('\n',result)
num =15
result=(num % 2 == 0) or (num % 3 == 0)
print('\n', result)
```

纵观程序，里面出现了两个条件表达式：(num % 2 == 0)和 (num % 3 == 0)。由于 num=15，不能被 2 整除，因此，(num % 2 == 0)的取值为 False，(num % 3 == 0)的取值为 True。因此，程序中 result=(num % 2 == 0) and (num % 3 == 0)的最终取值应该是 False，即程序中的第 1 条 print 输出 False;程序中 result=(num % 2 == 0) or (num % 3 == 0)的最终取值应该是 True，即程序中的第 2 条 print 输出 True。于是，这段程序的运行结果如图 2-28 所示。

图 2-28

例 2-16 分析下面程序的输出结果：

```
age1=47; age2=25
result=(age1>=40) and (age2>=28)
print(result)
age1=47; age2=25
result=(age1>=40) or (age2>=28)
print(result)
```

由于 age1=47、age2=25，因此条件表达式(age1>=40)的取值为 True，(age2>=28)的取值为 False。于是，逻辑与表达式 result=(age1>=40) and (age2>=28)的取值为 False，逻辑或表达式 result=(age1>=40) or (age2>=28)的取值为 True。所以程序段中的第 1 条 print 语句输出 False，第 2 条 print 语句输出 True。

2.4.5 按位运算符

这一小节的内容比较特殊，不仅与本章其他部分关系不密切，就是在一般较为简单的程序设计里也用得很少。如果没有需要的话，学习者可以跳过。

任何数据，在计算机里都是用二进制编码的形式存储的，"二进制位（bit）"是最基本的编码单位，也是最小的数据表示单位。在部分系统应用中，需要直接对二进制位进行操作。例如，通常的硬件工作状态信息，多是采用二进制位串的形式表示，操作都是对二进制位串发出命令。为了满足这种复杂的系统程序设计的需要，使 Python 有高级语言和汇编语言的双重处理能力，引入了按位运算符。

通常，数值都是用十进制表示的。当遇到按位运算符时，Python 会自动将输入的十进制数转换为二进制数，然后对其进行所需要的按位运算，并输出十进制数值。表 2-8 列出了 Python 中的 6 种按位运算符。

表 2-8 Python 的按位运算符（假设 a=60，b=13）

运算符	描述	示例
&（按位与）	参与运算的两个值,如果相应的位都是 1,则该位为 1,否则为 0	a&b 的输出结果为 12,即二进制值 00001100
|（按位或）	参与运算的两个值,只要相应的两个位中有一个为 1,结果就为 1	a|b 的输出结果为 61,即二进制值 00111101

续表

运算符	描述	示例
^（按位异或）	参与运算的两个值，当相应的两位相异（即不同）时，结果为 1	a^b 的输出结果为 49，即二进制值 00110001
~（按位取反）	对参与运算的数的每一个二进制位取反，即 0 变为 1，1 变为 0	~a 的输出结果为-61，即二进制值 11000011
<<（按位左移）	运算符右边的数规定移位数，将左边的数按位左移，高位丢弃，低位补 0	a<<2 的输出结果为 240，即二进制值 11110000
>>（按位右移）	运算符右边的数规定移位数，将左边的数按位右移，高位补 0，低位丢弃	a>>2 的输出结果为 15，即二进制值 00001111

注意 按位运算符中，按位取反运算符（~）是单目运算符，并且是前缀式的；其他按位运算符都是双目运算符。另外，使用按位取反运算符运算时，会涉及"补码"的概念，它与计算机硬件设计时的简化运算规则、简化线路设计有关，这对于刚涉足程序设计的人来说，是有一定难度的，因此本书将不具体介绍这一内容。

1. 按位与运算符"&"

根据表 2-8 开始时的假设，a=60（十进制数），相应的二进制数是 0011 1100；b=13（十进制数），相应的二进制数是 0000 1101。于是：

十进制数				二进制				
6=	0	0	1	1	1	1	0	0
13=	0	0	0	0	1	1	0	1
6&13=	0	0	0	0	1	1	0	0

其运算结果为 6&13=12，二进制数为 0000 1100（2^3+2^2）。

2. 按位或运算符"|"

根据表 2-8 开始时的假设，a=60，相应的二进制数是 0011 1100；b=13，相应的二进制数是 0000 1101。于是：

十进制数				二进制				
6=	0	0	1	1	1	1	0	0
13=	0	0	0	0	1	1	0	1
6|13=	0	0	1	1	1	1	0	1

其运算结果为 6|13=61，二进制数为 0011 1101（$2^5+2^4+2^3+2^2+2^0$）。

3. 按位异或运算符"^"

根据表 2-8 开始时的假设，a=60，相应的二进制数是 0011 1100；b=13，相应的二进制数是 0000 1101。于是：

十进制数				二进制				
6=	0	0	1	1	1	1	0	0
13=	0	0	0	0	1	1	0	1
6^13=	0	0	1	1	0	0	0	1

其运算结果为 6^13=49，二进制数为 0011 0001（$2^5+2^4+2^0=49$）。

4. 按位左移运算符 ">>"

根据表 2-8 开始时的假设，a=60，相应的二进制数是 0011 1100。于是：

十进制数				二进制数			
6=	0	0	1	1	1	1	0	0
6<<2	1	1	1	1	0	0	0	0

其运算结果为 6<<2=240，二进制数为 1111 0000（$2^7+2^6+2^5+2^4=240$）。

5. 按位右移运算符 "<<"

根据表 2-8 开始时的假设，a=60，相应的二进制数是 0011 1100。于是：

十进制数				二进制数			
6=	0	0	1	1	1	1	0	0
6>>2	0	0	0	0	1	1	1	1

其运算结果为 6>>2=15，二进制数为 0000 1111（$2^3+2^2+2^1+2^0=15$）。

扩展知识：常用字符与其 ASCII 值的对照表

思考与练习二

第3章
选择和循环：程序的结构

编写程序时，选择和循环是两种非常重要的结构。在用计算机解决实际问题的过程中，活学活用这两种程序结构，就能编写出各种功能强大的程序，实现各种功能。本章将介绍 Python 里的 if-else 选择语句、for-in 循环语句和 while 循环语句。这是程序设计的基础，必须认真学会、学好。

无论是使用选择结构还是循环结构，或是嵌套地使用它们，都要用到前面介绍的条件表达式，只有通过它们，才能确定程序下一步的执行走向。

慕课视频

第3章

3.1 程序结构及用户输入

3.1.1 程序的 3 种结构

"程序结构"指对程序中所写语句执行顺序的一种安排方式。随意的程序执行流程，会像一团乱麻，让人难以理解和掌握。随着程序设计成为许多人从事的专门职业，人们对编程中的规律进行了研究和探索，逐渐摒弃了编写程序的随意性，提出了程序执行的 3 种基本流程模式，即顺序执行、选择执行和重复（循环）执行。

常言道，"工欲善其事，必先利其器"。这 3 种编写程序的模式或技巧，都有一个共同的特点：只有一个开始点和一个结束点。根据这一特点，我们可以把一种流程模式视为一个逻辑的整体，把它嵌入其他不同或相同的模式中去，构成更加复杂的程序执行流程。这就是所谓的"结构化程序设计"。

1. 顺序结构

如果程序中的若干语句是按照书写的顺序一条一条地执行，那么这段程序的结构就是"顺序"式的。采用顺序结构的程序段，大多是先利用赋值语句对变量进行赋值，然后对它们进行加工或处理，最后把结果输出。通过前面的学习，我们对程序的顺序结构已有一定的了解。

2. 选择结构

程序的选择结构，就是在程序运行过程中，通过对条件的判断，有选择地去执行某一个分支（即决定走哪一条路）。在 Python 程序中，选择的各个分支都是以缩进的语句块形式出现的，一个缩进的语句块就是一个分支所要完成的任务。实现选择结构的方式，就是在程序中安排 if 语句，它有 3 种形式：if 的单分支选择、if-else 的双分支选择，以及 if-elif-else 的多分支选择。

3. 循环结构

在一定的条件下，让程序去重复执行一组语句（即做一件事情），这样的语句结构称为"循环结构"，被重复执行的那组语句整体被称为"循环体"。在 Python 程序中，循环体也是以缩进的语句块形式出现的，它就是要重复执行的任务。循环结构在程序设计中的应用非常广泛。在 Python 中，用于实现循环的语句有两种：for 循环语句及 while 循环语句。

从形式上说，程序结构被分成了 3 种，但在真正的编写程序过程中，3 种结构可能是搭配在一起使用的：一个程序中既有顺序、又有选择和循环，有的甚至还会呈现出"嵌套"的形式，即循环里面套有循环、循环里面套有选择、选择里面出现选择、选择里面出现循环等。这完全由实际问题的描述需要而定。

编程人员应该在掌握 Python 编程基本知识的基础之上，灵活应对实际问题，巧妙利用 3 种程序结构，以便设计出高质量的应用程序。

3.1.2 用户输入——函数 input()

函数 input()，是 Python 向用户提供的一种输入数据的手段。当在程序运行过程中，遇到 input() 语句时，程序会暂停执行，等待用户通过键盘进行输入；在获得用户的输入信息之后，程序会把此信息保存在所要求的变量里，供后面使用。

程序中调用函数 input() 的使用办法是：

```
<变量>=input(<提示信息>)
```

其中，<提示信息>是 input() 的参数，当程序执行到 input() 时，Python 就会把<提示信息>自动显示在屏幕上，以告知用户应该怎么做，然后暂停下来，等待用户的输入。用户完成输入并按 Enter 键后，Python 就把输入的信息保存到调用语句左边的<变量>里，然后程序继续往下运行。

例如，在 Sublime Text 中输入如下程序段：

```
name=input('Please enter your name :')
pirnt('Hello,' + name + '!')
```

或：

```
name=input('请输入你的名字:')
pirnt('你好,' + name + '!')
```

保存后，进入 Python 的程序执行模式。这时，屏幕上就会显示出：

```
Please enter your name :
```

或：

```
请输入你的名字:
```

程序等待用户的输入。在键入名字，例如"Tom"并按 Enter 键后，屏幕上会显示出信息：

```
Hello , Tom!
```

或：

```
你好, Tom!
```

这里的程序，给出了英文版和中文版，以表明 Python 是能够接受汉字的。不过，还是建议程序中尽量使用英文，因为中、英文之间如果忘记及时切换，就会带来错误。

注意，通过 input() 接收到的用户输入信息，都是以字符串的形式存储在<变量>里的，即使输入的内容看起来像数值。例如，在 Sublime Text 中输入如下程序段：

```
age=input('Please enter your age: ')
print(age)
age1=age+10
```

保存后，进入 Python 的程序执行模式。这时，屏幕上会显示出以下内容并等待用户输入：

```
Please enter your age:
```

在用户输入了 18，Python 执行 print(age)、屏幕输出 18 后，再往下运行时，却会给出一段出错信息，如图 3-1 所示。

"Traceback"是当 Python 解释器无法成功运行时，向编程者出示的一条"回溯"记录，告诉编程者最近在哪里出了问题（most recent call last），然后列出在哪个文件的哪个位置出的问题，最后一行则显示出了什么问题（must be str, not int: 应该是字符型数据，不是数字型数据）。

真正的问题就是由"input() 接收到的用户输入信息，都是以字符串的形式存储在<变量>里"引起的。字符型的数据，不能与一个数字（10）相加。

这个问题在交互执行模式里能够看得更清楚。图3-2所示是交互执行的情形。当我们询问变量age里是什么类型的数据时，Python明白地给出'18'，它是一个用引号括起来的数字形式。也就是说，变量age里存储的是一个字符串，而不是数字。

图3-1　　　　　　　　　　　　　　　　　　　图3-2

3.1.3　转换函数 int()

用户在函数 input()提示下，输入的"数字"实际上是一个字符串。这样的一个"伪"数字是不可能参加任何数学运算的。如果要将输入的信息参与运算，就必须通过调用函数 int()，把字符串形式的数字转换成真正意义上的数字，这样它才可以参加各种数学运算。

调用转换函数 int()的办法是：

```
<变量>=int(<字符串>)
```

其中，<字符串>是一个数字形式的字符串，是 int()的参数，<变量>用于存放转换后的数字。该函数的功能是将字符串形式的数字转换成数字。

例如，在 Sublime Text 中输入如下程序：

```
age=input('Please enter your age:')
print('age=', age)
age1=int(age)
print('age1=', age1)
age2=age1+10
print('age2=', age2)
```

程序的整个运行过程如图3-3所示。执行第1条input()语句，等待用户的输入。当用户输入 18、并按 Enter 键后，由第2条语句在屏幕上输出 age=18。要注意，这时的 18是由 input()输入而得的，是一个字符串形式的数字，不能直接参加数学运算。程序中的第3条语句 age1=int(age)，调用函数 int()，把 age 中字符串形式的数字 18 转换成了真正的数字 18，并把它存放在变量 age1 里。因此，第4条语句输出的 age1=18 中的 18 就是数字 18。这样，执行第5条语句 age2=age1+10 时，就不会受到任何阻碍，就能够顺理成章地进行运算。

图3-3

3.1.4　程序中的注释

程序中的"注释"，就是用文字来解释程序段，记录代码要做什么，以及怎么做的功能。Python 中，注释可以用英文书写，也可以用中文书写，甚至混搭在一起都行，编程人员自己可以根据需要做出选择，原则就是"让别人看明白"。

在 Python 里，写注释有以下两种方法。

1. 单行注释

单行注释用"#"号标识。也就是说，如果程序中的某一行以#开始，那么该整行就是注释；如果在语句的后面给出#，那么从#开始到该行结束的语句都为注释，不把它视为前面语句的一个部分。

例如，在 Sublime Text 中输入下面的程序段：

```
#This is a greeting program.
print('Hello ,How are You!')
```

第 1 条冠以"#"的语句，就是对程序功能的注释。在程序投入运行时，只运行最后一条问候的语句，Python 把前面整个一行视为"注释"略去了。如果注释放在了如下所示语句的后面：

```
print('Hello ,How are You!')      #This is a greeting program.
```

则该注释起的作用与前面是相同的。

2. 多行注释

多行注释以 3 个双引号（"""）或 3 个单引号（'''）开始，随后为注释内容，最后以 3 个双引号或 3 个单引号结束注释。例如：

```
"""input an integer from the keyboard,
and output its absolute value."""
```

这是用 3 个双引号书写的两行注释，注释中可以按 Enter 键换行。

在程序的关键之处，附上一段文字说明是非常有用的。首先，注释可以起到一个提醒作用：时间久了，我们可能对当时如何实现的细节记不清了，阅读注释，可以帮助我们回忆那些细节。其次，开发过程中，免不了要与其他人员合作，注释会在合作人员之间起到一个交流和桥梁的作用。最后，如果打算临时禁用某段程序，但又在犹豫之中，那么就可以在那些语句前标上注释记号，这样它就不会被执行了；事后如果觉得它还有用，只要去掉注释符号，即可恢复原状，这样省时又省力。

3.2 选择语句——if

如前文所述，程序的选择结构有 3 种形式：单分支选择、双分支选择和多分支选择。本节将介绍在程序中出现的这 3 种选择形式的编写办法。

3.2.1 if 的单分支选择

我们在交谈中，常说"如果……就……"，这实际上就是单分支选择的一种描述。

if 单分支选择语句的一般格式是：

```
if <条件>:
    <语句>    #缩进语句块
<后续语句>
```

功能：程序在执行中遇到 if 时，若<条件>成立（取值 True），则执行其后的缩进<语句>，执行完后去执行<后续语句>；否则，不执行缩进<语句>，直接执行<后续语句>。

图 3-4 所示是 if 单分支选择语句的执行流程图。

注意以下几点。

（1）在输入完 if <条件>后面的冒号、按 Enter 键换行后，Sublime Text 会让光标自动往右缩进，指明缩进语句块的输入起始位置，如图 3-5 所示。这是条件成立时要做的所有语句的输入处，因此可以是多条语句组成的语句块。

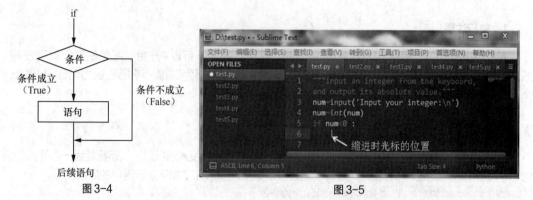

图 3-4   图 3-5

（2）在 Python 程序里，无论在何处，冒号（ : ）都起到非常重要的作用。如果某行代码最后有冒号，那么下一行的程序代码必定缩进。Sublime Text 会指明缩进的实际位置，为你完成缩进。

（3）格式中的<后续语句>绝对不能够再缩进，应该将其恢复到原来的正常输入位置。程序里，缩进的语句块限定了该语句块的作用范围，这个语句块的大小是由程序编制人员决定的，Sublime Text 无法知道缩进何时结束。所以，程序设计者必须非常关注缩进的语句块的作用范围，不要出现提前结束缩进的情形，也不要扩大缩进的范围，那样程序执行时都不会得到预期的运行效果。缩进及取消缩进，都应该使用键盘上的 Tab 键，避免使用空格键。

例 3-1 编写一个程序，从键盘输入一个整数，然后输出其绝对值。

程序编写如下：

```
"""从键盘输入一个整数，并输出其绝对值"""
num=input('Input your integer:\n')
num=int(num)
if (num<0):
        num=-num    #缩进语句块
print('The absolute value is:',num)   # 结束缩进，恢复语句原来位置
```

分析如下。程序开始时是一条用 3 个双引号写的注释：

```
"""从键盘输入一个整数，并输出其绝对值"""
```

由于用户在函数 input()提示下输入的数据看起来是数字，实则为字符串，所以变量 num 里最初存放的是一个字符。只有调用函数 int()后，才能够把 num 里原先的字符转换成整数。这里通过回存，将转换后的整数仍然存入原来的变量 num 里。

执行程序，当判定条件 num<0 成立时，就执行被缩进的语句 num = −num。这样，在变量 num 里，总保持着一个正数，即输入数据的绝对值。

输出语句：

```
print('The absolute value is:',num)
```

这是恢复原位置的后续语句。无论"num = −num"是否执行，这条输出语句总是要执行的。

例 3-2 输入两个整数，随之输出。然后再输入一个字符，如果字符是 y 或 Y，则将两个整数交换并输出。

程序编写如下：

```
num1=input('enter first integer:')
num2=input('\nenter second integer:')
num1=int(num1)
num2=int(num2)
ch=input('Enter a character:')
print(ch)
if ch=='y' or ch=='Y' :
    swap=num1
    num1=num2
```

```
    num2=swap
print('num1=',num1,'num2=',num2)
```

分析：图 3-6 所示是程序的一次运行结果。

在程序设计中，要判断一个条件是 A 或者是 B，就要用逻辑或运算符"or"来构成条件，即 A or B。例如，为了判断变量 ch 里输入的是小写 y 还是大写 Y 时，其条件应该写成：

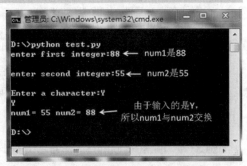

```
ch == 'y' or ch == 'Y'
```

另外，为了实现两个变量间内容的交换，这里是通过设置一个临时工作变量 swap 作为中介，分 3 步完成的。即先执行以下语句：

图 3-6

```
swap =num1#把 num1 里的值暂存于 swap 中
```

再执行以下语句：

```
num1 = num2#把 num2 的值赋予变量 num1
```

最后执行以下语句：

```
num2 = swap#把暂存于 swap 中的 num1 的值送入变量 num2
```

不过在 Python 里，这种交换操作无须上述那么麻烦，可以轻松地加以实现：

```
num1=input('enter first integer:')
num2=input('\nenter second integer:')
num1=int(num1)
num2=int(num2)
ch=input('Enter a character:')
print(ch)
if ch=='y' or ch=='Y' :
#在 Python 里，变量之间的内容交换可以用如下方式来轻松地实现
    num1,num2=num2,num1
print('num1=',num1,'num2=',num2)
```

3.2.2 if-else 的双分支选择

if-else 双分支选择语句的一般格式是：

```
if <条件> :
    <语句 1>
else :
    <语句 2>
<后续语句>
```

功能：在程序中遇到 if 时，若<条件>成立（取值 True），则执行跟随其后的缩进<语句 1>；若<条件>不成立（取值 False），则执行跟随在 else 后的缩进<语句 2>。无论执行的是缩进<语句 1>还是缩进<语句 2>，最后都会执行<后续语句>。

图 3-7 所示是 if-else 双分支选择语句的执行流程图。

例 3-3 输入两个整数，如果第 1 个大于第 2 个，则显示信息"first is greater than second!"；否则显示信息 "first is not greater than second!"。最后显示信息 "All done!"。

整个程序编写如下：

```
print('Please enter two numbers!')
num1=input('\nenter first integer:')
num2=input('\nenter second integer:')
num1=int(num1)
num2=int(num2)
if num1>num2:
    print('\nfirst is greater than second!')
```

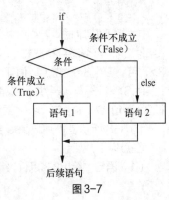

图 3-7

```
#Indent, if you encounter a colon after if
else:
    print('\nfirst is not greater than second!')
    #Indent, if you encounter a colon after else
print('\nAll done!')              #Return to normal position
```

>
> **注意** if、else 的后面都必须有冒号跟随，否则在使用 Sublime Text 编辑程序时，就无法自动完成缩进工作，执行时就会产生语法错误。程序员要关注原来的输入位置，不可弄错，因为<后续语句>将从这个位置键入。

例 3-4 阅读下面的程序，思考它做了什么工作：

```
save='bbb222'              #密码
num=2        #保存允许输入密码的次数
pwd=input('你有两次输入密码的机会，请输入:')
if(save!=pwd):
    num=num-1
    print('你还有',num,'次机会！')
else:
    print('Welcome Python!')
```

该程序使用 if-else 结构来判定用户输入的密码是否正确,只给予用户两次输入机会,它由变量 num 控制。内部设置的密码为 bbb222,存放在变量 save 里；用户输入的密码存放在变量 pwd 里。

如果用户第 1 次输入错误（save!=pwd）,那么要将 num 减 1,且告诉用户还有一次输入密码的机会。如果输入正确,那么输出信息:

```
Welcome Python!
```

该程序并没有编写完整,应该在第 1 次输入错误后,让用户还有第 2 次输入的机会,这个功能就要通过后面介绍的循环语句来实现了。

3.2.3 if-elif-else 的多分支选择

"多分支",有时也称"多重"。If-elif-else 多分支选择语句的一般格式是:

```
if <条件 1>:
    <语句 1>
elif <条件 2>:
    <语句 2>
elif <条件 3>:
    <语句 3>
    …
elif <条件 n-1>:
    <语句 n-1>
else ：
    <语句 n>
<后续语句>
```

功能: 遇到 if 时,若<条件 1>成立（取值 True）,则执行缩进<语句 1>；否则去判定 elif 后面的<条件 2>,若<条件 2>成立（取值 True）,则执行缩进<语句 2>；否则去判定下一个 elif 后面的<条件 3>,若<条件 3>成立（取值 True）,则执行缩进<语句 3>；以此类推。如果<条件 1>、<条件 2>、<条件 3>、……、<条件 n-1>都不成立（都取值 False）,那么执行 else 后面的缩进<语句 n>。在执行了<语句 1>、<语句 2>、<语句 3>、……、<语句 n>后,最终都去执行<后续语句>。

图 3-8 所示是 if-elif-else 多分支选择语句的执行流程图。

注意以下几点。

（1）语句中给出的<条件>结果取值 False 时,Python 会一点点地向下寻找,测试哪一个<条件>

成立。找到成立的<条件 i>后，就执行跟随在冒号后面的缩进<语句 i>，然后就径直去执行<后续语句>。如果没有任何<条件>成立，那么就去执行 else 后面的缩进<语句 n>，最后去执行<后续语句>。

（2）elif 是 else if 的缩写。

（3）每个冒号都不能丢失，Python 见到冒号才会自动产生缩进语句块的位置。

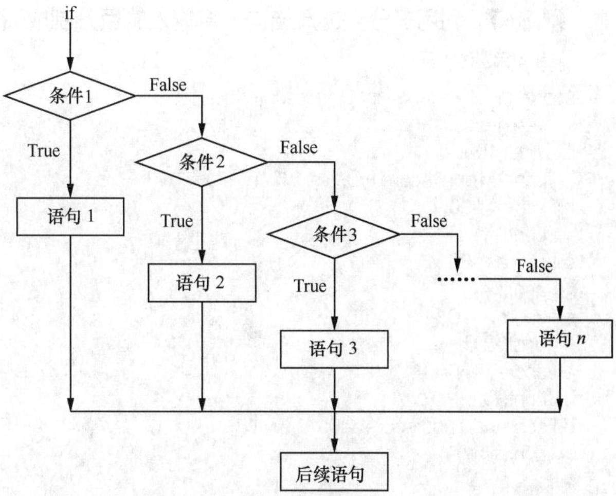

例 3-5 输入一个字符。如果字符是数字，输出"It is a number!"；如果是小写字母，输出"It is a small letter!"；如果是大写字母，输出"It is a capital letter!"；否则输出"It is a other character!"。最后输出"bye-bye!"。

整个程序编写如下：

图 3-8

```
ch=input('Please enter a character:')
if ch>='0' and ch<='9' :
    print('It is a number!')
elif ch>='a' and ch<='z' :
    print('It is a small letter!')
elif ch>='A' and ch<='Z' :
    print('It is a capital letter!')
else:
    print('It is a other character!')
print('bye-bye!')
```

这是一个典型的多分支结构，各个条件分别是：数字（ch>='0' and ch<='9'）？小写字母（ch>='a' and ch<='z'）？大写字母（ch>='A' and ch<='Z'）？其他字符？根据输入字符的不同情况，输出的信息也不同。无论程序的执行路径是什么，最后都要输出信息 bye-bye!。可见，多分支结构是"殊途同归"的。

从上面的讨论可以看出，单分支和双分支选择结构中，都只出现一个条件，都是根据这一个条件来做出选择的；但在多分支选择结构里，则是根据多个不同的条件来做出选择。在程序中无论使用哪种选择结构，编程者都必须写出恰当的条件表达式，必须清楚谁是这个结构的后续语句。只有这样，才能通过编写的程序，描述出所需要实现的功能。

例 3-6 阅读下面的程序，它可以接收输入的 1、2、3、4。试问，针对接收到不同的输入时，程序都输出什么样的结果？

程序：

```
x=input('Enter a number 1 or 4:')
x=int(x)
if(x==1):
    print('x=',x)          #缩进
elif(x==2 or x==3):
    x=1                    #缩进
    x+=2                   #缩进
    print('x=',x)          #缩进
elif(x==4):
    print('x=',x)          #缩进
print('End!')
```

分析：这是一个多分支选择，输入 1 时，直接输出 x=1；输入 2 或 3 时，要做两件事，分别是 x=1 及 x+=2，因此无论 x 是 2 还是 3，输出的都是 x=3；输入 4 时，直接输出 x=4。

43

例3-7 利用多分支选择结构，将输入的百分制成绩转换成等级制（A、B、C、D、Fail）成绩。

程序编写如下：

```
score=input('Please input your score:')
score=int(score)
if score>100:
    print('wrong! score must<=100.')
elif score>=90:
    print('A')
elif score>=80:
    print('B')
elif score>=70:
    print('C')
elif score>=60:
    print('D')
elif score<60 and score>=0:
    print('Fail')
else:
    print('wrong! score must>0.')
```

分析：图3-9是程序的一次运行结果。

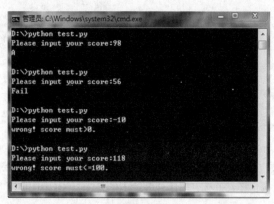

图3-9

第一，如果程序开始时没有安排语句：

```
score=int(score)
```

也就是说，没有将接收到的输入数据（字符串）转换成数字，那么程序在执行到输入数据"98"之后，就会给出如下的出错信息：

```
TypeError: '>' not supported between instances of 'str' and 'int'
```

第二，如果不小心把程序最后的语句中的逻辑与运算符 and 写成了 And：

```
elif score<60 And score>=0:
```

那么程序执行时会输出出错信息：

```
File "test.py", line 13
    Elif score<60 And score>=0:
                   ^
SyntaxError: invalid syntax
```

也就是说，Python 的逻辑与运算符是 and，而不是 And。

3.2.4 if 选择的嵌套

在各种 if 选择结构里，其分支的缩进语句块本身也允许出现 if 选择语句，这就是所谓的"if 选择的嵌套"。在这种嵌套中，可能会出现多个 if、elif、else，因此必须注意跟随它们的缩进语句块何时结束。如果缩进发生错误，就不可能正确地表达自己设计时的逻辑意图。

例 3-8 编写一个程序，它从键盘接收算术运算符（+、−、*、/）和两个整数。根据运算符的不同，求出相应的运算结果并输出。

程序编写如下：

```
x1=input('Please enter first integer:')
x1=int(x1)
x2=input('Please enter second integer:')
x2=int(x2)
opt=input('Please enter an operator:')
if opt=='+' :   #如果是'+'
    print('x1+x2=',x1+x2)              #缩进
elif opt=='−':   #如果是'−'
    print('\nx1-x2=',x1-x2)           #缩进
elif opt=='*' :   #如果是'*'
    print('\nx1*x2=',x1*x2)           #缩进
elif opt=='/' :   #如果是'/'
    if(x2!=0):   #在除法下的嵌套：如果分母不为 0
        print('\nx1/x2=',x1/x2)       #缩进
    else:   #如果分母为 0
        print('\ndivision by zero!')  #缩进
else:   #输入的运算符不是+、−、*或/
    print('\nunknown operator!')      #缩进
print('\nEnd!') #所有的分支都归到这里结束
```

分析如下。由于限定运算符为+、−、*和/ 这 4 种，因此可以根据变量 opt 中的运算符，分别完成相应的算术运算。有两个要考虑的特殊情况。一是做除法时分母不能为 0，所以在条件 opt=='/'的缩进语句块里嵌套了一个 if-else 双分支结构，以根据分母是否为 0 来做出相应的选择：若分母不为 0，则输出结果；如果判断分母为 0，则输出 "division by zero!" 信息。二是如果输入的不是限定的 4 种算术运算符，那么程序将执行 "else" 里的 print 语句，输出信息 "unknown operator!"。不管程序执行过程中走的是哪条路径，最终都会输出信息 "End!"。

在阅读这个程序时，必须要搞清楚 if-elif-else 中，谁与谁配对，相应的缩进语句块应该包含什么内容，退出一层缩进时，应该退到哪里去。如果它们之间的逻辑关系没有搞清楚，那么程序执行时肯定就会出错。

例 3-9 试编写一个程序，根据用户输入 1 和 2 的不同组合，进行下列不同的运算。

当 $x=1$、$y=1$ 时，计算 x^2+y^2；

当 $x=1$、$y=2$ 时，计算 x^2-y^2；

当 $x=2$、$y=1$ 时，计算 $x^2 \times y^2$；

当 $x=2$、$y=2$ 时，计算 $x^2 \div y^2$。

编写程序如下：

```
print('Enter two numbers:1 or 2')
x=input('Please enter first number:')
x=int(x)
print('x=',x)
y=input('Please enter second number:')
y=int(y)
print('y=',y)
if x==1 :   #这个 if，与下面的①elif 构成选择
    if y==1 :   #这个 if，与下面的②elif 构成选择，是①中的嵌套
        print('x*x+y*y=',x*x+y*y)   #缩进
    elif y==2:   #这是②
        print('x*x-y*y=',x*x-y*y)   #缩进
elif x==2 :       #这是①
    if y==1 :   #这个 if，与下面的③elif 构成选择，是①中的嵌套
        print('x*x*y*y=',x*x*y*y)   #缩进
    elif y==2:   #这是③
        print('x*x/y*y=',x*x/y*y)     #缩进
print('End!')
```

分析：程序中，①与①、②与②、③与③是 3 对 if-elif 选择结构，其中②与②、③与③是嵌套在①里面的两对选择结构。要注意，if 的嵌套结构只能是一层套一层，层与层之间不能出现交叉关系。

例 3-10 编写一个程序，根据输入的两个整数构成的坐标点，判定其在坐标系的第几象限。为了简化，假定该点不在 x 轴和 y 轴上。

编写程序如下：

```
x=int(input('Enter the first integer:'))        #把输入的整数赋予变量 x
y=int(input('Enter the second integer:'))       #把输入的整数赋予变量 y
if(x>0):
    if(y>0):
        print('In the first quadrant!')
    else:
        print('In the fourth quadrant!')
else:
    if(y>0):
        print('In the second quadrant!')
    else:
        print('In the third quadrant!')
print('End!')
```

在这个程序里，通过条件表达式，用 if-else 语句的嵌套，对多个条件进行组合判断。图 3-10 所示是它 3 次执行的结果。编写时，要特别注意 if 与哪一个 else 配对。如果缩进位置搞错了，就不可能得到正确的结果。

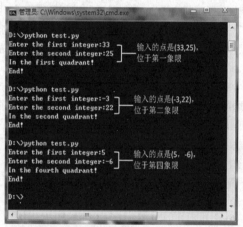

图 3-10

程序也可以使用逻辑表达式对条件进行判断。下面就是用这个方法编写的程序：

```
x=int(input('Enter the first integer:'))
y=int(input('Enter the second integer:'))
if(x>0 and y>0):
    print('In the first quadrant!')
else:
    if(x>0 and y<0):
        print('In the fourth quadrant!')
    else:
        if(x<0 and y>0):
            print('In the second quadrant!')
        else:
            if(x<0 and y<0):
                print('In the third quadrant!')
print('End!')
```

综上所述，利用 Python 提供的条件运算符、逻辑运算符和 if 选择语句，可以完成各种复杂的选择结构描述。不过需要注意的是，在编写程序的过程中，并不提倡使用过多的嵌套结构，那样会增加程序的复杂性，使程序不易理解和解读。

3.3 循环语句

在一定的条件下重复执行一组语句，这样的程序结构称为"循环"，被重复执行的那组语句块称为"循环体"。在程序里，要重复执行的循环体是缩进的。

循环结构在程序设计中的应用极为广泛，Python 中用于实现循环的语句有两种：for 循环一般用于循环次数已知的情况；while 循环一般用于循环次数难以确定的情况，有时也可以用于循环次数确定的情况。在编写程序时，通常优先考虑使用 for 循环，也可以根据编程者的兴趣而定。相同或不同的循环结构之间都可以嵌套，也可以与选择结构嵌套，以实现更为复杂的逻辑设计意图。

另外，与循环有关的语句还有 break 和 continue。本节将逐一介绍这些内容。

3.3.1 循环语句 for-in 及函数 range()

1. for-in 循环语句

for-in 循环是一种计次循环，通过计数来控制循环重复执行的次数。

for-in 循环语句的一般格式是：

```
for <迭代变量> in <序列>:
    <循环体>
else:
    <后续语句>
```

所谓"迭代"，即不停地进行有规律的替换。在程序设计里，同一个变量，用不同的值进行替代，就被称为一个"迭代变量"。其实，这里用"变量"也是可以的，只是添加了"迭代"二字，可以更形象地传达该变量的使用特征。

功能：遇到 for 时，从<序列>里取出第 1 个值赋给<迭代变量>，执行一次<循环体>。执行后，<序列>往前进一步，如果<序列>没有超出范围（即"值"还没有用完），就将下一个值赋给<迭代变量>，又执行一次<循环体>，再去重复执行前面的步骤。如果<序列>超出了范围，循环就停止，转去执行 else 后面的<后续语句>。序列里有多少个元素，for 循环里的循环体就被执行几次（即迭代几次）。

 注意 **for-in 循环中的 else 语句是可以省略的。如果省略了，那么必须注意正确安排<后续语句>的位置，因为必须取消它的缩进。使用 else 的好处是可以提醒用户：for 循环已经正常执行完毕。通过下面的例子，你可以理解 for 循环中使用 else 的好处。**

循环中的 in，在 Python 里被称作"成员运算符"，表 3-1 所示是成员运算符表。

表 3-1 Python 的成员运算符

运算符	功能	示例
in	若在序列中找到值，返回 True；否则返回 False	x in y，x 在 y 序列里，返回 True
not in	若在序列中没有找到值，返回 True；否则返回 False	x not in y，x 不在序列 y 里，返回 True

例 3-11 编写如下程序，利用 for 循环，输出字符串"How are you?"中的所有字符：

```
for x in 'How are you?' :
    print(x)    #缩进
print('End')
```

例中，迭代变量是 x，序列是字符串"How are you?"。图 3-11 所示是它运行的结果。循环开始时，把字符串序列中的第 1 个字符"h"赋给迭代变量 x，然后由循环体内的输出语句将其输出。要注意，该循环体里只有一条缩进的输出语句：print(x)。执行完第 1 次循环后，按照 for 循环的语义，序列自动前进到第 2 个字符"o"，将它赋给迭代变量 x，又一次执行循环体。依次类推，在输出序列中的字符"?"后，序列到达结束位置，没有值可以再赋给迭代变量 x 了，于是循环结束，执行最后的语句 print('End')。

在 Sublime Text 里编辑该程序时，最后的语句 print('End')必须退回到原来的位置（与 for 对齐），否则 Python 会误认为它是循环体中的一部分，输出的结果就会如图 3-12 所示。显然，这个输出结果不是我们所期望的。

图 3-11   图 3-12

如果在 for-in 循环里增加 else 语句，就可以避免这种错误的发生，因为在 Sublime Text 里输入完循环体再输入 else:，一按 Enter 键，else:就会自动退回到与 for 对齐的位置，然后光标就会自动缩进。这时程序的代码就会如下所示：

```
for x in 'How are you?' :
    print(x)
else:
    print('End')
```

这样一来，循环结束后遇到 else: 时，就去执行跟随在 else: 后的语句，从而保证了整个循环结构不出错。这也是在 for-in 循环语句里提倡使用 else:的原因。

再者，要特别注意不要遗漏了冒号"："，否则会出错。

2. 函数 range()

for-in 循环中，语句执行时是自动把<序列>里的元素依次赋给<迭代变量>的。因此，序列是有次序的。例如，字符串里每一个元素的序号就是它的索引，并从 0 开始计数。如果我们希望通过序列的索引来控制 for 循环的执行次数，那么可以借助 range()函数来实现。

函数 range()的一般格式是：

```
range(start,stop,step)
```

功能：自动产生由 start、stop、step 这 3 个参数限定的顺序值（或索引值）。其中，start 表示起始值，如果省略，则默认为 0；stop 表示终值，不可省略；step 表示步长，如果省略，则默认为 1。

例如，range(6)表示从 0 开始，产生出 0、1、2、3、4、5 共 6 个顺序值；range(4,8)表示产生出 4、5、6、7 共 4 个顺序值；range(4,10,2)产生出 4、6、8 共 3 个顺序值。

例 3-12 编写如下程序，利用 for 循环和 range()函数，输出字符串 "how are you?" 中的所有字符：

```
s='how are you?'
y=len(s)
for x in range(y) :
    print(s[x])         #缩进
else:
    print('End')        #缩进
```

程序中，通过函数 len()计算出字符串 s 的长度,并将其存放在变量 y 里。进入 for 循环，调用函数 range(y)。该函数不断把 0、1、2……赋给迭代变量 x，并去执行循环体 "print(s[x])"。也就是不断将字符串的切片 s[0]、s[1]、s[2]……等输出。输出的结果如图 3-11 所示。

注意，函数 range()要正确使用。调用时，参数 stop 不能省略，start 和 step 是可以省略的。当程序中书写的是 range(y)时，表明 y 是 stop,前后两个参数省略了；当程序中书写的是 range(0,y,3)时，表示 start 从 0 开始，每隔 3 个字符输出一次。这时，程序的输出结果如图 3-13 所示。

例 3-13 用 for 循环和函数 range()编写一个程序，将个位数为 6、且能被 3 整除的 3 位数全部输出，最后输出这种数的个数：

```
count=0
for x in range(126,997,10):
    if (x%3==0):
        print(x)
        count+=1
    else:
        print('count=',count)
```

分析如下。由于最后要输出满足条件的 3 位数的个数，所以在程序一开始设置了一个计数变量 count。程序的关键是要构成函数 range()中需要的 start、stop、step。这里，start 设为 126，它显然是第 1 个满足能够被 3 除尽且个位数为 6 条件的 3 位数；结束循环的 stop 设置为 997,而不是 996，如果设置成 996（它显然是最后一个满足能够被 3 除尽且个位数为 6 条件的 3 位数），那么 996 就会丢失了；步长 step 设置成 10，这是显而易见的事情。

循环体是：

```
if (x%3==0):
    print(x)
    count+=1
```

其意是，只要迭代变量 x 能够被 3 除尽，那么做两件事情：输出迭代变量的当前值和计数器 count 加 1。图 3-14 所示是该程序运行的一个局部结果（只显示了最后 9 个满足条件的 3 位数，以及满足条件的 3 位数的个数）。

图 3-13

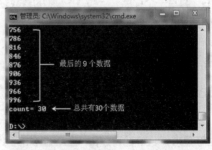

图 3-14

例 3-14 编写一个程序，求 100～999 所有满足如下条件的 3 位数：个位、十位、百位数字的立方和恰好就等于该数本身。例如数 153，由于：

$$1^3 + 5^3 + 3^3 = 1 + 125 + 27 = 153$$

所以，153 就是一个所求的数。

程序编写如下：

```
j=1    #记录 100～999 所有满足条件的数的个数
for i in range(100,999):
    nf=i-i//10*10    #在 nf 中，形成该数的个位数
    ns=(i-i//100*100)//10    #在 ns 中，形成该数的十位数
    nt=i//100    #在 nt 中，形成该数的百位数
    nf=nf*nf*nf#在 nf 里为个位数的立方
    ns=ns*ns*ns    #在 ns 里为十位数的立方
    nt=nt*nt*nt#在 nt 里为百位数的立方
    if ((nf+ns+nt)==i):
        print(j,i)
        j+=1    #计数器计数
else:
    print('End!')
```

分析如下。for 循环中通过函数 range()，保证循环的 start 为 100，stop 为 999，step 为 1。对这个区间里的每一个数都进行测试，看是否满足"个位、十位、百位数字的立方和恰好就等于该数本身"的要求。如果满足，就是所求的一个数。

在程序里，介绍了一种从整数中分离出其个位数、十位数等数字的方法，即如果 i 是一个 3 位数，那么：

```
nf = i – i//10*10
ns = (i – i//100*100)//10
nt = i//100
```

这种程序设计中用到的办法请读者记住，以便将来能够把它们灵活运用到自己的应用程序中去。图 3-15 所示为该程序的运行结果。可以看出，100～999 总共有 4 个这样的数，它们是 153、370、371 和 407。

图 3-15

例 3-15 编写一个程序，计算 1～99 的奇数之和。

编写程序如下：

```
sum=0
for count in range(1,100,2):
    sum+=count
else:
    print('odd number cumulative sum =',sum)
print('End!')
```

注意 由于是求 1～99 的奇数和，因此循环中的 **stop** 必须设置为 100，否则就遗漏掉 99 了。计算的结果应该是 2500。

例 3-16　求 200 以内、能被 17 整除的最大正整数。

程序编写如下：

```
for x in range(17,200,17):
    if (x%17==0):
        if (x+17>=200):
            print(x)
print('End')
```

由于题目是"求 200 以内、能被 17 整除的最大正整数"，因此程序中安排了判断是否是最后一个这种正整数的语句，只有当该数再加 17 超出 200 时，这个 x 才是所求的数。图 3-16 所示是程序的运行结果。

还可以编写如下的程序，它从后往前寻找满足条件的正整数，找到后利用 break 提前结束循环。这样的程序设计，似乎更好一些，程序执行的效率更高：

图 3-16

```
for x in range(200,0,-1):
    if (x%17==0):
        print(x)
        break
print('End')
```

3.3.2　循环语句 while

在不清楚循环次数时，利用 for-in 循环语句来实现循环，有时会感到比较困难。这时，最好使用 Python 提供的、根据条件成立与否来控制循环是否进行的 while 语句。

while 循环语句的一般格式是：

```
while <条件> :
    <语句(循环体)>
else :
    <后续语句>
```

图 3-17 所示是 while 循环的执行流程图。

功能：当执行遇到 while 时，判断<条件>是否取值 True，即是否成立。如果成立，就执行缩进的循环体，转而又去判断<条件>的取值；如果<条件>取值 False，即不成立，则去执行<后续语句>。

在 while 循环中，也可以安排 else 语句，其作用是保证循环正常结束。如果没有 else，那么在编写 while 循环时，要特别注意后续语句的回退位置，否则容易出错。

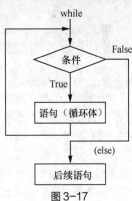

图 3-17

注意以下两点。

（1）编写 while 循环时，不要遗漏冒号"："。

（2）在程序中使用 while 循环时，要注意的是条件的设置，否则可能会造成死循环。若发现程序已经陷入了死循环，那么可以按 Ctrl+C 组合键迫使程序停止执行。

例 3-17　编写一个程序，输出 1~50 的所有能被 3 整除的正整数。

程序编写如下：

```
num=1  #控制循环执行的变量初值
i=0    #记录这种正整数的个数
while (num<=50):
    if (num%3==0):
        i+=1
        print(i,num)
```

51

```
        num+=1
    else:
        num+=1
else:
    print('Number of positive integersis in total=',i)
    print('End!')
```

图 3-18 所示是该程序运行的结果。

分析如下。设计 while 循环，关键要注意<条件>的变化，只有随着循环的进行，条件的取值不断地发生变化，才能够使它的值由 True 变为 False，从而达到使循环停止的目的。为此，在用 while 循环时，一般要考虑两个问题：一是在进入循环前，要赋予循环控制变量初值，例如这里是 num=1；二是在循环体内，要安排使循环控制变量发生变化的语句，例如这里是 num+=1。只有在整个循环结构中做了这样的安排，才能达到循环最终停止的目的。

在这个程序中，只有既满足条件 num<=50、又满足条件 num%3==0 的 num，才是所需要的正整数，因此只有这时计数器 i 才可以加 1。

例 3-18 反复从键盘输入一个最多 5 位的正整数，计算并输出组成该数的各位数字之和。例如，输入的数是 13256，则输出 1+3+2+5+6=17。直到输入的数为 0 时停止循环。

程序编写如下：

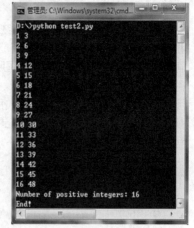

图 3-18

```
x1=x2=x3=x4=x5=0
x=input('Please enter a five bit positive integer:')
x=int(x)
while (x!=0) :
    x5=x%10; x=x//10
    x4=x%10; x=x//10
    x3=x%10; x=x//10
    x2=x%10; x=x//10
    x1=x%10
    print('x1+x2+x3+x4+x5=',x1+x2+x3+x4+x5)
    x=input('\nPlease enter a five bit positive integer:')
    x=int(x)
else:
    print('Bye-Bye!')
```

分析如下。程序开始时，开辟 5 个变量 x1~x5 来存放最多 5 个数字，最初应该把 x1~x5 都赋值为 0，这样即使输入的是一个 3 位数，也能够保证最后计算正确。程序的关键是如何能够根据所输入的数，把它的个、十、百、千、万位分离出来。前面的例 3-14 里已经介绍过一种分离数位的办法，这里又介绍了另外一种办法。13256 除以 10，其商为 1325，余数为 6（个位数字）；1325 除以 10，其商是 132，余数是 5（十位数字）；依次类推。这样就可以把各位数字分离出来了。

进入 while 前的输入语句 x=input('Please enter a five bit positive integer:')，是为控制循环的条件设置初值；循环体最后同样的输入语句，是完成对循环控制条件的修改。在此时输入一个 0，就会得到循环结束的条件。

图 3-19 所示的是该程序执行 3 次的情形，第 1 次输入 13256，第 2 次输入 889，第 3 次输

图 3-19

入 0，结束整个循环。

例 3-19 编写一个程序，从键盘上不断输入若干个字符，直到输入的是!（叹号）时输入结束。统计并输出所输入的空格、大小写字母，以及其他字符（不含叹号）的个数。

程序编写如下：

```
i=j=k=m=0              # 对有关变量进行初始化
ch=' '                 # 为循环控制变量赋初值
while (ch!='!'):
    ch=input('Enter a character:')
    if (ch>='a' and ch<='z'):
        i+=1           # i 中记录小写字母的个数
    elif (ch>='A' and ch<='Z'):
        j+=1           # j 中记录大写字母的个数
    elif (ch==' '):
        m+=1           # m 中记录空格的个数
    else:
        if (ch!='!'):  # k 中记录除叹号外其他字符的个数
            k+=1
else:
    print('small letter=',i)
    print('capital letter=',j)
    print('space=',m)
    print('other=',k)
```

分析如下。由于条件表达式 ch!='!'对变量 ch 的测试在前，输入函数 input()被安排在进入 while 循环之后，所以在程序开始时，必须赋予变量 ch 一个初值 ch=' '，否则程序根本无法运行。

由于叹号是循环结束的条件，不能计算在输入的其他字符数内，因此在对其他字符计数时，要先判定输入的不是叹号，这样变量 k 才能够计数。这正是在程序中插入 if(ch!='!')的原因。

3.3.3 循环中的 break、continue 语句

前面介绍的 for 和 while 循环，都是在最终判定循环条件不成立时，才结束整个循环的。但有时却希望能够在循环过程中，根据程序的执行情况做出某种变化。例如，在循环执行过程中，能否立即结束整个循环？例如，在循环执行过程中，能否立即结束本次循环，直接进入下一次循环？前者需要用到 break 语句，后者需要用到 continue 语句。

break 和 continue 语句，在 for 循环和 while 循环中都可以使用，并且常与程序里的选择结构配合，以达到在特定条件得到满足时，改变循环执行流程的目的。不过需要注意的是，程序中过多地使用它们，会严重降低程序的可读性。因此，除非 break 或 continue 语句可以让代码显得更加简洁、清晰，否则在程序中尽量少用。

1. break 语句

break 语句的一般形式是：

```
break
```

功能：在循环体中，如果遇到 break，就立即中断整个循环，离开循环体，去执行该循环的<后续语句>。也就是说，一旦 break 语句被执行，将会使整个循环提前结束。

例 3-20 阅读下面的程序，它输出的是什么结果？

```
for x in range(1,10):
    if (x==5):
        break
    else:
        print('x=',x)
print('Brock out of loop at x=',x)
print('End!')
```

图 3-20 所示是该程序运行的情形，它是在 for 循环中使用 break 语句的例子。程序的意思是让变量 x 从 1～10，执行语句 print('x=',x)，输出当时 x 的取值。但是如果 x 等于 5，那么就强行结束整个循环，去执行该循环的后续语句：

```
print('Brock out of loop at x=',x)
print('End!')
```

图 3-20

所以，程序的执行过程中输出的结果如下：

```
x=1, x=2, x=3, x=4
Broke out of loop at x = 5
End!
```

由此看出，按照 for 循环的规定，循环应该进行 10 次，但在 x 取值为 5 时，由于条件 x==5 成立而执行 break，强迫整个循环到此结束，后面的 5 次循环就不执行了。

例 3-21 编写一个程序，最多接收 50 个整数，并计算它们的累加和。如果在输入过程中输入了 0，则立即停止输入，输出当时的累加结果。

程序编写如下：

```
sum=0          # 设置变量初始值
for i in range(1,51):
    num=input('Please enter a number:')
    num=int(num)    #将输入的字符串数字转换为十进制数字
    if (num==0):
        break    #输入的是 0，则强制退出循环
    else:
        sum+=num          #输入的不是 0，则进行累加后继续循环
print('The sum is=',sum)
```

分析如下。程序中用变量 sum 记录累加和，所以初始值应该是 0。该程序有两个出口，一个是输入满 50 次后，循环正常结束；另一个是若在循环过程中接收了数值 0，那么就执行 break 语句，提前结束整个循环。

2. continue 语句

continue 语句的一般形式是：

```
continue
```

功能：continue 一定是出现在循环体内的。遇到它时，就跳过循环体中它后面原本应该执行的其他语句（如果还有的话），提前结束本次循环，直接返回到循环体起始处，判断循环控制条件，以决定是否进入下一次循环。也就是说，continue 语句的作用是终止本次循环，忽略循环体内 continue 语句后面的所有语句，直接回到循环的顶端，以进入可能的下一次循环。

例 3-22 阅读下面的程序，它输出了什么结果？

```
i=6
for x in range(1,10):
    if (x==5):
        y=x
```

```
        continue
    else:
        print(x+i)
        i+=3
print('Used continue to skip printing the value:',y)
```

图 3-21 所示是该程序运行的情形，它是在 for 循环体中使用 continue 语句的例子。中心意思是如果变量 x 取值 5，则什么也不做，直接进入下一次循环；否则每次都输出 x+i 的值，然后修改 i 的值。所以程序执行后，输出的结果如下：

```
7    11   15   19   24   28   32   36   40
Used continue to skip printing the value : 5
```

图 3-21

例 3-23　编写一个程序，功能是输出 1～15 中不能被 3 整除的数：

```
i=0                    #记录找到的数的编号
x=1                    #循环控制变量，它的取值随循环的进行而改变
while(x<=15):
    if(x%3==0):
        x+=1           #修改循环控制变量的值
        continue
    else:
        i+=1           #符合条件的数的编号加 1
        print(i,x)
        x+=1           #修改循环控制变量的值
```

分析如下。该程序由一个 while 循环构成，循环体是一个双分支的 if-else 语句。由于希望输出 1～15 中不被 3 整除的数，所以在循环体里判断出某个数能够被 3 整除（x%3==0）时，就用 continue 结束此次循环，进入下一次循环。由于是双分支的 if-else 语句，因此修改循环控制变量的语句（x+=1），必须放在两个分支里。

3.3.4　循环的嵌套结构

如果在一个循环结构的循环体内，又出现了循环结构，那么这就是所谓的"循环的嵌套结构"，有的书上称其为"多重循环"。既然是嵌套式的结构，那就表明各循环结构之间只能是"包含"关系，即一个循环结构完全在另一个循环结构里面，不能交叉。通常把位于里面的循环称为"内循环"，外面的循环称为"外循环"。一般用得较多的是二重循环或三重循环，再多就容易造成混乱。

例 3-24　有如下的循环嵌套程序，看看它的内循环总共循环多少次：

```
nr=0                       #记录内循环执行的次数
for i in range(1,4):
    print('i=',i)          #输出外循环的控制变量 i 的值
    for j in range(i,4):
        print('j=',j)      #输出内循环的控制变量 j 的值
        nr=nr+1            #内循环计数
    else:
        print('j=',j)      #输出内循环结束时控制变量 j 的值
```

```
        print(nr)                    #输出这次内循环结束时，共循环的次数
    else:
        print('nr=',nr)              #输出整个循环结束时，内循环的循环次数
```

分析如下。这里由变量 i 控制的是外循环，它要求其循环体执行 3 次（因为变量 i 是从 1 变到 4，一共 3 次）。由变量 j 控制的是内循环，它每次执行的次数与外循环变量 i 的当前取值有关，是一个不定的数：内循环第 1 次执行时，变量 j 的初始值为 1，所以它的循环体将执行 3 次；内循环第 2 次执行时，变量 j 的初始值为 2，所以它的循环体将执行 2 次；内循环最后一次（即第 3 次）执行时，变量 j 的初始值为 3，所以它的循环体将执行 1 次。由此分析可知，内循环体总共要被执行 3+2+1=6 次。图 3-22 所示是它的运行结果。

例 3-25 不断从键盘输入两个正整数，求它们的最大公约数。直到用户回答"n"时，停止程序的运行。

编写程序如下：

```
while(True):
    print('Enter two positive integers.')
    x1=input('first number=')
    x1=int(x1)
    x2=input('second number=')
    x2=int(x2)
    while(x1!=x2):
        if (x1>x2):
            x1-=x2
        elif (x2>x1):
            x2-=x1
    print('The greatest common divisor is:',x1)
    ch=input('Do you want to continue(y or n)')
    if (ch=='n'):
        break
print('End!')
```

图 3-23 所示是程序的 3 次运行结果，第 1 次是求 30、192 的最大公约数，结果为 6；第 2 次是求 152、44 的最大公约数，结果为 4；第 3 次因为输入的是"n"，所以整个循环在 break 下强行退出，输出信息"End!"。

图 3-22

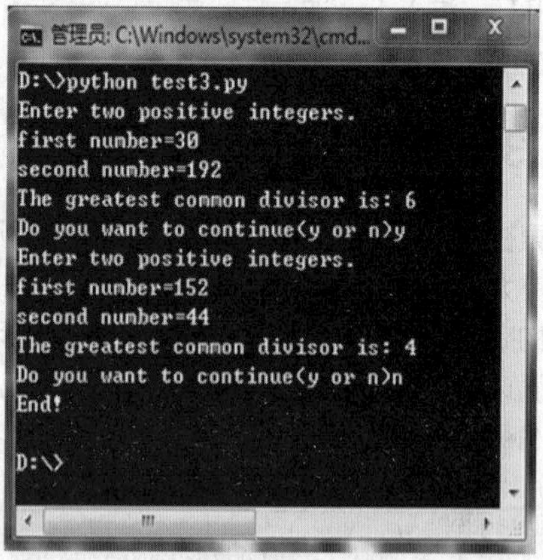

图 3-23

分析如下。外循环和内循环都是 while 循环，在外循环的 while 语句里，条件表达式取值为 True，表示条件永远为真，循环会一直执行下去。这个外循环只有在它的循环体最后往变量 ch 里输入一个字

符 "n" 时，才通过 break 语句强制结束。

内 while 循环是通过辗转相减的方法求两个正整数的最大公约数的。例如，有两个正整数为 x1 和 x2，那么辗转相减求两个正整数的最大公约数的步骤如下。

第 1 步：如果 x1>x2，则 x1=x1-x2。

第 2 步：如果 x2>x1，则 x2=x2-x1。

第 3 步：如果 x1==x2，则算法结束，当前 x1（或 x2）的值就是所求的最大公约数；否则重复上述步骤。

注意 在多重循环中遇到 break 语句时，它只退出所在层的循环，而不是退出整个循环。例如以下程序：

```
for i in range(0,4,1):
    for j in range(0,4,1):
        if(j==2):
            print('###########')
            print('\n')
            break                #内循环中的 break 语句
        else:
            print('&&&&&&&&&&&&')
    print('End!')
```

分析如下。它的外循环由 i 控制，内循环由 j 控制，内循环中有一条 break 语句。原本外循环每执行一次，内循环要执行 4 次，共执行 16 次循环。但因每次内循环执行到第 3 次时满足条件 "j==2"，因此在输出 "###########" 且换行后，遇到了 break，强制退出内循环，使内循环只执行了 3 次（j=0，j=1，j=2）就进入下一次外循环，从而整个循环只执行 12 次。上述程序运行后的输出结果如图 3-24 所示。

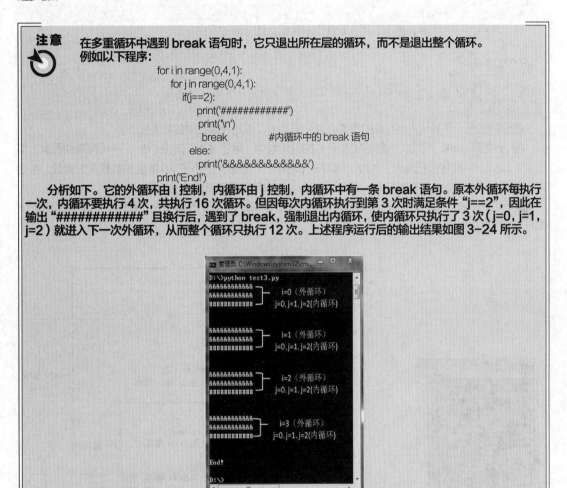

图 3-24

扩展案例

下面再给出几个循环的例题，供读者阅读。

例 3-26 利用循环，编写实现 $\sum_{n=1}^{5} n^2$ 求 $\left(\sum_{n=1}^{5} n^2 = 1^2 + 2^2 + 3^2 + 4^2 + 5^2\right)$ 的程序。

分析如下。若用 while 循环语句来实现 $\sum_{n=1}^{5} n^2$ 求和，那么在进入循环以前，必须先设一个存放累加和的变量，例如是 sum，则它的初始值为 0，循环中它将不断地把计算出的 n^2 值往 sum 上累加；设一个 n 的初始值为 1，它从 1 变到 5，控制循环进行的次数。这样，整个程序如下所示，图 3-25 所示是程序的执行结果。

```
sum=0
n=1
while(n<=5):
    sum=sum+n*n
    n=n+1
    print(sum)
print('End')
```

这个求平方和的程序，也可以用 for 语句来实现，如下面的程序所示：

```
sum=0
for n in range(1,6):
    sum=sum+n*n
    n=n+1
    print(sum)
print('End')
```

要注意的是，函数 range()里的终值必须设置为 6，否则计算结果就会丢失 5^2。

例 3-27 所谓"素数"，是指在大于 1 的自然数中，除了 1 和它本身以外，不再有其他因数（即除了 1 以外，只能被自己除尽）的数。编写一个程序，判断输入的小于 20 的自然数是否为素数，是则输出所输入的自然数是素数的信息，否则输出所输入的自然数不是素数的信息。

编写的程序如图 3-26 所示。整个程序由一个 while 循环构成，该循环中，嵌套了 if 选择语句和 for 循环语句，情况比较复杂。

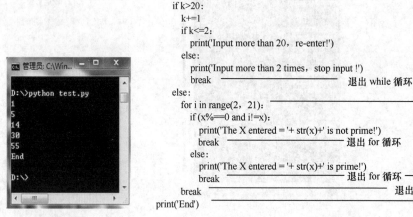

图 3-25   图 3-26

while 循环中，主要嵌套了一个 if-else 语句。该语句的上半部分检查输入的自然数是否大于 20，大于 20 是不允许的，会输出信息"Input more than 20, re-enter!"；检查输入自然数的次数是否超过 2 次，超过 2 次是不允许的，会输出信息"Input more than 2 times, stop input!"，并通过 break 语句退出整个 while 循环。

只有在输入的次数不超过 2 次、输入的自然数小于等于 20 时，程序才进入 if-else 语句的 else 部分。这部分由一个 for 循环组成，通过嵌套在 if-else 语句里面的条件表达式来判定输入的自然数是否是素数：

```
x%i==0 and i!=x
```

如果条件成立，就输出信息"The X entered = ' + str(x) +'is not prime"（输入的 x 不是素数）；否则输出信息"The X entered = ' + str(x) +'is prime"（输入的 x 是素数）。

这个条件表达式可以改写成：

```
x%i==0 and i!=(x//2+1)
```

这样，只要检查函数 range()里参数 i 前面的一半，就能够断定输入的 x 是否是素数了，程序运行起来就会更快些。

程序中都是通过 break 语句来强制退出各个循环的，因此必须搞清楚 break 所在的位置，绝对不能放错位置，否则就得不到正确的结果。

例 3-28 编写一个程序，输出 10 以内的奇数。

程序编写如下：

```
k=1
while (k<10):
    if k%2==0 :
        k+=1      # ①
        continue
    else:
        print(k)
        k+=1      # ②
print('End')
```

运行这个程序，输出结果如图 3-27 所示。这里要说明的是，程序里安排了两条 k+=1 语句（注：有①和②）。有必要吗？答案是有。如果没有写①这条语句，那么程序执行时，窗口显示的内容会如图 3-28 所示。为什么会这样呢？程序开始执行时，k 取值 1，遇到条件表达式 k%2==0。K%2 的结果为 1，不等于 0，因此执行 else 后面的语句：

```
print(k)
k+=1
```

图 3-27

图 3-28

现在 k 取值为 1，因此先执行 print(k)，在窗口输出 1；接着执行语句 k+=1，变量 k 现在的取值变成了 2。返回到循环起始处，进入第 2 次循环。这时，条件表达式为 k%2==0，于是直接执行语句 continue（因为没有①处的语句），从而使程序陷入死循环。只能通过按 Ctrl+C 组合键强制程序停止执行。所以，①处的 k+=1 是必须要有的。

不难理解，②处的 k+=1 也是必须要有的，它保证当输出了一个奇数后，循环能够顺利地进行到下一步。如果没有②，那么程序就会不断地输出 1，程序也陷入了死循环。这样的两种死循环，是由不同的原因引起的，第 1 个是因为语句 continue 所致，第 2 个则是因为循环控制变量 k 没有及时修改所致。

思考与练习三

第4章
元组、列表、字典

只有变量、数字、字符串、表达式等，是不可能对实际问题进行全方位描述的，还必须要有其他多种数据类型的支持。本章将介绍 Python 里提供的另外 3 种数据类型：元组、列表和字典。它们与字符串同属"序列"类，共同的特点是里面的数据（或"元素"）都按照一定的顺序进行排列，这一顺序对应的数字就是每个元素的索引。这 3 种数据类型分别通过"圆括号( )""方括号[ ]""大括号{ }"来定义（或创建）。

慕课视频

第 4 章

4.1 数据类型与格式化输出

在 Python 中，无论什么数据，都被存放在变量里。一个变量，有自己的名字，自己的类型，自己的取值。变量的名字是一种身份，也是一种标识，起到相互区分的作用；变量的类型决定了要采用哪种方式来存储它，要为它开辟多大的存储区域；变量的取值就是具体存储的数据，有些取值是可变的（指变量创建后，可以修改其值），有些则是不可变的（指变量一经创建，就无法修改元素的值，例如前面提及的数值变量、字符串变量，除非重新进行赋值）。

本节先介绍两个函数 type()和 str()，再对数据的输出格式进行讨论，使得程序的输出能够更加方便，显得更人性化。

4.1.1 两个函数：type()、str()

1. 函数 type()

我们已经接触过的变量，有整型（int）的，浮点型（float）的，字符串型（str）的，后面还会介绍 Python 中的其他类型变量。不管变量属于什么类型，都可以通过使用函数 type()来查看或判定。

功能：返回<变量>所属的数据类型。

用法：

```
type(<变量>)
```

在交互执行模式下，输入 x=46，用函数 type()来测试变量 x 或数值 46，它都会显示出信息：

```
<class 'int'>
```

表示它们属于 int 类，即整型，如图 4-1 所示。在图中还可以看到，输入了 y='Hello!'后，用函数 type()测试变量 y 或'Hello!'，输出的信息是：

```
<class 'str'>
```

表示它们属于 str 类，即字符串型。在输入 z=3.14159 后，用函数 type()来测试变量 z 或 3.14159，输出的信息是：

```
<class 'float'>
```

表示它们属于 float 类，即浮点型。

例 4-1 编写程序如下：

```
age=18
```

```
mes='Happy'+age+'rd Birthday!'
print(mes)
```

程序投入运行，窗口会输出出错信息，如图 4-2 所示。信息指明程序里有 "TypeError: must be str, not int"，即有类型错，输出的内容应该是字符串（str），不能是数字（int）。

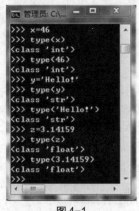

图 4-1   图 4-2

变量 mes 里的内容是由 3 个部分拼接而成的：'Happy'、age、'rd Birthday!'。前后两项都是用单引号括住的字符串，那么便是中间的 age 出了问题：它是数字，不是字符串，用函数 type() 测试一下就清楚知道了。

为了保证输出正确，必须要把变量 age 里面的内容转换成字符串。如何把 int 型的变量转换成字符串型？这就需要借助于下面介绍的函数 str()。

2. 函数 str()

功能：将<变量>中存放的数值转换成字符串值后返回。
用法：

```
str(<变量>)
```

利用这个函数，可以把例 4-1 改写成：

```
age=18
mes='Happy '+str(age)+'rd Birthday!'
print(mes)
```

这样再运行该程序，输出的内容就是：

```
Happy 18rd Birthday!
```

4.1.2 函数 print() 里的参数—— end

print() 是 Python 向用户提供的函数，通常称其为"内置函数"。以往它在输出完信息后，会立即换行，于是下一条 print() 语句的输出内容只能在下一行里显示出来。

其实，这种情况是可以改变的，因为 print() 函数输出完信息后，是否执行换行的操作，由它自身带有的一个参数决定，这个参数就是 end。

函数 print() 的基本使用格式是：

```
print(value,···,  end='\n')
```

其中，value 表示想要输出的数据，如果数据是字符串，则前后必须加上单引号或双引号。end 通常默认取值为\n，表示数据输出后进行换行，后面的输出移向下一行。如果输出后的位置希望保持在原行，不打算换行，那么可以在函数 print() 中，用 end=' '来代替换行符\n。

例 4-2 编写一个程序，将个位数为 6、且能被 3 整除的 3 位整数全部输出，要求每行输出 10 个数据，最后输出这种 3 位整数的个数。

这显然是一个循环问题，程序编写如下：

```
count=0
for num in range(126,997,10):
    if (num%3==0):
        print(num,end=' ')
        count+=1
        if (count%10==0):
            print('\n')
print('count=',count,end='\n')
```

分析如下。稍加思考就可以知道，第 1 个个位数为 6、且能被 3 整除的 3 位整数是 126。因此，在 for 循环的函数 range() 中，以此为出发点；又考虑到要保证个位数必须是 6，每加一个 10 才有可能是下一个需要考察的数，因此程序中 for 循环里的控制变量 num 起始点为 126、终止值为 997、步长为 10。另外，程序中用变量 count 来计数，用它控制一行只能输出 10 个数据，它的初值为 0，是在 for 循环外设置的。

为了保证输出时，一行输出 10 个数据，循环体内的第 1 条输出语句是：

```
print(num,end=' ')
```

该语句中多了一个参数 end=' '，正是由于这个参数，才保证了输出后仍在同一行空一格，接着输出下一个满足条件的数字。只有当 count 计数满 10，也就是在循环体里出现：count%10==0 时，才让函数 print() 输出一个换行符，以保证后面的数字从下一行开始输出。

图 4-3 所示为程序的一次运行结果，这种整数共有 30 个（count=30）。

该程序也可以改用 while 循环语句来实现，下面就是改写的程序：

```
count=0;num=126
while (num<=996):
    if(num%3==0):
        print(num,end=' ')
        count+=1
        if(count%10==0):
            print('\n')
    num+=10
print('count=',count,end='\n')
```

其实，这个例子已经在第 3 章出现过。只是在那里，由于不会利用函数 print() 里的 end 参数，所以运行后由于要输出 30 个数据，只能给出一个局部的输出结果图。

图 4-3

4.1.3　函数 print() 的格式化输出

程序中输出的内容是展示给用户看的，输出的数据是否精确？输出的数据是否易读、好理解？输出的数据是否美观、大方？这些问题都是用户非常关心的。函数 Print() 中的"格式化字符串"，就是为解决这些问题而向程序设计人员提供的一种好的方法。

函数 print() 格式化输出的形式是：

```
print (<格式控制字符串> %(<输出变量列表>) );
```

参数解释如下。

● <格式控制字符串> 是用单引号或双引号括起的字符串常量，字符串由两个部分内容组成：一个是原样输出的一般字符；一个是若干个以运算符 % 开头、后面跟随格式字符的格式说明，由它们规定所要输出的数据所采用的格式。

● <输出变量列表> 以运算符 % 开头，后面跟随圆括号，圆括号里是用逗号分隔的需要输出的变量名（或表达式），正是它们的内容需要按照格式说明的规定加以输出。

功能：按照<格式控制字符串>中给出的格式说明，将<输出变量列表>中列出的各变量值依序转换成所需要的输出格式，然后加以输出。出现在<格式控制字符串>中的其他字符，将原封不动地输出。

例如，图 4-4 给出了一条与以往大不相同的 print()语句：

```
print("Two roots: x1=%f\t x2=%f\n" %(x1,x2) )
```

整个圆括号里由两部分组成：第 1 部分是用双引号（用单引号也可以）括起的<格式控制字符串>"Two roots: x1=%f\t x2=%f\n"；第 2 部分是以运算符%开头、括在圆括号里、被逗号分隔的两个输出变量%(x1,x2)。

第 1 部分的<格式控制字符串>由两部分内容组成：一是原样输出的一般字符，它有 3 段，分别是 Two roots: x1= 、\t x2=，以及\n；二是两个

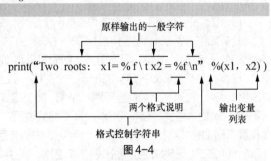

图 4-4

格式说明，分别是%f 和%f。注意，格式说明是根据变量输出的需要安排的，不一定相同。Python 解释执行这条输出语句时，一方面把 Two roots: x1 = 、\t x2 =，以及\n 这 3 部分按照原样输出（注意，\t 和\n 是两个转义字符，输出时就按照转义字符的本身含义输出）；另一方面又把后面<输出变量列表>中所列的变量 x1 和 x2，按前面格式控制字符串里给出的两个格式说明%f 和%f，分别将它们转换成规定的数据格式（这里是浮点数）后，在格式说明所在的位置处进行输出。

注意以下几点。

（1）格式化输出中的<格式控制字符串>和<输出变量列表>之间，是用运算符%进行分隔，而不是用逗号分隔。

（2）如果<输出变量列表>里的变量只有一个，那么圆括号可以省略，否则必须用圆括号把它们括起来，中间用逗号分隔开。

（3）<格式控制字符串>里的%个数，应该与<输出变量列表>中出现的变量个数相同。

表 4-1 列出了格式说明中最常用的格式字符及示例。

表 4-1　格式说明中常用的格式字符

格式字符	含义	示例	输出结果
%d	以十进制输出整数	x=242　print('x=%d\n' %x)	x=242
%f	以十进制输出浮点数	pi=3.14　print('π=%f\n' %pi)	π=3.140000
%o，%O	将整数以八进制数输出	y=18　print('num=%o' %y)	num=22
%x，%X	将整数以十六进制数输出	x=18　print('x=%X' %x)	x=1C
%s	输出字符串	x='Python'　print('x=%s'%x)	x=Python
%c	输出单个字符的 ASCII 值	x=78　print('x=%c' %x)	x=N（78 是字母 N 的 ASCII 值）
%%	输出数据时显示%符	print('x%%y=')	x%y=

在函数 print()的格式运算符%后，还可以跟随所谓的附加格式字符或信息，使得输出能够更多地满足用户的实际需求。表 4-2 列出了最常用的附加格式字符及示例。

表 4-2　常用的附加格式字符

附加格式字符	含义	示例	输出结果
正整数 m	输出的域宽	y=24　print('y=%5d' %y)	y=　　24（前面有 3 个空格）
0 后面跟正整数	输出的域宽并补 0	y=24　print('y=%05d' %y)	Y=00025（前面添 3 个 0）
小数点后跟正整数	规定小数点后的位数	z=5.23456　print('z=%.2f '%z)	z=5.23
-	输出靠左对齐	x=34　print('x=%-4d' %x)	x=34（后面跟两个空格）

例 4-3 在交互执行模式下，输入 x=18、y=222、z=34，然后输入两条 print 语句。第 1 条语句：

```
print('%4d   %4d   %4d' %(x,y,z))
```

第 2 条语句：

```
print('%-4d   %-4d   %-4d'%(x,y,z))
```

每个语句的 3 个格式说明之间都有两个空格。它们的输出如图 4-5 所示。

分析如下。两条 print 语句里，第 1 条语句的<格式控制字符串>的 4 个格式说明"%4d"，含义是输出的数据域宽为 4 位，且右对齐（前面没有附加格式字符: - ）。于是，x=18，右对齐后前面出现两个空格；y=222，右对齐后前面出现一个空格，加上格式说明之间的两个空格，所以它的前面共有 3 个空格；z=34，右对齐后前面出现两个空格，加上格式说明之间的两个空格，所以它的前面共有 4 个空格。第 2 条语句的<格式控制字符串>的 4 个格式说明"%-4d"，含义是输出的数据域宽为 4 位，且左对齐（前面有附加格式字符: - ）。于是，x=18，左对齐后后面出现 4 个空格，其中有两个空格是格式说明之间的；y=222，左对齐后后面出现 3 个空格，其中有两个空格是格式说明之间的；z=34，左对齐后后面出现两个空格。整个对数据输出的分析如图 4-6 所示。

图 4-5

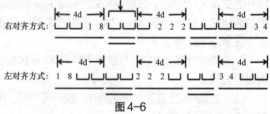

图 4-6

由此可以看出：函数 print()输出时，默认输出的数据都采用右对齐方式，即输出的数据往右靠。附加格式字符 m 规定的域宽，在输出数据没有这么多位数时，就用空格填补。只有当出现"-"号时，数据才按照左对齐的方式输出。

4.2 元组

程序中，整数、浮点数无须特殊创建，输入进去 Python 就能够认识；只要用单引号或双引号将某些字符括起来，Python 就视其为一个字符串。把若干数据用逗号隔开，括在圆括号里，就创建了一个新的数据类型: 元组。

4.2.1 创建元组

元组定义的一般形式是：

```
<变量名>=(<数据表>)
```

其中，<变量名>是一个 tuple（元组）型的变量，<数据表>里列出了该元组可以取的所有元素值，每个数据之间用逗号分隔。元组<数据表>里元素的类型可以不相同: 可以是数值型的，也可以是字符串型的，只要它们之间用逗号隔开，整体用圆括号括起来就行。从元组的定义可以看出，Python 是通过圆括号来判定左边的变量是 tuple 型的。

例 4-4 图 4-7 中定义了一个名为 people 的元组:

```
people=("zong da hua", 78, 'male')
```

它有 3 个元素，我们可以通过 people[0]、people[1]、people[2]得到这 3 个元素。可见元组的元素如同字符串中的一个字符，是有序的，可以通过它们在元组中的位置，用索引来访问它们。记住，任何序列的索引都是从 0 开始计数的。

用函数 type()测试该元组变量，知道其数据类型是"tuple"；它的 3 个元素分别属于 str、int、str 类型。所以在元组中，不要求每个元素具有相同的数据类型。这些结论通过图 4-7 都可以清楚地看到。

例如有一个字符串 s1：

```
s1='Zong da hua 78 male'
```

为了得到字符串中信息的 3 个部分，可以用前面学过的"切片"来对该字符串进行截取，即 s1[:11] 是字符串"Zong da hua"，s1[12:14]是字符串"78"，s1[15:19]是字符串"male"。可以看出，单用字符串存放这样的数据，使用起来很不方便；但用元组来组织这样的数据，数据中的 3 个部分成为元组的 3 个元素，则区分和使用都很方便。这就是用元组来存放这种结构的数据，比用字符串更好一些的理由。

创建元组时，有以下两点需要注意。

（1）创建元组时，如果圆括号里没有任何元素，那么它就是一个空元组，例如图 4-8 所示的 yz1。

（2）创建元组时，如果圆括号里只有一个元素，那么在该元素的后面，必须要添加一个逗号"，"，例如图 4-8 所示的元组 yz3，否则会引起 Python 的误解，例如图 4-8 所示的 yz2。

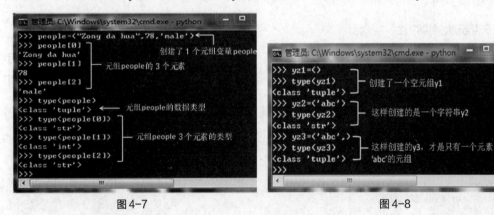

图 4-7　　　　　　　　　　　　　　　　　　图 4-8

4.2.2　元组的特性

1. 元组元素的不可修改性

元组一经定义，就意味着它的元素是不可变动的，即不能变动由索引指向的单个元素，否则就会发出出错信息。图 4-9 中定义了一个元组 yz：

```
yz=('Zong da hua', 78,'male')
```

2020 年此人 78 岁，进入 2021 年，希望把他的年龄改为 79 岁。于是键入语句：

```
yz[1]=79
```

结果窗口输出图 4-9 所示的 TypeError 信息，表示元组是不支持自身元素赋值的，也就是不能修改的。这种性质对于字符串同样是适用的。

怎么办？只有重新创建该元组，才能达到修改元组元素的目的。例如通过下面的语句：

```
yz=('Zong da hua', 79,'male')
```

就可以将元组 yz 的年龄字段，从 78 改成 79，如图 4-10 所示。要注意，这时年龄为 79 的元组 yz，已是重新创建的元组，与原来的那个 yz 没有任何关系了，即"此元组已非彼元组"了。

在这里，对 Python 中的"可变数据类型"及"不可变数据类型"详细地解释一下。

● "可变数据类型"是指可以直接对该数据中的元素进行修改，如赋值、删除、增加等，操作完成后的结果仍然存放在原来的位置里。这时，将函数 id()作用于该变量，会得到同一个存放的地址值。

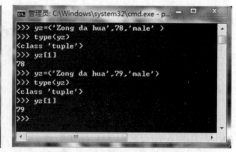

图 4-9 图 4-10

- "不可变数据类型"是指不能对数据中包含的元素直接进行各种修改操作（如赋值、删除、增加等）。若必须对它的内容进行修改，就只能对该变量名进行重新赋值，这时系统会为它重新分配一个与原先存放位置不同的新的存放位置。Python 里，我们已经知道的不可变数据类型有数字、字符串、元组等。

"可变数据类型"及"不可变数据类型"是 Python 数据类型的一种特性，必须牢牢记住，这样使用起来才能够得心应手。

2. 元组元素的顺序性——索引

元组实际上是一些不可变动的数据元素的有序排列，它的元素都与索引相关联，第 1 个元素的索引值为 0，然后依次排下去。所以，可以借助于对索引的循环，遍历元组的全部元素。例如，利用 for-in 循环，编写如下程序：

```
yz=('Zong da hua' ,78 ,'male')
for item in (yz):
    print(item,end=' ')#end=' '保证在一行上输出元组诸元素
print('End!')
```

当然，也可以利用 while 循环，编写如下程序：

```
yz=('Zong da hua',78,'male')
item=0  #item 是循环控制变量
while(item<len(yz)):                #计算出元组 yz 的元素个数
    print(yz[item],end=' ')         #end=' '保证把元组诸元素在一行上输出
    item+=1                         #在循环体中改变 item 的值
else:
    print('\nEnd!')
```

3. 元组的嵌套性

所谓元组的嵌套性，即元组里的元素也可以是一个元组。

例 4-5 把老年大学一个书法班上每一个人的信息定义为一个元组，整个班成为一个"大"元组。输出该班的花名册。编写的程序如下：

```
yz1=('Zong da hua' ,78 ,'male')
yz2=('Li wei',59,'male')
yz3=('chen chun ting',76,'female')
yz4=('ni nai hui',45,'female')
yz5=('jing tao hai',49,'male')
zyz=(yz1,yz2,yz3,yz4,yz5)#此元组里的每一个元素，又都是一个元组
for i in range(0,5):
    for item in (zyz[i]):
        print('%15s'%item,end=' ')
    print('\n')
print('End!')
```

程序由两个 for 循环组成的嵌套结构组成，第 1 重的外循环由变量 i 控制，用来控制输出 5 个人；内循环由变量 item 控制，保证在一行上输出一个学生的信息。该信息将 3 个数据右对齐列出，每个数

据的域宽为 15 个字符，输出了一个人的信息后，换行，再输出下一个人的信息。整个程序结束后，输出"End!"，运行结果如图 4-11 所示。

4. 元组元素的被切割性

元素被切割，其实就是所谓的"切片"，就是根据元素的索引，截取元组中的部分元素。正向截取时，使用索引的正值；反向截取时，使用索引的负值。我们在学习字符串时，已经接触过这个概念。

创建元组 yz，它共有 9 个元素如图 4-12 所示。从正向开头算起，9 个元素所对应的索引值为 0～8；从负向末尾算起，9 个元素所对应的索引值为 -9～-1。这种正负索引值的对应关系如表 4-3 所示。

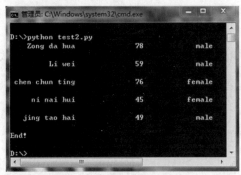

图 4-11

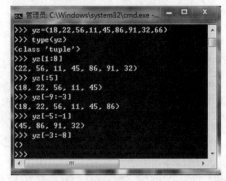

图 4-12

按表中索引与元素的对应关系，切片 yz=[1:8]的结果是一个子元组：（22,56,11,45,86, 91,32）。若键入语句：

```
type(yz[1:8])
```

返回的是"tuple"。要注意，使用负索引时，必须从左向右设置，例如，yz[-9:-3]其切片是（18,22,56,11,45,86）。如果设置错误，则不可能得到切片（即没有元素可以切出来），Python 将返回空圆括号，如图 4-12 最后把切片写成 yz=[-3:-8]时，返回的是一个空圆括号。

表 4-3　正、负索引对照表

元组元素	正索引	负索引	元组元素	正索引	负索引	元组元素	正索引	负索引
18	0	-9	11	3	-6	91	6	-3
22	1	-8	45	4	-5	32	7	-2
56	2	-7	86	5	-4	66	8	-1

5. 元组元素的被拆分（解包）性

将一个元组中的各个元素赋值给多个不同变量的操作，通常被称为"拆分"或"解包"。具体拆分的办法是：

```
<变量1>，<变量2>，…，<变量n>=<元组变量>
```

即将右边<元组变量>里的 n 个用逗号隔开的元素，分别赋予左边的<变量 1>、<变量 2>……、<变量 n>，它实际上就是 n 条赋值语句的集合。由此可见，Python 在赋值操作上的处理是非常灵活的，简单的一条元组拆分语句，就可以实现多条赋值语句的功能。

例如，创建一个名为 Country 的元组，它有 5 个元素，分别是'China'、'U.S.A'、'Britain'、'Sussia'、'Ukraine'，如图 4-13 所示。通过元组拆分语句就把元组中的 5 个元素分别赋予左边的变量 C、A、B、S、U：

```
C,A,B,S,U=Country
```

这时，变量 C 里的内容是'China'，变量 B 里的内容是'Britain'，变量 U 里的内容是'Ukraine'。这就是对元组的拆分操作。

图4-13

6. +和*运算符

编写程序如下：

```
yz1=('banana','apple','orange')
yz2=('pineapple','coconut','plum','cherry')
yz3=yz1+yz2 #两个元组相加
print(yz3)
yz4=yz1*2    #将元组 yz1 重复两遍
print(yz4)
```

程序中定义了两个元组 yz1 和 yz2，通过+运算符，可以将这两个元组合并成为一个新的元组，原元组保持不变：

```
yz3=('banana','apple','orange','pineapple','coconut','plum','cherry')
```

通过运算符*，可以使元组元素重复若干遍，得到一个新的元组。例如，yz4=yz1*2，结果为：

```
yz4=('banana','apple','orange', 'banana','apple','orange')
```

这是一个新的元组，参加运算的原元组保持不变。

4.2.3 与元组有关的几个方法

由于元组不可变的特性，因此它可调用的方法不多，这里介绍几个。

1. len()

功能：求元组中元素的个数，即元组的长度。
用法：

```
len(<元组变量名>)
```

例如，定义一个元组 yz=('Zong',78, 'male')，输入语句 len(yz)，按 Enter 键换行后，窗口的输出是 3，即该元组里有 3 个元素。这实际上也就是求元组长度的方法。

2. count()

功能：求元组中某元素出现的次数。
用法：

```
<元组变量名>.count(<元组中的元素名>)
```

编写程序如下：

```
yz1=('Zong da hua' ,78 ,'male',)
yz2=('Li wei',59,'male')
yz3=('chen chun ting',76,'female')
yz4=('ni nai hui',45,'female')
yz5=('jing tao hai',49,'male')
zyz=yz1+yz2+yz3+yz4+yz5        #拼接成一个大元组 zyz
print('male=',zyz.count('male'),'female=',zyz.count('female'),end='\n')
print('End')
```

程序中，利用+运算符，先把 5 个人的信息拼装到一个大的元组 zyz 里，然后语句：

```
print('male=',zyz.count('male'),'female=',zyz.count('female'),end='\n')
```

里两次由元组 zyz 调用方法 count()，统计出 male（男）和 female（女）的人数。图 4-14 所示
是运行的结果。

3. index()

功能：获得某元素在元组中第 1 次出现的位置。

用法：

```
<元组变量名>.index(<元素名>, i , j)
```

其中，<元组变量名>即是调用 index()方法的元组名；<元素名>即元组中所要查找的元素，该参数
是必不可少的；i 是查找的开始位置的索引，j 是查找的结束位置的索引，i 和 j 两个参数都可以省略，省
略时表明是从头查到尾。

编写程序如下：

```
yz1=('Zong da hua' ,78 ,'male',)
yz2=('Li wei',59,'male')
yz3=('chen chun ting',76,'female')
yz4=('ni nai hui',45,'female')
yz5=('jing tao hai',49,'male')
zyz=yz1+yz2+yz3+yz4+yz5
print(zyz.index('male'))
print(zyz.index('male',6))
print('End')
```

程序中第 1 条输出语句：

```
print(zyz.index('male'))
```

表示要查找元组 zyz 中元素 male 第一次出现位置的索引值，由于没有 i 和 j，应该是从元组 zyz 的
开头查起，因此结果是 2。数一数元组 zyz 里第 1 次出现的元素"male"的索引值，确实是 2。

程序中的第 2 条输出语句：

```
print(zyz.index('male',6))
```

表示从索引值为 6 的地方开始查找元素 male 第一次出现位置的索引值。数一数元组 zyz 里从索引
值 6 开始的第一次出现的元素"male"的索引值，确实是 14。

整个程序的执行结果如图 4-15 所示。

图 4-14

图 4-15

4.3 列表

在 Python 里，列表是一种"序列"型的数据类型，与数值、字符串、元组等的最大不同体现在列
表是一种"可变数据类型"。列表里有若干个用逗号分隔开的元素，它们的类型可以不一样，形成一个元
素序列，存放在连续的内存空间里。当列表增加或删除元素时，Python 会自动对其内存加以扩充或收
缩，以保证元素间的存放没有缝隙。

Python 通过中括号"[ ]"来定义列表。

4.3.1　创建列表

列表定义的一般形式是：

```
<变量名>=[<数据表>]
```

其中，<变量名>被定义为一个 list（列表）型的变量，它由右边的中括号所确定。中括号里的<数据表>列出了该列表可以取的所有元素值，每个数据之间用逗号分隔。

例 4-6　定义一个名为 staf 的列表：

```
staf=[('Ni_lin','male'),40,['1978:born','2002:graduation','2002:enlist']]
```

编写程序如下：

```
staf=[('Ni_lin','male'),40,['1978:born','2002:graduation','2002:enlist']]
print(type(staf))
print(type(staf[0]))
print(staf[0])
print(staf[0][0])
print(staf[0][1])
print(type(staf[1]))
print(staf[1])
print(type(staf[2]))
print(staf[2])
print(staf[2][0])
print(staf[2][1])
print(staf[2][2])
```

该程序的运行结果如图 4-16 所示。

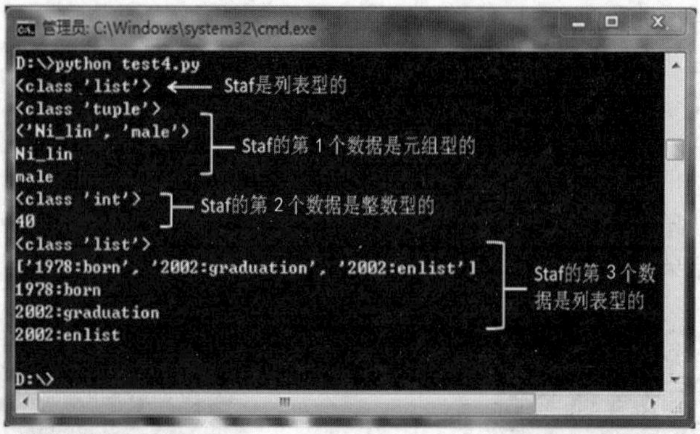

图 4-16

程序的第 1 条语句"print(type(staf))"是输出所定义的 staf 的类型，由输出结果可以看出，它是一个 list（列表）。第 2 条语句"print(type(staf[0]))"是输出列表 staf 第 1 个元素的类型，输出结果表明它是 tuple（元组）。第 3、第 4、第 5 条输出语句，是把该元组的内容、元组每一个元素的内容输出。由这些语句应该知道，"staf[0]"代表了列表 staf 的第 1 个元素（也可以视它为第 1 个元素的"变量名"）。正因为如此，该元组的第 1、2 个元素应该表示为 staf[0][1]及 staf[0][1]。明白了这种表示，就知道余下语句要表达的是什么意思了。例如，"print(staf[2][0])""print(staf[2][1])""print(staf[2][2])"的含义是输出列表 staf 第 3 个元素 staf[2]里面的 3 个元素的内容。

其实，创建列表也可以通过函数 list()，把元组、字符串、函数 range()等括在括号里，将它们转换成为一个列表。例如：

```
>>>lb1=list((4,7,6,1,8,98,77))      # list 将元组 lb1 转换成列表
>>>lb1
>>>[4,7,6,1,8,98,77]
>>>lb2=list(range(1,10))            # list 将 range(1,10)转换成列表
```

```
>>>lb2
>>>[1,2,3,4,5,6,7,8,9]
>>>lb3=list('How are you?')          # list 将字符串'How are you?'转换成列表
>>>lb3
>>>['H','o','w',' ','a','r','e',' ','y','o','u','?']
```

从例 4-6 可以知道：

（1）列表如同元组，也是一个序列，每个元素都有自己相应的索引；

（2）列表的元素可以修改，可以具有不同的数据类型；

（3）列表是可以嵌套的，列表的元素也可以是一个列表。

既然这样，列表和元组之间到底有什么不同呢？

看下面的程序：

```
staf=[('Ni_lin','male'),40,['1978:born','2002:graduation','2002:enlist']]
print(staf[1])
staf[1]=41
print(staf[1])
print(staf)
print('End')
```

该程序的第 2 条语句"print(staf[1])"，是输出列表中的第 2 个元素（索引值为 1）的内容，从程序里可知，它开始时是 40。接着执行第 3 条语句"staf[1]=41"，这是一条赋值语句，试图给列表中的第 2 个元素（索引值为 1）赋予新值，即修改第 2 个元素的值。参考图 4-9，这种操作对于元组来说是不能进行的，因为元组具有不可修改性，做这样的操作，就会产生错误。

但从图 4-17 所示可以看出，这种操作对于列表来说是可以接受的，它不但没有引起错误，还对该数据进行了修改，列表 staf 的第 2 个元素，确实从原来的 40 改成了 41。所以，列表是可修改的。列表的可修改性是列表与元组间的最本质差别。

图 4-17

元组可以是列表的元素，列表又具有可嵌套性，由于这样的一些特点，列表的用途相对于元组更为广泛和灵活。最为突出的一点是，在列表中可以把不允许改变的内容（例如人员的姓名、性别等）放在一起组成元组，成为列表的一个元素；把可修改的内容（履历、年龄等）作为嵌套的一个列表，也成为列表的一个元素。

可以用第 3 章介绍的成员运算符 in 和 not in 来判定一个元素是否在所创建的列表中。对于 in 来说，如果判定了一个元素在列表里，则返回 True，否则返回 False；对于 not in 来说，如果判定了一个元素不在列表里，则返回 True，否则返回 False。

例如：

```
>>> month=['January','February','March','April','May','June','July']
#创建列表 month
>>>'October' in month
>>>False
>>>'February' not in month
>>>False
>>>'February' in month
>>>True
```

4.3.2　与列表有关的几个方法

由于列表是一种有序的序列，因此元组可以调用的方法，对列表也都是可用的。但列表又有自己可用的方法。

1. append()

功能：将给出的元素作为参数，添加到调用该方法的列表的末尾。

用法：

```
<列表名>.append(<元素>)
```

例 4-7　有列表 staf：

```
staf=[('Ni_lin','male'),40,['1978:born','2002:graduation','2002:enlist']]
```

往其中的列表 staf[2]里，添加一段新的简历"2012:teacher"。

为此，编写的程序如下：

```
staf=[('Ni_lin','male'),40,['1978:born','2002:graduation','2002:enlist']]
staf[2].append('2012:teacher')
print('\n',staf[2])
print('\n',staf[2][3])
print('End')
```

运行此程序，结果如图 4-18 所示。可以看出，在执行了语句 staf[2].append('2012:teacher')后，确实把简历添加到了列表 staf[2]的末尾，成为它的第 4 个元素。

图 4-18

由此也可以看出，元组是僵硬不动的，而列表则是柔软可变的，包含在它里面的元素个数可以随时增减。

2. insert()

功能：将元素按照指定的索引位置，插入调用此方法的列表中。

用法：

```
<列表名>.insert(i,<元素>)
```

其中，i 是指定的索引编号。

例 4-8　有列表 staf：

```
staf=[('Ni_lin','male'),40,['1978:born','2002:graduation','2002:enlist']]
```

在其元素列表 staf[2]里的索引位置 1 处，添加一段新的简历："1996:worker"。编写的程序如下：

```
staf=[('Ni_lin','male'),40,['1978:born','2002:graduation','2002:enlist']]
staf[2].insert(1,'1996:worker')
print('\n',staf[2])
print('\n',staf[2][1])
print('End')
```

运行程序，结果如图 4-19 所示。可以看出，在执行了语句 staf[2].insert(1,'1996:worker')后，确实把简历添加到了列表 staf[2]索引值为 1 的地方，成为它的第 2 个元素。

图 4-19

方法 Insert() 可以在列表的任意位置插入元素，插入完成后势必会引起插入位置后面所有元素的移动。因此，这样的操作会影响到程序的运行速度。所以除了必须插入元素外，应尽量避免在列表中间插入元素。这一提醒，同样适用于对列表元素的删除。

3. extend()

功能：将另一个列表中的所有元素添加到列表的末尾。

用法：

```
<列表名>.extend(<新列表名>)
```

例 4-9 有列表 month：

```
month=['January','February','March','April','May','June','July']
```

定义另一个列表 others：

```
others=['August','September','October','November','December']
```

将列表 others 添加到列表 month 的末尾。要求输出调用方法 extend() 后，列表 month 内的所有元素（一行最多输出 7 个元素）。为此，编写程序如下：

```
month=['January','February','March','April','May','June','July']     #原列表
others=['August','September','October','November','December'] #新列表
month.extend(others)        #调用方法 extend()
i=1#控制一行输出 7 个列表元素
for x in month:
    print(x+'   ',end='')
    i+=1
    if i==8:
        i=1
        print('\n')
    else:
        continue
print('\nEnd')
```

程序的运行结果如图 4-20 所示。

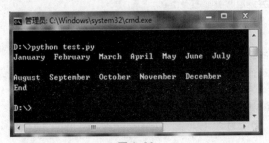

图 4-20

列表调用方法 extend()，相当于对两个列表进行拼接，即使用加号 "+" 运算符作用于这两个列表上，其效果与方法 extend() 相同，如图 4-21 所示。

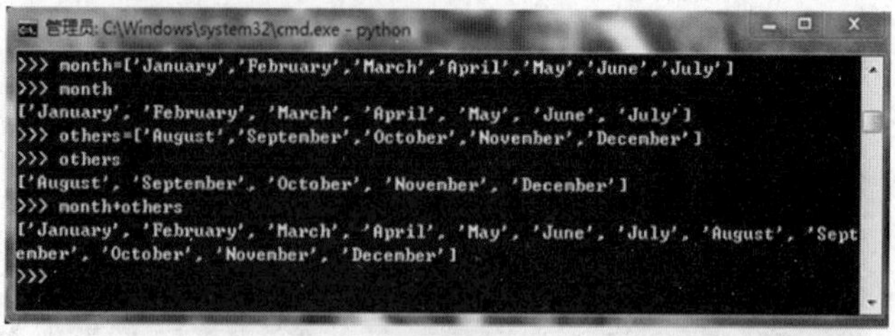

图4-21

4. remove()

功能：将指定的元素从列表中删除。

用法：

```
<列表名>.(<元素>)
```

调用方法 remove()能够将指定的元素从列表中删除，但它只能把列表中首次出现的那个指定元素删除。如果指定的元素在列表中出现多次，那么就需要通过循环来反复调用方法 remove()。这时，就有可能出现一些预想不到的事情。例如，输入图 4-22 所示的(a)(b)两个小程序。

```
x=[3, 5, 3, 5, 3, 5, 3]
  for i in x:
    if i==3:
      x.remove(i)
print(x)
```
（a）

```
x=[3, 5, 3, 5, 3, 5, 3, 3, 3]
  for i in x:
    if i==3:
      x.remove(i)
print(x)
```
（b）

图4-22

程序的目标都是希望删除列表 x 中所有的"3"。程序(a)执行后，窗口上输出的内容是：

```
[5,5,5,5]
```

程序(b)执行后窗口上输出的内容则是：

```
[5,5,5,3]
```

即程序(b)中的循环并没有把列表中的几个 3 全部清除，只是删除了一部分。

为什么会这样？比较两个小程序，除了(a)中的数据没有连续的 3、(b)中的数据有连续的 3 之外，程序在结构上没有任何不同。出现这个问题的原因，关键是在 Python 的内存管理上。在添加或删除列表元素时，Python 会自动对列表占用的内存进行扩展或收缩，以确保所有元素之间没有空隙。每当插入或删除一个元素后，紧随其后的元素存放位置会立即被调整，其索引值也会在"新"的列表中发生相应的改变。这样一来，就出现了这些问题，给编程带来一定的麻烦。

5. pop()

功能：按指定的索引值，删除列表中的某个元素；如果省略索引值，则表示删除列表末尾的最后一个元素；调用该方法后，会返回所删除的元素。

用法：

```
<列表名>.pop(<索引值>)
```

例 4-10 有列表 staf：

```
staf=[('Ni_lin','male'),40,['1978:born','2002:graduation','2002:enlist']]
```

对其列表元素 staf[2]的索引位置 1，调用方法 pop()：

```
staf=[('Ni_lin','male'),40,['1978:born','2002:graduation','2002:enlist']]
x=staf[2].pop(1)              #可将删除的内容，保存到变量 x 里
print('\n',staf[2])
print('\nx=',x)
print('End')
```

运行程序，结果如图 4-23 所示。可以看到，原来在列表 staf[2]里、索引位置为 1（即第 2 个元素）的"2002:graduation"已经被删除，其内容现在存放到了变量 x 中，这是方法 pop()很具特色的功能。

图 4-23

方法 remove()和 pop()都能够删除列表中的元素，它们之间的区别在于：前者通过指定具体元素，达到删除的目的，但没有保存被删元素的功能；后者通过索引值删除元素，而且能够将删除的元素内容进行保存。

注意 调用方法 remove()时，如果指定的元素在列表中不存在，那么 Python 会给出出错信息；调用方法 pop()时，如果没有给出指定元素的索引值，那么删除的是列表中的最后一个元素，且会将最后一个元素返回；若调用方法 pop()，指定的索引值超出列表范围时，Python 会给出如下出错信息：

IndexError: pop index out of renge

6. clear()

功能：清除列表中的所有元素。

用法：

```
<列表名>.clear()
```

注意 该方法会将调用它的列表中的所有元素全部清除，致使原列表虽仍然存在，但已成为一个没有任何元素的空列表了。

7. sort()

功能：对列表元素进行排序。

用法：

```
<列表名>.sort(reverse)
```

其中，reverse 是颠倒参数，若省略，表示按升序排列；若将参数 reverse 设置为 True，即 reverse=True，则表示按降序排列。

注意 只有当列表元素都是可排序类型（数值或字符串）时，才能完成排序；如果列表中夹杂着不同类型的数据（例如既有数值，又有字符串），排序就无法进行，从而产生错误。

下面的程序是对列表 lst 进行升序排序：

```
lst=['apple','cherry','banana','orange','passion fruit','durian']
print(lst)
lst.sort() #对列表 lst 进行升序排序
print(lst)
```

第 1 条输出语句输出 lst 原来的元素顺序，第 2 条输出语句则输出升序排序的结果，即：

['apple', 'banana','cherry', 'durian','orange','passion fruit']

由此可以知道，经过调用方法 sort()，彻底破坏了列表 lst 元素原先的排列顺序，它的元素已经完全按照升序排列了。

下面的程序是对列表 lst 进行降序排列：

```
lst=['apple','cherry','banana','orange','passion fruit','durian']
print(lst)
lst.sort(reverse=True)          #要求进行降序排列
print(lst)
```

第 1 条输出语句输出 lst 原来的元素顺序，第 2 条输出语句则输出降序后列表的排序结果，即：

['passion fruit','orange', 'durian', 'cherry', 'banana', 'apple']

 注意 如果在输入上面的程序时，不小心把方法 sort()的参数 reverse=True 输成了reverse=true，那么 Python 马上会给出出错信息：

NameError : name 'true' is not defined

表示变量 true 没有定义。可见，如果要设置该方法里的参数 reverse 的话，必须是取值关键字 True。

又如，在程序的列表里，增加了一个元素 78：

```
lst=['apple','cherry','banana','orange','passion fruit','durian',78]
print(lst)
lst.sort(reverse=True)
print(lst)
```

这时再运行就会出错，出错信息是：

TypeError : '<' not supported between instances of 'str' and 'int'

这是因为列表元素既有字符串，又有数字，这种混搭的情形，Python 是无法排序的。

例 4-11 编写程序，连续输入 10 个无序的正整数，将它们逐一存放在列表 lst 中，然后对 lst 中的元素由小到大进行排列，加以输出。

编写程序如下：

```
lst=[]    #lst 为一个空列表
print('Please enter 10 integers:\n')
for i in range(11):    #连续输入 10 个正整数
    x=input()
    x=int(x)
    lst.append(x)      #将输入的数字存放进 lst
    i+=1
    if i==10:
        break   #如果已输满 10 个，强制停止循环
print(lst)
lst.sort()
print(lst)
print('End')
```

图 4-24 所示是该程序的一次运行结果。

图 4-24

8. sorted()

功能：对元组或列表进行排序，返回排序后的新列表，原元组或列表保持不变。

用法：

```
sorted(<元组名/列表名>,reverse)
```

其中，reverse 是颠倒参数，若省略，表示新列表元素按升序排列；若将参数 reverse 设置为 True，即 reverse=True，则表示新列表元素按降序排列。

 注意 方法 sorted()既适用于对元组排序，也适用于对列表排序，排序后都是产生一个新的列表，不破坏原元组或列表的内容。

例如下面的程序：

```
lst1=['apple','cherry','banana','orange','passion fruit','durian']
#创建一个列表 lst1
tup1=('apple','cherry','banana','orange','passion fruit','durian')
#创建一个元组 tup1
lst2=sorted(lst1)
lst3=sorted(lst1,reverse=True)
print(lst1)     #①
print(lst2)     #②
print(lst3)     #③
tup2=sorted(tup1)
tup3=sorted(tup1,reverse=True)
print(tup1)     #④
print(tup2)     #⑤
print(tup3)     #⑥
print('End')
```

图 4-25 所示是它的一次运行结果。相信读者很容易读懂程序中①～⑥输出语句的输出内容。

图 4-25

9. reverse()

功能：对列表元素进行原地翻转。

用法：

```
<列表名>.reverse()
```

例如：

```
>>> month=['January','February','March','April','May','June','July']
>>>month.reverse()      #调用方法 reverse()，将列表 month 原地翻转
>>>['July','June','May','April','March','February','January']
```

 注意 方法 reverse()是对列表元素进行"原地"翻转，所以原来列表中元素的顺序被颠倒了，与原来完全不一样了。

10. count()

功能：返回指定元素在列表中出现的次数。

用法：

```
<列表名>.count(<元素名>)
```

例如：

```
>>>x=['abc','tty','rts','abc','rew','sdf']      #定义一个列表
>>>['abc','tty','rts','abc','rew','sdf']
>>>x.count('abc')            #计算列表 x 中，元素"abc"的个数
>>>2
```

11. split()

功能：将所给字符串拆分成一个列表。

用法：

```
<变量名>.split(sep)
```

其中，<变量名>是欲拆分的字符串，sep 是字符串中使用的分割符，一般取默认值为空格符，拆分时会自动将空格符去除。

例如：

```
>>>str='abc bbs ttyuo'       #分隔符为空格
>>>str.split()               #将 str 拆分成列表
>>>['abc','bbs','ttyuo']     #拆成列表
>>>str1='abc,bbs,ttyuo'      #str1 的分隔符为逗号
>>>str1.split(sep=',')       #将 str1 拆分，注意对它分隔符的设置
>>>['abc','bbs','ttyuo']     #拆成列表
>>>str2= str1.split(sep=',') #把拆分结果赋予 str2
>>>str2
>>>['abc','bbs','ttyuo']
```

这是把字符串转换为列表的办法。在 Python 里，字符串是一种不可变的数据结构，列表则是一种可变的数据结构。通过这种转换，编程者可以充分利用列表的优点。

例 4-12　编写程序，要求用户输入年、月（数 1～12）、日（数 1～31），最后按英习惯输出月、日、年。例如，输入 2019、3、10，将输出 March 10th，2019。程序编写如下：

```
months=['January','February','March','April',
        'May','June','July','August','September',
        'October','November','December']
endings=['st','nd','rd']+17*['th']+['st','nd','rd']+7*['th']+['st']
year=input('Year:')
month=input('Month(1-12):')
day=input('Day(1-31):')
month_number=int(month)
day_number=int(day)
month_name=months[month_number-1]
ordinal=day+endings[day_number-1]
print(month_name+' '+ordinal+', '+year)
```

程序运行结果如图 4-26 所示。程序中有两点需要说明。

第一，英语中 1～10 的序数词的缩写是：1st、2nd、3nd、4nd、5th、6th、7th、8th、9th、10th。1～31 的序数词的规律，正是程序中语句：

```
endings=['st','nd','rd']+17*['th']+['st','nd','rd']+7*['th']+['st']
```

里给出的情况。

第二，要获得正确的月份和日期的数字，需要编写在求得的索引号上减 1 的语句，所以程序中是这样的：

```
month_name=months[month_number-1]
ordinal=day+endings[day_number-1]
```

理解了这两点，就能够读懂整个程序了。

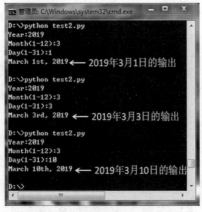

图 4-26

4.3.3　二维列表

如果列表中的每一个元素也是一个列表，那么这就是列表的一种嵌套形式，即所谓的"二维列表"。在这种列表里，外层的列表称为"行"，嵌套在里面的列表元素称为"列"。为了存取这种二维列表中的元素，通常采用的办法是：

```
<列表名>[行索引][列索引]
```

其实，这种以运算符"[ ]"来存取列表元素的办法，我们在前面已经见到过了。

例 4-13　有一个 3 行 3 列的二维列表，即行列表有 3 个元素，每个元素都是有 3 个元素的列表。分别是[1，2，3]、[4，5，6]、[7，8，9]。试把该列表的行、列元素对调，构成一个新的二维列表。即老列表第 1 行元素[1，2，3]，成为新列表第 1 列元素；老列表第 2 行元素[4，5，6]，成为新列表第 2 列元素；等等。输出新、老列表的元素。

编写程序如下：

```
old=[[1,2,3],[4,5,6],[7,8,9]]
new=[[0,0,0],[0,0,0],[0,0,0]]
for j in range(0,3):
    for k in range(0,3):
        new[k][j]=old[j][k]
print(old)
print(new)
print('End')
```

程序中，old 是老列表，new 是新列表，新列表里的初值全为 0。每个列表里，都含有 3 个列表元素。随后，通过 for 循环语句里的赋值语句不断将老列表的各个元素值按照需求赋予新列表：

```
new[k][j]=old[j][k]
```

图 4-27 所示是程序的运行结果。

图 4-27

例 4-14 编写一个程序，输入 2 行 3 列的列表的元素值，将其转置（即行变列，列变行）后，形成一个新的 3 行 2 列的列表，并输出。

编写程序如下：

```
lst1=[[0,0,0],[0,0,0]]
lst2=[[0,0],[0,0],[0,0]]
print('Please enter 6 elements:')
for j in range(0,2):
    for k in range(0,3):
        lst1[j][k]=input()
for j in range(0,3):
    for k in range(0,2):
        lst2[j][k]=lst1[k][j]
print(lst1)
print(lst2)
print('End')
```

程序开始处设置了两个列表：lst1 是 2 行 3 列的列表，lst2 是 3 行 2 列的列表，其元素初值都为 0。先用两个 for 循环，为列表 lst1 赋值；然后又通过两个 for 循环，为列表 lst2 赋值；最后将它们各自输出。结果如图 4-28 所示。

例 4-15 利用二维列表，计算下面两个矩阵 a 和 b 的乘积 c：

$$a = \begin{pmatrix} 1 & 2 & 3 \\ 4 & 5 & 6 \end{pmatrix} \qquad b = \begin{pmatrix} 7 & 8 \\ 9 & 10 \\ 11 & 12 \end{pmatrix}$$

其中 $c_{ij} = a_{i0}b_{0j} + a_{i1}b_{1j} + a_{i2}b_{2j}(0 \leqslant i \leqslant 1, 0 \leqslant j \leqslant 1)$。

编写程序如下：

```
lst1=[[1,2,3],[4,5,6]]
lst2=[[7,8],[9,10],[11,12]]
lst3=[[0,0],[0,0]]
for i in range(0,2):
    for j in range(0,2):
        x=0
        for k in range(0,3):
            x=x+lst1[i][k]*lst2[k][j]
            lst3[i][j]=x
print(lst3)
print('End')
```

列表 lst1 是 2 行 3 列的列表，lst2 是 3 行 2 列的列表，它们的乘积列表 lst3 是 2 行 2 列的。它们的初始化，如程序开始时所设。通过三重 for 循环，在最里层由下列语句得到 lst3 列表中元素的值：

```
x=x+lst1[i][k]*lst2[k][j]
lst3[i][j]=x
```

最终将元素的值输出，如图 4-29 所示。

图 4-28

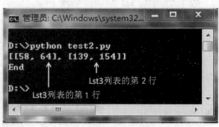

图 4-29

例 4-16 有一个有各种水果名称的字符串 things，一个水果列表 fruit，利用 split()、append()、pop()等方法，把 things 中的水果拆成一个水果列表 fruit1，然后将原水果列表 fruit 中的部分水果移到 fruit1 的里面，使 fruit1 列表中有 10 种水果。最后输出 fruit1 中的水果。

编写程序如下：

```
things='orange pear chestnut lychec jackfruit lemon'      #水果字符串
fruit=['pomelo','coconut','cherry','peach','mango','watermelon']
#水果列表
fruit1=things.split()    #把字符串拆分为列表
while len(fruit1)!=10 :
    x=fruit.pop()
    print('Adding:',x)
    fruit1.append(x)
    print("There's %d items now."%len(fruit1))
print(fruit1[0:5])
print(fruit1[5:])
```

程序中，用到方法 split()，它依空格符把字符串拆分，组成一个新的列表，即：

```
fruit1=things.split()
```

然后利用条件控制 while 循环：

```
len(fruit1)!=10
```

这样可以逐一从列表 fruit 的尾部弹出一种水果，添加到列表 fruit1 里面去。这是由语句 x=fruit.pop()和 fruit1.append(x)来完成的。最后通过两个切片，输出列表 fruit1 里面的 10 种水果。之所以用切片，是因为考虑到屏幕窗口的大小。图 4-30 所示是程序的运行结果。

总结一下，元组是一种"不可变"序列，一经创建，它里面的数据就不能以任何方式加以修改；列表则是一种"可变"序列，创建后可以随时随地修改列表中的任何元素。正因为如此，元

图 4-30

组可用的方法较少，列表可用的方法很多。Python 向列表提供 append()、extend()、insert()等方法，完成对列表元素的各种添加；提供 remove()、pop()等方法，完成对列表元素的移除。至于切片操作，虽然既适用于元组、也适用于列表，但是只能通过切片访问元组中的元素，却不能使用它来修改元组中的元素值，也不能利用切片来添加或删除元组中的元素。

不过，相对而言，正是由于元组的"不可变"性，对其元素的访问和处理速度，比起列表来要快得多。因此，如果一组数据的主要用途是对它们进行遍历或查找，而不需要进行任何修改，那么在程序中最好把它们定义为元组，而不是列表。这样一来，元组这种数据结构就会对这些数据加以"保护"，使得程序更加安全。

4.4 字典

在 Python 中，字符串里的数据只能是字符，这些字符具有顺序性、"不可变"性；元组这种数据类型比字符串复杂一些，它的数据仍然具有顺序性、"不可变"性，但数据可以是不同类型的；列表比起元组来，往复杂的方向又前进了一步，它的数据仍具有顺序性，但不是"不可变"的，里面包含的数据类型也更多样化。

本节要介绍的"字典"，相比前面的几种数据类型，打破了对数据的多种桎梏，它没有顺序性，也没有"不可变"性，数据类型可以多种多样。正因如此，字典能够更多、更好、更加灵活地满足现实世界里描述各种数据的需要。

字典是"键（key）-值（value）"对的一种无序可变序列，每一个元素都由"键"和"值"两部分组成。Python 中的任何不可变数据都可以作为字典中的"键"，例如数值、字符串、元组等。字典中元素的键是唯一的，不允许有重复。不过，"键-值"对中的"值"是随意的、可重复的。也就是说，不同键的值可以是相同的。

4.4.1　创建字典

在 Python 里，字典是通过大括号"{}"来定义的，其一般形式是：

```
<变量名>={<数据表>}
```

其中，<变量名>被定义为一个 dict（字典）型的变量，用大括号括起的<数据表>里，列出了该字典当前可能取的所有元素值，每个数据元素之间用逗号分隔。

作为字典这种数据类型，它具有如下的特点：

（1）字典中的数据，都是一个一个"键-值"对，键与值之间用"："冒号隔开，每个键都与一个值相关联，通过键来访问与之相关联的值；

（2）字典中的"键-值"对与"键-值"对之间，也就是数据元素与数据元素之间，以逗号作为分隔符；

（3）一个字典里包含的"键-值"对，其键必须是唯一的，即不能有相同名字的键，但不同键的值可以不同，也可以相同。

日常生活中，最常用的"键-值"对，可能应该算是"姓名"和"电话号码"了，姓名是"键"，号码是"值"，通过姓名就能够找到他（或她）的电话号码，这就是字典最基本的用法：查找。

最常作为"键"的数据类型是字符串和整数，列表、字典等数据类型不能作为键，因为它们本身具有可变性；常作为值的数据类型是整数、字符串、元组、列表，甚至字典本身。

例如，有程序：

```
code={'Li pin':356712,'Chen yun':125458,'Wen ti':894563,
'Lin ling':337682,'Ru nin':675446,'Tang xi':345890}
print(type(code),'\n')
print(code['Lin ling'],'\n)
print(code['Tang xi'])
```

该程序创建了一个名为 code 的字典，有 6 个"键-值"对，即姓名和电话号码。图 4-31 所示是它的运行结果。从结果里可以看出，code 是一个 dict 型的数据。

回想一下，具有顺序性的各种数据类型，例如元组、列表，它们是通过数据变量名后面跟随运算符"[ ]"，将索引号（下标）括在里面，来得到这个索引号对应的数据值的。字典不具有数据的顺序性，它是通过将"键"括在运算符"[ ]"里，得到该键对应的值的。例如，code['Lin ling']就可以得到 Lin ling 的电话号码。这就是根据数据类型有或没有顺序性来获得其值的不同办法。

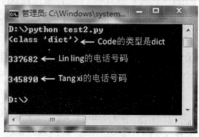

图 4-31

1. 修改字典中的值

借助运算符"[ ]"，既可以访问字典中某个键的值，又可以修改字典中某个键的值。例如，在上述小程序的基础上，添加如下语句：

```
code['Tang xi']=123456
print(code['Tang xi'])
```

就会将键"Tang xi"对应的电话号码，由原先的 345890 改为 123456。因此，要修改字典中某个键对应的值，一般的做法是：

```
<字典名>[<键名>]=<新值>
```

这种获取数据元素的方式，虽然与元组和列表的做法类似，但访问元组和列表时，方括号里的下标是元素的索引，是一个数值；访问字典时，方括号里的下标是字典元素的"键"，不是其索引。当程序试图用索引作为下标来访问字典中的元素时，Python 将会给出出错信息。例如：

```
>>>lit={'name':'Ni hui-fen','age':32,'sex':'male'}
>>>lit
>>>{'name':'Ni hui-fen','age':32,'sex':'male'}
>>>lit[0]
>>>Traceback    <most recent call last>:
    File "<stdin>",  line 1, in  <module>
KeyError: 0
```

在上述程序中，编程者误将字典中的'name': 'Ni hui'视为它的第 1 个元素（索引值为 0），于是打算用 lit[0]来访问它，结果窗口输出出错信息"KeyError:0！"。

2. 增加字典中的"键-值"对

字典是一种动态数据结构，可以随时往它的里面添加新的"键-值"对。办法仍然是借助于运算符"[ ]"。一般的做法是：

<字典名>[<新键名>]=<相应的值>

例如，编写程序：

```
code={'Li pin':356712,'Chen yun':125458,'Wen ti':894563,
      'Lin ling':337682,'Ru nin':675446,'Tang xi':345890}
code['Wang sen']=987654        #往字典 code 里添加新的"键-值"对
print('\n','Wang sen\'s number is:',code['Wang sen'])
print('\n',code)
```

原来在字典 code 里面，只有 6 个"键-值"对，现在通过以下语句往里面添加键"wang sen"和值"987654"：

code['Wang sen']=987654

执行程序后，该"键-值"对确实添加到了 code 的最后面，如图 4-32 所示。

图 4-32

 注意 以"键"为方括号里的下标，为字典元素赋值时，如果这个"键"原本在字典里就存在，那么这种操作就是修改该"键"原先的值；如果不存在，就表示是往字典里添加新的"键-值"对，也就是往字典里增加一个新的元素。

 注意 由于字典是无序的，所以在往字典里添加了新的元素之后，输出字典时的元素排列顺序有可能与以前不一样。

3. 删除字典中的"键-值"对

删除字典中不用的"键-值"对，需要调用方法 del。一般做法是：

del <字典名>[<键名>]

要注意，del 和<字典名>之间必须要有一个空格符。

这里讲述了对字典中元素进行修改、添加和删除的办法。可以看到，运算符"[ ]"在这些操作上起到了重要作用：只要指定的键（key）存在，就能够返回相应的值（value）；只要指定键，就能够修改它原有的值；只要指定键，就能够添加新的"键-值"对；只要指定键，就能够删除"键-值"对。

 注意 由于字典中的数据元素没有顺序性，所以对于字典而言，没有"插入"操作存在。

4.4.2　与字典有关的几个方法

Python 为字典提供了很多专门的方法，这里仅介绍几个常用的。

1. iter()

功能：从字典中不断取出"键-值"对中的键，与 for 循环连用时，就能够遍历字典中所有元素。也就是说，该方法可以达到遍历字典元素的目的。

用法：

```
iter(<字典名>)
```

例如，编写程序如下：

```
code={'Li pin':356712,'Chen yun':125458,'Wen ti':894563,
      'Lin ling':337682,'Ru nin':675446,'Tang xi':345890}
for name in iter(code):
    print('%10s:%8d'%(name,code[name]))
else:
    print('End')
```

这里，code 是字典，里面有 6 个"姓名"和"电话号码"的"键-值"对。程序里，通过 for 循环，借助方法 iter()遍历整个字典元素，即在下面的循环里，方法 iter()逐一将字典 code 里每个元素里的"键"赋予变量 name：

```
for name in iter(code)
```

输出语句如下：

```
print('%10s:%8d'%(name,code[name]))
```

按照 name 里的键，得到对应的值 code[name]并将其输出。结果如图 4-33 所示。

如果把原先的程序改写为：

```
code={'Li pin':356712,'Chen yun':125458,'Wen ti':894563,
      'Lin ling':337682,'Ru nin':675446,'Tang xi':345890}
for i in iter(code):
    print('key:    '+i)
    print('value: '+str(code[i]))
else:
    print('End')
```

那么输出的结果如图 4-34 所示。

图 4-33

图 4-34

2. items()

功能: 方法 items()能够不断从字典中返回一个"键-值"对, 借助 for 循环, 可以直接获得"键"和"值"(因此需要有两个变量来分别接收所得到的"键"和"值"), 从而更加便捷地遍历字典中的所有元素。

用法:

```
<字典名>.items()
```

例如, 把上面的程序改写为:

```
code={'Li pin':356712,'Chen yun':125458,'Wen ti':894563,
      'Lin ling':337682,'Ru nin':675446,'Tang xi':345890}
For name , num in code.items():
    print('key:    '+name)
    print('value: '+str(num))
else:
    print('End')
```

程序中, 字典 code 直接调用方法 items(), 每次从 code 里返回一个"键-值"对, 并将"键"赋给 for 循环中的变量 name, 把"值"赋给变量 num, 这就比使用方法 iter()更加直接和方便。该小程序执行的结果与图 4-34 一样。

 注意　由于是字典调用方法, 所以调用的中间必须要有"."(句号), 否则就会出现语法错误。

---

3. keys()

功能: 如果只是需要遍历和获得字典中的"键", 那么可以在程序中与 for 循环配合, 使用方法 keys()来实现。

用法:

```
<字典名>.keys()
```

例如, 改写程序为:

```
code={'Li pin':356712,'Chen yun':125458,'Wen ti':894563,
      'Lin ling':337682,'Ru nin':675446,'Tang xi':345890}
for name in code.keys():
    print('key:    '+name)
else:
    print('End')
```

程序里, 通过字典 code 调用方法 keys(), 就可以直接获得字典中诸元素的键, 而不涉及它们的"值"。执行结果如图 4-35 所示。

4. values()

功能: 如果只需要遍历和获得字典中的"值", 那么在程序中就可以与 for 循环配合, 使用方法 values()来实现。

用法:

```
<字典名>.values()
```

例如, 改写程序如下:

```
code={'Li pin':356712,'Chen yun':125458,'Wen ti :894563,
      'Lin ling':337682,'Ru nin':675446,'Tang xi':345890}
for value in code.values():
    print('value: '+str(value))
else:
    print('End')
```

程序里，通过字典 code 调用方法 values()，就可以直接获得字典中诸元素的值，而不涉及它们的"键"。执行结果如图 4-36 所示。

图 4-35

图 4-36

5. sorted()

功能：根据<字典名>后调用的是方法 keys()或方法 values()，方法 sorted()将对该字典的元素，按键或按值进行默认的升序排列。如果将参数 reverse 设置为 True，那么就按降序排列。

用法：

```
sorted(<字典名>.keys()/values(),reverse)
```

例如，改写程序如下：

```
code={'Li pin':356712,'Chen yun':125458,'Wen ti':894563,
      'Lin ling':337682,'Ru nin':675446,'Tang xi':345890}
for name in sorted(code.keys()):
    print('key:    '+name)
else:
    print('End')
```

由于字典 code 调用了方法 keys()，故方法 sorted()就按字典的键进行升序排列，输出的结果如图 4-37 所示。

若程序改为：

```
code={'Li pin':356712,'Chen yun':125458,'Wen ti':894563,
      'Lin ling':337682,'Ru nin':675446,'Tang xi':345890}
for num in sorted(code.values()):
    print('value: '+str(num))
else:
    print('End')
```

这时字典 code 调用了方法 values()，故方法 sorted()按字典的值进行升序排列，输出的结果如图 4-38 所示。如果把上面程序中方法 sorted()的参数 reverse 设置为 True，即循环语句改为：

```
for num in sorted(code.values(),reverse=Ture)
```

再执行该程序，那么结果会按照字典的值进行降序排列，输出的结果如图 4-39 所示。

图 4-37

图 4-38

图 4-39

6. get()

功能: 字典调用方法 get()时, 返回键 key 所对应的值。如果在字典中没有此键名, 则返回值 None。因此, 常通过调用此方法, 来判定该字典中是否包含某一个键, 这是非常有用的功能。

用法:

```
<字典名>.get(key,default)
```

其中, key 是字典使用的键名, default 是可省略的参数, 省略时取值 None。

例如, 改写程序如下:

```
code={'Li pin':356712,'Chen yun':125458,'Wen ti':894563,
        'Lin ling':337682,'Ru nin':675446,'Tang xi':345890}
print('\n',code.get('Li pin'))
print('\n',code.get('Zong da hua'))
if (code.get('Zong da hua'))==None:
    print('There is no key in the dictionary:'+'Zong da hua')
print('End')
```

运行程序, 输出结果如图 4-40 所示。

由于字典 code 里有键 "Li pin", 所以第 1 条 print 语句输出该键相应的值: 356712。

由于字典 code 里没有键 "Zong da hua", 所以第 2 条 print 语句输出 None。

由于在 if 语句里, 判定有(code.get('Zong da hua'))==None, 因此第 3 条 print 语句输出信息:

```
There is no key in the dictionary:Zong da hua
```

7. update()

功能: 合并两个字典, 如果存在有相同的 "键", 则添加字典的 "值" 作为该 "键" 最终对应的 "值"。

用法:

```
<字典名 1>.update(<字典名 2>)
```

其中, <字典名 1>是调用方法者, <字典名 2>为新添加者。

例 4-17 编写程序, 利用方法 update()将字典 lit2 添加到字典 lit1 中:

```
lit1={'name':'Ni hui-fen','age':32,'sex':'male'}
lit2={'Mathematics':87,'Geography':66,'Computer':95}
lit1.update(lit2)            #调用方法 update()
for i in iter(lit1):
    print('key:      '+i)
    print('value: '+str(lit1[i]))
print(lit2)
print('End')
```

程序开始时, 创建两个字典: lit1 和 lit2。接着通过调用方法 update(), 把字典 lit2 合并到字典 lit1。最后通过 for 循环, 将字典 lit1 输出。程序的运行结果如图 4-41 所示。可以看出, 字典 lit2 确实被添加到了字典 lit1 里。

图 4-40

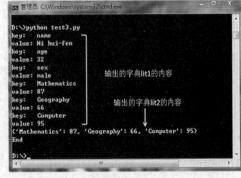

图 4-41

8. popitem()

功能：删除字典的最后一个元素，并返回它的"键-值"对。
用法：

```
<字典名>.popitem()
```

仍以上面的两个字典 lit1 和 lit2 为例，编写程序如下：

```
lit1={'name':'Ni hui-fen','age':32,'sex':'male'}
lit2={'Mathematics':87,'Geography':66,'Computer':95}
lit1.update(lit2)
for i in iter(lit1):
    print('key:    '+i)
    print('value: '+str(lit1[i]))
x,y=lit1.popitem()
print('x=',x)
print('y=',y)
x,y=lit1.popitem()
print('x=',x)
print('y=',y)
print(lit1)
print(lit2)
print('End')
```

程序中，定义了两个字典：lit1 和 lit2。通过调用方法 update()，把 lit2 合并到 lit1 里。然后，由 lit1 两次调用方法 popitem()，每次调用都把删除元素的"键"（在变量 x 里）和"值"（在变量 y 里）输出。最后把字典 lit1 和 lit2 输出。可以看出，字典 lit1 里原先位于最后的两个元素确实被删除了，字典 lit2 保持不变。程序运行结果如图 4-42 所示。

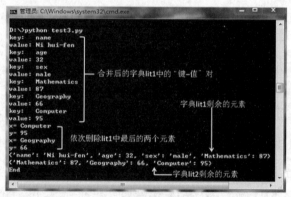

图 4-42

例 4-18 编写程序，按照要求输入 5 门课程的名称和分数，然后按课程名称，分别进行升序排列和降序排列，加以输出。程序编写如下：

```
lit1={}
i=1
while(i<=5):
    x=str(input('Input course name:'))
    y=int(input('Input course name:'))
    lit1[x]=y
    i+=1
    if i>5:
        break
print(lit1)
print('Sort by course name:')
for i in iter(lit1):
```

```
    print('key: '+i,end='    ')
    print('value: '+str(lit1[i]))
print('Arranged in reverse order according to course names:')
for i in sorted(lit1,reverse=True):
    print('key: '+i,end='    ')
    print('value: '+str(lit1[i]))
print('End!')
```

程序开始时，先创建一个空字典 lit1{}，接着通过一个 while 循环，要求输入 5 个课程名及分数的"键-值"对。然后通过 for 循环调用方法 iter()，实现对字典 lit1 的排列输出；再通过 for 循环调用方法 sorted()，实现对字典 lit1 按"键"的降序排列输出。程序运行结果如图 4-43 所示。

图 4-43

9. 其他

"其他"指以前已经见过、对字典也适用的方法。这里我们列举 len()、pop()、clear()、del()等方法。可以用方法 len()计算字典中"键-值"对元素的个数；可以用方法 pop()删除字典中的"键-值"对元素，返回被删元素键所对应的值；可以用方法 clear()清空字典；可以用方法 del()删除字典。

下面用一个小程序，来看字典是如何调用这些方法的：

```
code={'Li pin':356712,'Chen yun':125458,'Wen ti':894563,
      'Lin ling':337682,'Ru nin':675446,'Tang xi':345890}
print('\n',code)
x=len(code)
print('\n',x)
code.pop('Li pin')
y=len(code)
print('\n',y)
code.clear()
print('\n',code)
print('\n',len(code))
del code
print(code)
```

在第 1 条输出语句输出字典 code 的全部"键-值"对后，第 2 条输出语句把调用方法 len()计算出来的 code 长度输出，结果是 6；通过以键作为参数调用方法 pop()后，又用方法 len()计算字典的长度，这时第 3 条输出语句把计算结果输出，结果是 5；接着字典 code 调用方法 clear()将字典清空，里面一个元素也没有了，因此第 4 条输出语句输出一个空字典"{}"；第 5 条输出语句输出空字典的长度 0；在用方法 del()作用于字典 code 后，名为 code 的字典被彻底删除，因此第 6 条输出语句根本找不到名为 code 的字典，于是输出以下出错信息：

```
NameError:name   'code' is not defined
```

整个运行结果如图 4-44 所示。

图 4-44

4.4.3　字典的嵌套

字典"嵌套"的含义，并不只是指在字典里面又含有字典。将一组字典存放在列表里，或将列表作为值存放在字典里，再或者在字典里存放字典等，都算作是字典的嵌套。不过话又说回来，嵌套有的时候会使代码迅速复杂起来，所以真正要投入使用时，还需要"三思而后行"。本节主要是举 3 个较大的例子，用它们来具体讲解字典嵌套的使用方式。

例 4-19　编写一个简单的点菜系统，向就餐者提供 5 种套餐，且列出每种套餐的内容及价格。就餐者在点餐后，系统会向就餐者出示订餐信息。

程序中，创建一个名为 menu 的字典，它以套餐名作为"键"，分别是"package1""package2""package3""package4""package5"。各套餐的值都以列表形式出现，里面存放套餐的内容和价格。例如"package1"的值是['rice', 'fried egg', 'soup',50]（米饭、炒鸡蛋、汤，价格为 50 元）。这种设计，实际上就是字典里面嵌套列表。程序编写如下：

```
menu={'package1':['rice','fried egg','soup',50],
'package2':['dumplings','vinegar',38],
'package3':['flapjack','onion','sauce',44],
'package4':['noodle',25],'package5':['soup','steamed buns',16]}
print('Have a order,please:')
k=1
for i,j in menu.items():
    print(k,': ',i,j)
    k+=1
x=input('Please enter 1~5:')
if int(x)==1 :
    print('The set meal you need is:',end=' ')
    print(menu['package1'])
elif int(x)==2:
    print('The set meal you need is:',end=' ')
    print(menu['package2'])
elif int(x)==3:
    print('The set meal you need is:',end=' ')
    print(menu['package3'])
elif int(x)==4:
    print('The set meal you need is:',end=' ')
    print(menu['package4'])
elif int(x)==5:
    print('The set meal you need is:',end=' ')
    print(menu['package5'])
else:
    print('the input is wrong, please reselect!')
```

程序里第 1 条输出语句输出以下信息：

Have a order,please:

其后通过 for 循环，为就餐者显示出 5 种套餐，并立即提示就餐者做出 1～5 的选择：

Please enter 1～5:

在就餐者输入后，程序立即按照他的输入选择（在变量 x 里），通过 if 语句进行判断，以决定向就餐者出示相应的订餐信息。如果就餐者输入的不是 1～5，那么屏幕上会出示信息：

the input is wrong, please reselect!

这就是该程序设计的基本思想。整个程序的一次运行结果如图 4-45 所示。

这样的设计当然是很不完备的，有很多需要改进的地方。例如，程序根据就餐者输入的不同，要输出不同的信息。但这 5 种信息除了套餐的号码不一样外，其他完全相同，因此程序设计人员就应该想办法缩短这里的程序代码。

图 4-45

例 4-20 编写一个简单的查询系统，代码如下：

```python
shops={'Zi guang yuan':{'breakfast':['wonton','soybean milk'],
'lunch':['rice','cooking'],'dinner':['dumplings','bread','milk']},
'Cai gen yuan':{'breakfast':['rice porridge','steamed buns'],
'lunch':['roasted duck','cooking'],'dinner':['noodle']},
'MacDonald':{'breakfast':['milk','bread'],'lunch':['milk','french fries'],
'dinner':['milk','egg']}}
for name ,range in shops.items():
    print('    Restaurant Name:   '+name)
    print('Scope of operation: ',range['breakfast'])
    print('\t\t    ',range['lunch'])
    print('\t\t    ',range['dinner'])
print('You want to inquir:',end=' ')
print('1–All the restaurant names.')
print('\t\t    2-Breakfast in all restaurants.')
print('\t\t    3-Lunch at all restaurants.')
print('\t\t    4-Dinner in all restaurants.')
x=input('Please enter your choice:')
if int(x)==1:
    print('Here\'s the name of restaurant:')
    i=1
    for name in shops.keys():
        print('\t'+str(i)+':'+name)
        i+=1
elif int(x)==2:
    print('Here\'s all the breakfast:')
    i=1
    for name ,value in shops.items():
        print(str(i)+':'+name+':',end=' ')
        print(value['Breakfast'])
        i+=1
elif int(x)==3:
    print('Here\'s all the lunch:')
    i=1
    for name ,value in shops.items():
        print(str(i)+':'+name+':',end=' ')
        print(value['lunch'])
        i+=1
elif int(x)==4:
    print('Here\'s all the dinner:')
```

```
    i=1
    for name ,value in shops.items():
        print(str(i)+':'+name+':',end=' ')
        print(value['dinner'])
        i+=1
print('End')
```

程序里创建了一个名为 shops 的字典，它的里面存放了 3 个"键–值"对，每个"键–值"对里的键是餐馆的名称，例如"Zi guang yuan""Cai gen yuan""MacDonald"。值是各店早、中、晚餐的经营范围，它们又都是一个字典，例如"Zi guang yuan"的早、中、晚餐的经营范围是：

```
{'breakfast':['wonton','soybean milk'],'lunch':['rice','cooking'],'dinner ':['dumplings','bread','milk']}
#早餐是：馄饨，豆浆。午餐是：米饭，炒菜。晚餐是：饺子，面包，牛奶。
```

经营范围的字典里，早、中、晚餐内容由列表来描述。所以，本例子是字典里面嵌套字典和列表的情形。

程序一开始，通过 for 循环，由字典 shops 调用方法 items()，把字典 shops 里的"键"及"值"分别赋给变量 name 和 range，每一次循环，输出餐厅名称和它早、中、晚餐的经营范围，供用餐者查看。这就是这段查询程序的基本功能。它的运行结果如图 4-46 所示。

程序运行到在屏幕上出现提示信息：

```
You want to inquir:
```

及菜单：

```
1-All the restaurant names.
2-Breakfast in all restaurants.
3-Lunch at all restaurants.
4-Dinner in all restaurants.
```

表示你可以对查询系统做出所列的 4 种查询操作。1 代表查询所有餐厅的名称，2 代表查询所有餐厅里的早餐，3 代表查询所有餐厅里的午餐，4 代表查询所有餐厅里的晚餐。

窗口出现提示信息：

```
Please enter your choice:
```

此后人们就可以输入自己的选择，程序将通过输入的信息，给出所要查询的信息。图 4-46 所示是当输入 4 时显示的情形，它出示了各餐厅晚餐的经营项目。

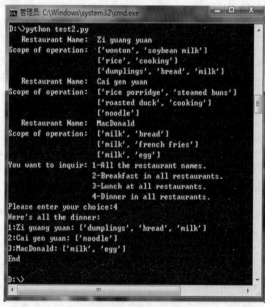

图 4-46

整个程序中，最重要的是使用了方法 items()，它的最大优点是会把调用它的字典的键和值分别存放在设定的变量里。对于一个字典而言，只要知道了它的键或值，其整个内容就可以"一览无余"了。

例 4-21　下面的程序不涉及字典嵌套，而是反映两个字典之间的调用关系。程序中创建了两个字典，一个是 province，它以省名为键，以该省的简称为值；另一个是 cities，它以省的简称为键，以该省的省会为值。程序编写如下：

```
province={'Jiangsu':'Su','Yunnan':'Dian','Xinjiang':'Xin',
      'Guizhou':'Qian','Heilongjiang':'Hei','Shandong':'Lu'}
cities={'Su':'Nanjing','Chuan':'Chengdu','Xin':'Wulumuqi',
      'Lu':'Qingdao','Qian':'guiyang'}
cities['Dian']='Kunming'
cities['Lu']='Jinan'
cities['Hei']='Haerbing'
print('-'*25)   #输出 25 个"-"
i=0
for value in cities.values():
    if i<=3:
        print('%10s'%value,end=' ')
        i+=1
        continue
    elif i==4:
        print('\n')
        i+=1
    print('%10s'%value,end=' ')
print('\n'+'-'*25)            #输出 25 个"-"
print('Jiangsu has:',cities[province['Jiangsu']])
print('Xinjiang has:',cities[province['Xinjiang']])
print('-'*25)            #输出 25 个"-"
print('Heilongjiang\'s abbreviation is:',province['Heilongjiang'])
print('Shandong\'s abbreviation is:',province['Shandong'])
print('-'*25)            #输出 25 个"-"
print('Dian province has:',cities['Dian'])
print('Lu porridge has:',cities['Lu'])
print('-'*25)            #输出 25 个"-"
for prov, abbr in province.items():
    print('%s is abbreviated %s'%(prov,abbr))
print('-'*25)            #输出 25 个"-"
for abbr,city in cities.items():
    print('%s has the city %s'%(abbr,city))
print('-'*25)            #输出 25 个"-"
for prov,abbr in province.items():
    print('%s province is abbreviated %s and has city %s'
          %(prov,abbr,cities[abbr]))
print('-'*25)            #输出 25 个"-"
print('End')
```

程序一开始，做如下 3 个动作：

```
cities['Dian']='Kunming'
cities['Lu']='Jinan'
cities['Hei']='Haerbing'
```

它们都是对字典 cities 进行操作，它们会对 cities 起到什么作用呢？第 1 条是往 cities 里添加一个新的键值对'Dian':'Kunming'；第 2 条是把字典里原先的键值对'Lu':'Qingdao'，修改为'Lu':'Jinan'；第 3 条是往字典里添加一个新的键值对'Hei': 'Haerbing'。第 2 条之所以是对字典 cities 的修改，是因为该字典里原先就有一个键是"Lu"，对于字典来说，键是唯一的，所以它只能是将该键原先的值改为"Jinan"。

整个程序以 print('-'*25)或 print('\n'+'-'*25)输出虚线为界，可以分为 7 个部分，如图 4-47所示。

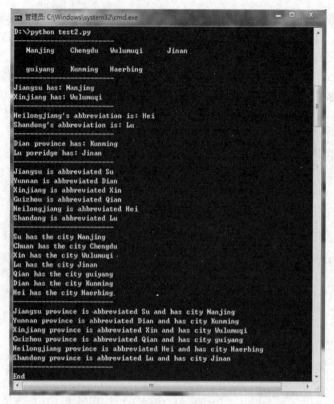

图 4-47

第 1 个部分是将字典 cities 的值输出，即输出现在字典中有的各省会的名称。程序中希望第 1 行输出 4 个省会城市的名称，其余输出到第 2 行。由于现在总共有 7 个城市，所以第 1 行输出 4 个，第 2 行输出 3 个。

第 2 个部分是希望输出江苏省的省会和新疆维吾尔自治区的首府。不过，程序中给出的两个字典都没有直接给出这种关系，province 只给出了省和简称之间的对应关系，cities 只给出简称和省会名之间的对应关系。为了输出，就先借助 province 里的省名，找到其简称，然后又借助 cities，从简称找到省会名，从而达到目的。由此看出，两个字典是通过简称建立起了沟通的桥梁。

有了这样的分析基础，别的输出结果就容易理解了，在此不赘述。

编写这种功能清晰的程序，编程者最好不要一下就想把整个程序都写出来，而是可以采取"滚雪球"的办法，即在 Python 提供的"程序执行"模式下，同时打开 Python 窗口和 Sublime Text 窗口，在 Sublime Text 里写一小段程序，保存后立即切换到 Python 里去执行，看看能不能通过。通过了，再接着往下进行。

这样，在往下编写程序时，可以保证前面的程序段肯定是对的。如果运行上出问题，那么肯定是出在刚写出来的程序段上。

思考与练习四

第5章

函数

只要学过数学，对"函数"这个名词就不会感到陌生。在程序设计语言里，它们是一些有自己名字、完成具体工作和任务后，再返回所需信息的语句块。例如，input()、print()分别是输入、输出函数。它们是 Python 早已为我们准备好的函数，程序中只要按照正确的方式去调用它们，就完全可以正确使用它们。

慕课视频

第 5 章

除了 Python 自带的函数外，它还为编程人员提供了自己设计函数的办法。例如，在实际开发过程中，会遇到这样的情形：有很多操作完全相同或者非常相似，区别可能只是所要处理的数据不一样，那么在整个程序的不同位置，就会出现多个完全相同或大致相同的语句块。你愿意在程序里出现几乎相同的程序语句块几十、上百次吗？估计不愿意。即使愿意，程序代码也会变得非常冗长，给调试和纠错工作带来非常多的麻烦。

如果把这样的语句块封装起来设计成一个函数，需要用时按照要求去调用它，那么不仅可以重复使用语句块，还可以保证代码的一致性。这样一来，事情就会变得轻松愉快很多。这就是"函数"的魅力。

5.1 函数的基本概念

函数是编写程序时的一种组织结构：程序设计人员自己定义函数，自己决定在程序中如何调用它们。有了函数这样方便的工具，编写程序就会更加得心应手、轻松自如。

5.1.1 Python 中函数的分类

Python 中，大致可以把函数分为内置函数、标准函数库、自定义函数 3 种。

1. 内置函数（Bulit-In Function，BIF）

内置函数是 Python 的"贴身"函数，Python 在哪里，内置函数就跟到哪里，用户无须经过任何特殊手续，就可以放心大胆地去调用它们。例如，input()、print()等都属于内置函数。

Python 的内置函数很多，之前我们也接触到了一些。下面把已接触过的归总一下，如表 5-1 所示。

表 5-1　已见过的 Python 内置函数

名称	说明	举例
int()	把字符串型数字转换成数字	x='12'　y=int(x)　y=12
hex()	把整数转换为字符串形式的十六进制数	x=125　y=hex(x)　y='0x7d'
oct()	把整数转换为字符串形式的八进制数	x=24　y=oct(x)　y='0o30'
float()	把数字转换成浮点数形式	x=78　y=float(x)　y=78.0
str()	把数字转换成字符串形式	x=123　y=str(x)　y='123'
iter()	不断读取参数中的元素，直至按序读完	data=[44,66,25]　iter(data)
range()	依照索引，不断将调用者中的元素输出	list(range(4,10))
len()	返回调用者中元素的个数（长度）	num=[78,42,93]　len(num)
slice()	利用[]运算符，提取字符串中的切片	wd='function'　wd1=slice(2,5,3)

名称	说明	举例
sorted()	对调用者的元素进行升序或降序排序	data=[44,66,25]　sorted(data)
type()	返回调用者的类型	x=56　type(x)
print()	输出字符到屏幕上	
input()	获取输入的数据	

2. 标准函数库（Standard Library）

Python 分门别类地提供很多标准函数库，每个库里的众多函数，都专注于完成某一个方面所需的功能。例如，math 库提供的是数学方面需要的功能模块；cmath 库涉及的是处理复数的模块；random 库是各种产生随机数值的功能模块；time、calendar 库涉及的是有关时间、日历等的模块；等等。

标准函数库的模块都存放在辅助存储器里，因此在程序中不能像函数 input()一样，"信手拈来"随便调用。在程序中如果要用到它们，那么必须先将所需要的库导入（import），也就是先把它们从辅助存储器调入，然后才能去调用该模块中所拥有的函数。

所以，使用标准函数库中的函数，就不能够像使用内置函数那么自如了。直到目前，我们还没有涉及任何标准函数库。本章最后会介绍几个标准函数库的使用。

3. 自定义函数

这是 Python 向编程者提供的、编写自己程序中需要的函数的办法，也就是编程者通过使用关键字 def 来定义自己的函数的办法。这是本章介绍的重点内容。

对于内置函数和标准函数库，都只存在"调用函数"的问题；对于自定义函数，首先是要"定义函数"，让其先存在，然后才能谈得上"调用函数"。因此，这时"定义函数"和"调用函数"是两个步骤，是不同的两个概念。

5.1.2　定义函数、调用函数

在 Python 里，定义一个自定义函数的语法是：

```
def  <函数名>(<参数表>):
    <函数体>
return <值>
```

def 是定义函数时必不可少的关键字，由它起始的行，称为该函数的头，它包括<函数名>和括号里的<参数表>。<函数名>就是所要定义的函数的名字，它是一个符合 Python 命名规则的字符串变量。在编写函数时必须注意：第一，def 和<函数名>之间要用空格符隔开；第二，函数头的末尾结束处必须要有一个"："（冒号）。

● <参数表>：被括在圆括号内，括号内可以没有参数，也可以是多个用逗号隔开的参数，完全根据设计需要来定。当函数被调用时，<参数表>中列出的参数被用来接收调用者传递过来的数据。有时，称出现在<参数表>里的参数为"形式参数"，简称"形参"。

● <函数体>：是这个函数需要做的事情，由单行或多行程序代码组成，这个语句块的整体必须保持缩进。利用 Sublime Text 编程时，遇到"冒号"它会自动进行缩进。

● return <值>：是函数中的返回语句，用以返回运算或处置后的结果。由于它也是函数体的一个组成部分，所以必须以缩进的形式出现在函数体内。如果没有任何结果，那么整个返回语句可以省略。

定义一个函数后，用内置函数 type()去测试函数名，返回的信息是"class 'function'"，这表明 Python 把函数名这种变量归入"function"类。

例 5-1　定义一个函数，它有 3 个参数，功能是返回这 3 个参数中的最大者，然后编写程序调用它。

所定义的函数及调用它的程序如下：

```
#下面是定义的、名为 max 的函数
def max(x1,x2,x3):
    if x1>x2:
        temp=x1
    else:
        temp=x2
    if (temp<x3):
        temp=x3
    return temp          #保持在函数体的缩进范围内

#下面是调用函数 max()的程序主体
print('Please enter three integers!')
num1=input('Enter first integer: ')
num2=input('Enter second integer: ')
num3=input('Enter third integer: ')
y=max(int(num1),int(num2),int(num3))          #在这里具体调用函数 max()
print('The maximum number is: ',y)
print('End')
```

这里定义的函数名为 max，它有 3 个形参：x1、x2、x3。在函数中，并不去追究这 3 个参数是怎么来的，它们的具体取值是多少，那是调用者负责解决的问题。函数只是针对这 3 个参数来（抽象地）编写程序，即在对它们进行了大小比较之后，将最大者存储在变量 temp 里，末尾借助 return 语句将 temp 返回。

程序主体中的第 2、第 3、第 4 条语句，要求用户输入 3 个数据，并将它们存储在变量 num1、num2、num3 里。通常称调用者给出的变量为"实际参数"，简称"实参"。

语句：

```
y=max(int(num1),int(num2),int(num3))
```

在调用自定义函数 max()时，将 num1、num2、num3 这 3 个输入的值，经过内置函数 int()的转换变为整数后，分别传递给 max 里的形参 x1、x2、x3，并进行比较。比较完成后，返回的结果由程序中的变量 y 接收，然后将 y 输出。图 5-1 所示的情形，是当程序中输入 33、76、55 后，输出的比较结果。

这里要注意的是，如果函数体的末尾有返回语句 return，那么千万让它保持缩进的状态。如果把该函数的定义改为：

```
def max(x1,x2,x3):
    if x1>x2:
        temp=x1
    else:
        temp=x2
    if (temp<x3):
        temp=x3
return temp   #此语句超出了函数体的缩进范围
```

那么，系统就会输出如下的出错信息：

```
SyntaxError:'return'outside function
```

即函数定义中的 return 超出了函数体的范围。此时，只需把 return 缩进到函数的管辖范围，错误就不存在了。

例 5-2 定义一个函数，它只有一个参数，功能是如果该参数是偶数，则输出信息"It's an even number!"，否则输出信息"It's an odd number!"。

函数及调用它的程序分别编写如下：

```
#下面是定义的函数
def odd_even(x):
    if (x%2==0):
        print('It\'s an even number!')
    else:
        print('It\'s an odd number!')
```

```
    #下面是调用函数的程序
    print('Please enter an integer!')
    num=input('Enter an integer:')
    y=int(num)
    odd_even(y) #调用函数 odd_even()
    print('End')
```

由于该函数在判定接收的参数是偶数还是奇数后，自行输出了不同的信息，无须把信息传递给调用者，因此，这是一个无返回值的函数。图 5-2 所示是一次调用的运行结果。

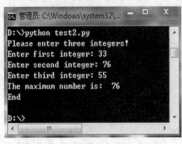

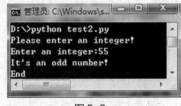

图 5-1   图 5-2

可以改动函数及调用程序，使函数有返回值，并在程序里安排变量接收返回值。例如，把所定义的函数改动为如下形式：

```
    #下面是定义的函数，它有了返回值
    def odd_even(x):
        if (x%2==0):
            result=True
        else:
            result=False
        return result        #return 必须保证在函数体的缩进范围内

    #下面是调用函数的程序
    print('Please enter an integer!')
    num=input('Enter an integer:')
    y=int(num)
    z=odd_even(y)            #调用函数 odd_even()，变量 z 接收函数的返回值
    if z==True:
        print('It\'s an even number!')
    else:
        print('It\'s an odd number!')
    print('End')
```

这时，为了让函数有返回值，在那里设置了一个变量 result。当函数接收对整数的判断结果后，如果是偶数，就把 True 赋予 result，否则就把 False 赋予 result。做这样的变动，函数及调用者之间当然需要建立默契。当调用者在程序中调用了函数 odd_even()后，就必须要对接收的信息加以判断。如果程序中接收返回值的变量 y 取值 True，那么在程序里就输出信息 "It's an even number!"；否则输出 "It's an odd number!"。

从上面对两个例子的描述，读者应该能体会到，定义函数与调用函数之间发生了执行控制权的转换。程序设计人员用关键字 def 定义一个函数，在程序中调用它时，系统就将控制权转向所定义的函数，把调用语句里提供的实参传递函数中的形参。函数执行后，整个控制权又从函数返回到调用程序，继续下一条语句的执行。这种函数的执行机制如图 5-3 所示。

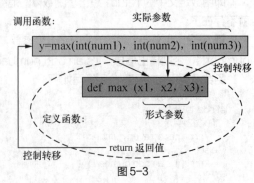

图 5-3

5.1.3 返回语句——return

自定义函数按照设计者的意思对数据进行处理，然后返回一个甚至一组值。在函数中是使用 return 语句将返回值返回到调用函数的相关代码行去的。正是由于函数的这种"返回值"功能，才使程序有可能把很多繁杂、沉重的工作移到函数里去完成，使主程序显得简洁。

1. 函数返回简单值

例 5-3 例 5-1、例 5-2 都是函数返回简单值的例子，下面再编写一个函数返回简单值的例子。定义一个函数，它接收两个字符串参数，把它们拼装成完整的、第 1 个字母为大写的名字，然后把全名返回给调用程序。

```
#定义一个名为 name 的函数
def name(first_name,last_name):
    full=first_name+' '+last_name
    return full.title()


        """下面的程序不断接收两个字符串，调用函数 name(),
将其拼装成全名。用户输入数字 2 时，循环结束。"""
while True:
    sur1=str(input('Enter surname:'))
    print(sur1)
    sur2=str(input('Enter name:'))
    print(sur2)
    x=name(sur1,sur2)
    print('Full name is: ',x)
    print('1--continue; 2--not')
    y=int(input('Please choice!'))
    if y==1:
        continue
    else:
        break
print('End')
```

程序中，用语句"sur1=str(input('Enter surname:'))"和"sur2=str(input('Enter name:'))"确保变量 sur1、sur2 里是字符串，这样才可以顺利地调用函数 name()。

调用完函数返回程序后，看用户做出什么样的选择。如果是 1，那么程序继续要求用户输入字符串，再去拼装；否则就结束程序的循环。

一开始，while 的循环条件是 True,也就是循环总是进行下去，直到用户做出了 2 的选择。图 5-4 所示是程序两次运行的结果。

例 5-4 编写可以进行加、减、乘、除运算的 4 个函数——add(x,y)、sub(x,y)、mult(x,y)、div(x, y)，供程序主体调用。程序要求用户输入两个数作为实参，并选择希望进行的运算，然后由函数完成运算，输出计算结果。程序编写如下:

```
#定义 4 个函数
def add(x,y) :
    print('Adding %d + %d'%(x,y))
    return x+y

def sub(x,y) :
    print('Subtract %d - %d'%(x,y))
    return x-y

def mult(x,y) :
    print('Multiply %d * %d'%(x,y))
```

```
    return x*y

def div(x,y) :
    print('Divide %d / %d'%(x,y))
    return x/y

#程序主体为:
numA=int(input('Enter first integer:'))
numB=int(input('Enter second integer:'))
print('1--addition',end=' ')
print('2--subtraction')
print('3--multiplication',end=' ')
print('4--division')
i=int(input('What do you want to do?'))
if i==1:
    result=add(numA,numB)
elif i==2:
    result=sub(numA,numB)
elif i==3:
    result=mult(numA,numB)
elif i==4:
    result=div(numA,numB)
print('The calculation result is =',result)
print('End')
```

图 5-5 所示是当用户选择 3 和 4 时的两次运行结果。

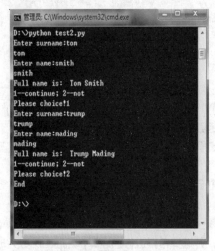

图 5-4

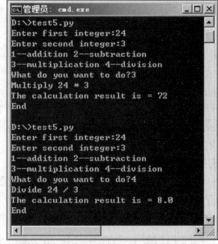

图 5-5

2. 函数返回元组

可以让自定义函数中的 return 语句返回多个值，这时 return 语句会把这多个返回值组织成一个元组，然后返回元组。

例如，下面定义了一个名为 answer 的函数，它接收两个数值，然后返回两数进行加、乘和除运算得到的 3 个结果：

```
#下面是自定义函数 answer()
def answer(x,y):
    return x+y,x*y,x/y
```

```
#下面是调用函数 answer()的程序块
x1=input('\nEnter first number:')
x2=input('\nEnter second number:')
numA=int(x1)
numB=int(x2)
print('\nresult:',answer(numA,numB))
```

图 5-6 所示是程序一次运行的结果，输入的第 1 个数值是 128，第 2 个数值是 65，用它们调用函数 answer()后，返回的 3 个计算结果组织成如下的元组形式：

（193，8320，1.9692307692307693）

其实，可以把函数改写成如下形式：

```
def answer(x,y):
    z1=x+y
    z2=x*y
    z3=x/y
    z=[z1,z2,z3]
    return z
```

甚至可以把函数改写成如下形式：

```
def answer(x,y):
    z=[x+y,x*y,x/y]
    return z
```

该函数返回的是一个列表，而不是一个元组。这说明，Python 的函数可以返回任何类型的值，包括列表、字典等复杂的数据结构，充分显示了 Python 功能的强大。

3. 函数返回列表

下面的例子是关于函数返回列表的。在所定义的名为 Ladd 的函数里，它接收两个列表作为自己的形参，然后逐一将两个列表中的元素，先后添加到一个结果列表中，每添加一个元素，就输出一次，该函数最后没有安排 return 语句。图 5-7 所示是其程序主体的一次运行结果。

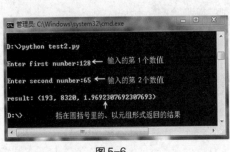

图 5-6

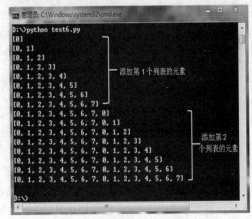

图 5-7

定义函数：

```
def Ladd(listA,listB):
    result=[]
    for eachA in listA:
        result.append(eachA)
        print(result)
    for eachB in listB:
```

```
        result.append(eachB)
        print(result)
```

上面是自定义名为 Ladd 的函数，下面是对该函数的调用：

```
numListA=range(8)
numListB=range(8)
Ladd(numListA,numListB)
```

从 Python 的交互窗口中可以知道：

```
>>>numListA=range(8)
>>>print(numListA)
>>>range(0,8)
```

因此，程序中执行以下语句：

```
Ladd(numListA,numListB)
```

实际上就是执行以下语句：

```
Ladd(range(0,8),range(0,8))
```

这样一来，调用函数 Ladd()时的第 1 个实参是 range(0,8)，第 2 个实参也是 range(0,8)。用第 1 个实参替代函数中的形参 listA，执行的循环语句就成为：

```
for eachA in range(0,8):
    result.append(eachA)
    print(result)
```

这样就不难看出，该循环执行后输出的结果是图 5-7 所示的前 8 行了，也就不难理解整个程序执行后的结果如图 5-7 所示了。

4. 函数返回字典

按照上面给出的思路，如果在所设计的函数里，能够把函数处理后的结果封装到一个字典里面，那么就能够通过 return 语句，把字典返回给调用函数的程序。下面的例子说明了函数是可以返回字典的。

编写函数及程序如下：

```
#下面是定义的函数
def person (first_name, last_name):
    per={'first':first_name,'last':last_name}   #把传递过来的参数封装成一个字典
    return per  #把字典返回给调用者


#下面是编写的程序
while True:
    f_name=str(input('Tell me your first_name:'))              #输入第 1 个参数
    l_name=str(input('Tell me your last_name:'))               #输入第 2 个参数
    result=person(f_name, l_name)        #调用函数 person()，把字典返回给变量 result
    print('Your full name is:',end=' ')
    for val in result.values():       #通过循环，组装成全名
        print(val.title(),end=' ')
    print('\n')
    x=str(input("1--quit ;other--continue!"))
    if x=='1':
        print('Bye-bye!')
        break
```

自定义函数名为 person，它从调用者那里接收到两个参数，并把这两个参数拼装成一个字典：

```
Per={'first':first_name,'last':last_name}
```

该字典有两个"键-值"对，通过变量 per 返回给调用它的程序。

程序被设计成一个 while 循环，调用者可以不断地输入数据并调用该函数，直到用户输入 1，才结束循环。

图 5-8 所示记录了该程序的两次执行，一次输入的 first_name 是 tom，last_name 是 stiff，返回程序后整合成 Tom Stiff；第 2 次输入的 first_name 是 claire，last_name 是 ryann，返回程序后整合成 Claire Ryann。

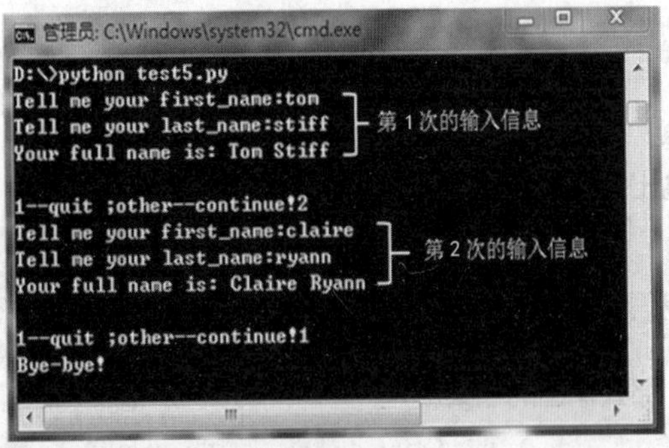

图 5-8

5.2 参数传递的讨论（一）

使用函数时，通常都称为"调用"，它涉及两个方面：一方面是函数，它处于被动地位；另一方面是程序主体，它总是主动的，是它去调用函数。在整个调用过程中，这两者之间是由所谓的"参数传递"建立起联系的。Python 提供了多种参数传递的方式，以适应各种各样的实际需求。这节和下一节都将讨论这些事情。

5.2.1 参数的地址、位置参数

程序中出现的每一个变量，除了拥有名字和取值外，还有分配给它的存储区，这是由地址来标识的。利用内置函数 id()，可以在程序中获得系统分配给变量的存储地址。

内置函数 id()

功能：获得变量的存储地址。

用法：

id(<变量名>)

自定义函数中可包含有<参数表>，<参数表>里所列的参数是调用该函数时需要调用者提供的，是该函数为完成其工作所必需的信息。因此这样的参数，在函数的定义中并没有实际的内涵，是"虚"的，所以称为"形参"。

程序主体为了调用函数，必须按照函数的要求，为其准备好所需的真正信息，并由系统传递给函数。这种调用函数时实际传递的信息，携带有真正的内涵，是"实"的，所以称为"实际参数"，简称"实参"。形参和实参之间的关系不能颠倒弄乱，否则就"本末倒置"了。

函数定义中可以包含多个形参，表明调用它时，程序主体一是必须要为它准备相同数量的实参，二是还要知道哪个实参对应于函数中的哪个形参，对应关系搞错了，就会出现错误，函数也就无法正确完成自己的工作。

最简单的办法是按照顺序一个对应一个：第 1 个实参传递给第 1 个形参，第 2 个实参传递给第 2 个形参等。实参与形参之间的这种关联办法，就是 Python 提供的所谓的"位置实参"。

很显然，位置实参的顺序是极为重要的。用它来调用函数时，如果顺序出现了差错，结果就可能会"面目全非"。

例如，自定义名为 animal 的函数：

```
def animal(master,puppy_name):
    print('my name is:'+master+'!')
    print('I have a beloved dog whose name is:'+puppy_name+'!')
```

该函数的功能是从调用者那里接收一个人名及他爱犬的名字，然后输出人名及爱犬的名字。该函数没有返回语句：

```
    #下面是程序的主体
animal('Tom','golden retriever')
print('End')
```

该函数的功能相当简单，就是提供实参后，去调用函数 animal()，输出人名和狗名。按照现在正常的调用语句，调用函数后输出的信息应该是：

```
my name is: Tom!
I have a dog whose name is:golden retriever!
```

但是，如果提供的调用语句是：

```
animal('golden retriever','Tom')
```

即实参的顺序弄错了，那么输出的结果就是：

```
my name is: golden retriever!
I have a dog whose name is: Tom!
```

这应该算是一个天大的笑话吧。所以，对于位置实参而言，调用时给出的顺序是非常重要的，绝对不能搞错。

例 5-5 下面是自定义函数 add() 和编写的程序主体：

```
def add(x,y):
    print('Enter function!')
    print('Form parameter address when entering function:')
    print(id(x),id(y))
    print('Form parameter value when entering function:')
    print('x=%d    y=%d'%(x,y))
    x=x+10
    y=y+15
    print('The address and value of the formal parameters have changed!')
    print(id(x),id(y))
    print('x=%d    y=%d'%(x,y))
    z=x+y
    return z
    #下面是程序主体
numA=int(input('Enter first number:'))
numB=int(input('Enter second number:'))
print('Address of the actual parameter:',id(numA),id(numB))
print('values of the actual parameter:','numA=%d numB=%d'%(numA,numB))
numC=add(numA,numB)
print('Return from a function')
print('Address of the result:',id(numC))
print('Value of the result:','numC=%d\n'%numC)
print('Address of the actual parameter:',id(numA),id(numB))
print('values of the actual parameter:','numA=%d numB=%d\n'%(numA,numB))
```

在程序中，用户先按照提示，输入了两个数值 18 和 35，如图 5-9 所示。

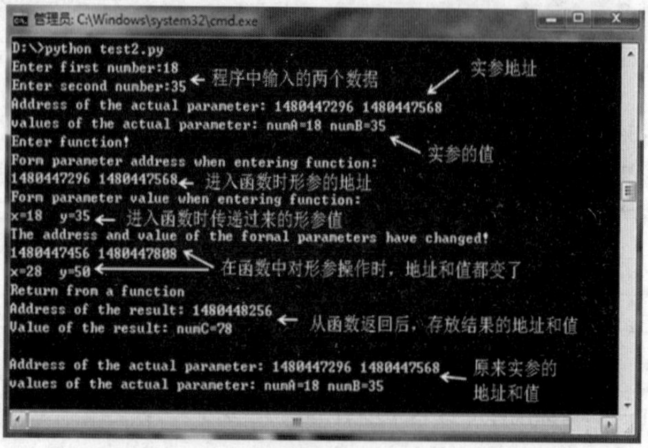

图 5-9

接着，用两条 print 语句输出分配给实参 numA、numB 的存储区地址及它们的取值。从图 5-9 所示的运行结果看出，1480447296 是分给 numA 的地址，1480427568 是分给 numB 的地址，numA 和 numB 的取值就是 18 和 35。在做完这些后，程序通过以下语句调用函数 add()：

```
numC=add(numA,numB)
```

返回值将存入变量 numC 中。

函数 add() 由形参 x 和 y 接收实参传递过来的信息。函数 add() 里有以下语句：

```
print(id(x),id(y))
print('x=%d   y=%d'%(x,y))
```

通过该语句可以看出，在刚进入函数 add() 时，两个形参完全接收了实参的信息，地址为 1480447296 和 1480427568，取值为 18 和 35。但随后函数完成对实参的操作：

```
x=x+10
y=y+15
```

此后，再输出 x 和 y 的地址及取值时，地址变成 1480447456 及 1480447808，取值变为 x=23 及 y=50。也就是说，Python 是在另外开辟的存储区（1480447456 及 1480447808）里完成所需的操作和运算的。

在把 x+y 的值赋给变量 z 后，函数 add() 执行完毕，由 return 语句返回到程序主体。输出接收返回值的变量 numC 的地址和内容后，再输出程序里实参的地址，结果仍然是 1480447296 和 1480427568；实参取值还是 18 和 35，没有发生什么变化，没有因为在函数里 x 和 y 变为 28 和 50，回到程序后自己也变为 28 和 50。

为什么会这样呢？关键是如上所述，Python 是在另外开辟的存储区（1480447456 及 1480447808）里完成所需的操作和运算的。当调用者与被调用者之间是以"不可变"的变量（表达式、字符串、元组）作为参数进行数据传递时，Python 的处理办法是，调用者先把实参变量的地址和值赋给被调用者的形参变量，但真正的操作是在另一个存储区里进行的。由于实参变量和形参变量占用的是内存中不同的存储区，所以被调函数对形参的加工、修改，不会影响到实参变量，实参仍然保持自己原来的内容。

例 5-6 下面是自定义函数 verif() 和编写的程序主体：

```
def verif(increase,name,score):
    print('Enter function!')
    print('Form parameter address when entering function:')
    print('increase'+':',id(increase),end=' ')
    print('name'+':',id(name),end=' ')
    print('score'+':',id(score))
    print('name:',name)
    score.append(int(increase))
    print('The address of the formal parameters have changed!')
    print('increase'+':',id(increase),end=' ')
    print('name'+':',id(name),end=' ')
    print('score'+':',id(score))
    print('score:',score)
    return
#下面是程序主体
x=66
na='Mary'
sc=[75,98,89]
print('Address of the actual parameter:')
print(id(x),id(na),id(sc))
verif(x,na,sc)
print('Return from a function')
print('Address of the actual parameter:')
print('x'+':',id(x),end=' ')
print('na'+':',id(na),end=' ')
print('sc'+':',id(sc))
print('End')
```

这也是一个位置参数传递的例子。函数 verif()要求接收 3 个参数：increase、name、score。其中，name 是一个人的名字，score 是记录这个人的分数的列表（可变的），increase 是要加入列表中去的一个分数。该函数在接收到传递过来的实参后，将需要加入列表的分数加入列表，然后返回。

仍如例 5-5 那样，我们监视了这些变量的地址变化。可以看出，这里从程序到函数，又从函数返回程序，实参、形参的地址没有发生任何变化。之所以这样，是因为变化的地方发生在"可变"的变量（列表）里，只有在相同的存储区里，才能够保证函数里发生的变化直接在程序里反映出来，如图 5-10 所示。

图 5-10

可以这么说，当程序传递给函数的实参"不可变"时，函数里对接收实参的形参做的变动返回到程序后，在程序里是无法反映出来的，即传递是"单向"的：只能是程序实参把信息传递给函数，函数却无法自动把参数的变化传递回程序。但如果函数里的变化是发生在"可变"的参数身上，那么返回到程序后，这个变化就可以在程序中显现，即这个时候的传递是"双向"的：程序可以通过参数，向函数传递信息，还可以通过参数自动将自己的变化传递给程序。

5.2.2 默认参数

"默认参数"，有时也称"默认参数值"，它是指在自定义函数时，可以对形参设定取默认值，若调用者在调用函数时，没有提供与取默认值的形参相对应的实参，那么函数就将自动认为该形参取默认值。

如果自定义函数中有取默认值的形参，那么这时自定义函数的语法如下：

```
def <函数名>（<参数>，<参数>，…，<默认参数>=value，… ）:
```

这时，位置参数、默认参数被圆括号括住，构成函数定义中的形参表。要注意的是：

（1）如果自定义函数的形参表里有默认参数，那么必须同时给出该参数的取值，没有同时给出取值，则不可能成为默认参数。

（2）如果自定义函数中有默认参数，则默认参数只能安排在形参表的最右端，且任何一个默认参数的右边不能再出现非默认参数，否则就会导致函数定义失败。

例 5-7 建立一个人员登记表，每个人有 3 项信息：姓名、性别、籍贯。由于上海人比较多，因此在自定义函数 per()里，把籍贯（city）设置成一个默认参数，它在参数表里的位置是在位置参数姓名（name）和性别（sex）之后。程序中，先设置初始变量 i=1，它控制循环输入数据的次数，zd=[]为存放输入数据的一个空列表。程序编写如下。

```
      #下面是带有默认参数的自定义函数
def per(name,sex,city='Shanghai'):
    tj=[name,sex,city]
    return tj
#下面是程序主体
i=1
zd=[]    #初始时的空列表
while i<=5:
    mz=str(input('Enter your name:'))
    xb=str(input('Enter your sex:'))
    cs=str(input('Enter your city:'))
    if cs=='':    #表示是默认参数
        result=per(mz,xb)
        zd.append(result)
    else:
```

```
            result=per(mz,xb,cs)
            zd.append(result)
        i=i+1
    for j in range(0,len(zd)):
        if j==3:
            print('\n')
        if j>2:
            print(zd[j],end=' ')
        else:
            print(zd[j],end=' ')
    print('End')
```

图 5-11 所示是程序一次运行的结果。

对于默认参数，最重要的是，它不能在自定义函数的形式参数表的最前面，前面至少要有一个位置参数，除非该函数没有位置参数。如果自定义函数的第 1 个参数是默认参数，在它的后面却跟随着位置参数，那么 Python 会立即显示如下的出错信息：

SyntaxError:non-default argument follows default argument

例 5-8 编写一个显示三角形的函数 triangle()，它有两个形参：ch 和 n。该函数的功能是显示由所给字符 ch 组成的三角形，第 1 行显示一个字符，第 2 行显示两个字符，……，第 *n* 行显示 *n* 个字符，如图 5-12 所示。程序编写如下：

```
    #下面是编写的函数
    def triangle(ch,n=6)
        for i in range(n):
            for j in range(i):
                print(ch,end='')
            print('\r')
    #下面是程序主体
    x=str(input('Enter a character:'))
    num=int(input('Enter an integer:'))
    if num==0:
        triangle(x)
    else:
        triangle(x,num)
```

图 5-11

图 5-12

函数 triangle()有两个参数，其中，ch 是位置参数，n 是默认参数，由嵌套的 for 循环来控制每行字符的输出个数。这里注意，函数通过语句 print(ch,end='')保证内循环里的字符输出在一行上，每输出完一行结束内循环时，通过语句 print('\r')保证只换行，以便输出的两行之间没有空行存在。

程序里，先是要求使用者输入需要输出的字符和行数。如果输入的行数为 0，那么表明是使用函数中的默认参数。图 5-12 所示是用字符 R 输出、共输出 10 行的情形。

在自定义函数中给出默认参数，会为程序设计人员带来很多的便利，特别对于初次接触该函数的人员，默认参数会为他们提供有意义的参考价值。

5.2.3 关键字参数

无论是位置参数还是默认参数，它们在传递时都是遵循一一对应的规则，即第 1 个实参传递给第 1 个形参，第 2 个实参传递给第 2 个形参等。它们的前后次序是绝对不能打乱的，否则就会出现错误。

但利用 Python 提供的"关键字参数"，即可打破这种"次序"上的限制。

自定义函数中的关键字参数，其实就是在程序中调用函数时，把要传递的实参直接写成"形参名-值"对，然后把它传递给形参。Python 会根据实参中出现的形参名，到函数的形参表里去寻找与其匹配的形参，并把"值"传递它。

所以，关键字参数有时也称"关键字实参"，它涉及调用者，与自定义函数本身没有什么关系。在程序中调用函数时，如果使用关键字参数来传递信息，那么最主要的是必须清楚函数定义中各个形参的名称，这样 Python 才能够准确地将这个实参传递给它的目标。至于调用函数时关键字参数出现的顺序，与它们在函数定义中出现的真正顺序可以没有任何关系。

例如，编写程序如下：

```
#下面是编写的函数
def js(num1,num2):
    result=num1**2+num2//2
    return result
#下面是程序主体
x=js(12,6)
print(x)
y=js(num2=6,num1=12)
print(y)
```

函数 js()的功能很简单，就是返回 num1**2+num2//2 的计算结果。程序中两次调用该函数，一次是通过位置参数直接调用；另一次是通过关键字参数调用，并故意把两个参数位置弄颠倒。运行后，它们都输出结果 147。可见，调用函数时，无须关注关键字参数出现的次序，Python 会保证它们之间的正确传递。如果自定义函数中出现的形参较多，那么利用关键字参数来调用，就会显现出好处：调用时，直接用形参的名字赋值，不用去管参数出现的前后顺序。当然，这样做也是有前提的：必须知道形参的名字，如果搞错了，那么就会出现错误。

若调用时出现位置参数和关键字参数混杂使用，那么就不能太随心所欲了，必须注意它们各自出现的顺序。例如，在上面的小程序里添加一条调用语句：

```
z=js(x,num1=12)
```

它的第 1 个参数是位置参数，第 2 个是关键字参数。这时，由于把第 2 个参数写错了，则会引起图 5-13 所示的错误。

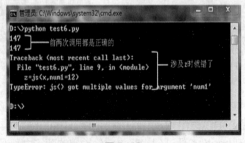

图 5-13

程序编写如下：

```
#下面是编写的函数
def js(num1,num2):
```

```
    result=num1**2+num2//2
    return result
#下面是程序主体
x=js(12,6)        #正确的调用
print(x)
y=js(num2=6,num1=12)  #正确的调用
print(y)
z=js(x,num1=12)            #引起出错的调用
print(z)
```

有了位置参数、默认参数、关键字参数等的参数传递办法后，就产生了多种函数调用的方式。例如，自定义一个函数：

```
def fun(参数 1, 参数 2=value)
```

从定义不难看出，作为形参，参数 1 是一个位置参数，参数 2 是一个默认参数。基于这样的定义，调用时必须要提供关于参数 1 的实参。提供的办法是把它作为位置参数，或把它作为关键字参数。使用位置参数来调用参数 1 有两种调用方式：

（1）fun（位置参数）。

（2）fun（位置参数,位置参数）。

第 1 种方式是参数 1 为位置参数，参数 2 取默认值，因此参数 2 不出现；第 2 种方式是参数 1 是位置参数，参数 2 也是位置参数。

也可以使用关键字参数来调用参数 1，于是又有了两种调用方式：

（1）fun（关键字参数）。

（2）fun（关键字参数,位置参数）。

第 1 种方式是参数 1 为关键字参数，参数 2 取默认值，因此参数 2 不出现；第 2 种方式是参数 1 是关键字参数，参数 2 是位置参数。

还有一种调用方式：fun（关键字参数,关键字参数）。也就是参数 1 和参数 2 都是关键字参数，这时它们在调用语句中出现的先后顺序就对函数的调用没有什么影响了。

在程序中使用上述的哪种调用方式并不重要，只要能够得到所希望的输出结果、能够便于人们理解就好。

5.3 参数传递的讨论（二）

实际问题的需要是千变万化的。为了在参数传递时能够更加灵活、便利，Python 又提供了两种分别与前缀字符"*"和"**"配合使用的、传递可长可短实参的传递方式。在有的书里，把这种参数的传递方式称为"可变长参数"。

5.3.1 前缀"*<表达式>"在参数传递中的作用

1. 收纳

自定义函数中，如果参数表里有一个*<形参名>，那么表示这个形参是一个元组，它能够收纳由调用者传递过来的、除正式参数外的或长或短的多余实参。

例如，下面编写了一个名为 count 的函数，它的里面有两个位置参数 name 和 grade，另外还有一个前面冠以"*"号、名为 fraction 的表达式。该函数的功能是将从调用者那里传递过来的各科分数（有的人的门数可能多一些，有的人的门数可能少一些）都收纳到参数 fraction 里，然后求出总分并将其存放在变量 result 里，求出平均分并将其存放在变量 mean 里，最后输出。

程序主体为两次调用函数 count()，以得到两个人的总分和平均分：

```
    #下面是自定义函数
  def count(name,grade,*fraction):
      result=0
      for item in fraction:
          result+=item
      print('name:'+str(name),'class:'+str(grade),'sum:'+str(result))
      mean=int(result)/(len(fraction))
      print('average:%.2f'%mean)
      #下面是程序主体
  count('micle','4-4',76,68,99,84)
  count('linin','6-6',66,85,77,89,86,100)
```

  图 5-14 显示了程序主体运行后，两次调用函数的情形。第 1 次调用函数 count()时，传递的各科成绩有 4 门；第 2 次调用函数 count()时，传递的各科成绩有 6 门。每次传递给函数的"多余"实参都被作为形参的元组 fraction 收纳，并由此计算出相应的总分和平均分。

  由于 fraction 是元组，所以函数中对它每次收纳的元素，都是以元组允许的运算来处理的。例如，函数中对元组元素的运算是通过下面的 for 循环来处理的：

```
  for item in fraction:
      result+=item
```

图 5-15 描述了*<表达式>收纳"多余"参数的流程。

图 5-14

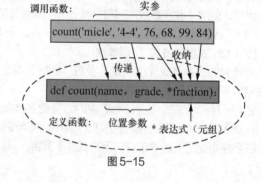

图 5-15

2. 拆分

  在自定义函数时使用*<表达式>，可以起到收纳调用函数时传递过来的"多余"参数，供函数加工处理的作用。若在调用函数里使用*<表达式>，则作用正好与"收纳"相反，把列表中的元素"拆分"开来，传递给自定义函数里的形参，供函数加工处理。

  例如，自定义一个函数，名为 count，它有 4 个位置参数，功能是输出传递过来的分数，并求出此人的总成绩和平均成绩。程序中给出一个名为 number 的列表，它里面是 3 门功课的成绩，然后调用函数 count()。在调用时，除传递了一个位置参数"Tom"外，还有一个*<表达式>：*number。函数 count()接收到调用者的调用后，会把第 1 个实参"Tom"传递给形参 name，然后将*number 里的元素拆分开来，传递给函数里的另外 3 个位置参数 n1、n2、n3，供函数加工处理。计算出总分和平均分，最后输出。图 5-16 所示是程序的一次运行结果。代码如下：

图 5-16

```
    #下面是自定义函数
  def count(name,n1,n2,n3):
      print('score:',n1,n2,n3)
      total=n1+n2+n3
      mean=total/3
```

```
    print('total:',total,'mean:%.2f'%mean)
    #下面是程序主体
number=[78,99,65]
count('Tom',*number)
```

5.3.2 前缀"**<表达式>"在参数传递中的作用

1. 收纳

从前面可知，在自定义函数中使用*<表达式>，可以与元组搭配，收纳调用者传递过来的"多余"实参。类似地，若在自定义函数中使用**<表达式>，与字典进行搭配，就能够收纳由调用者传递过来的、除正式参数外的或长或短的"多余"实参（"键-值"对）。

例如，下面编写了一个名为 stu 的函数，它里面有两个参数，一个是位置参数 term，另一个是双星表达式**pern。pern 是一个用来收纳调用者传递过来的"键-值"对的参数。该函数的功能是，先将pern 里的元素按照键进行升序排列并输出；然后从 pern 里挑选出不及格者，组成一个新的字典 fail，最后将不及格人数及名单输出。代码如下：

```
    #下面是自定义函数
def stu(term,**pern):
    fail={}
    for key in sorted(pern): #按键升序排序并输出
        print(key+':'+'%5s'%pern[key])
    print('-'*25)
    for k,v in pern.items():
        if v<60:
            fail[k]=v
            count=len(fail)
    print('Less than 60 points:',count,'man')
    print(fail)
    #程序主体，调用函数 stu()
stu('2018',Mary=90,steven=45,Eric=75,
    John=55,Ivy=75,Tomas=87,Ford=41,Helen=88)
```

程序中，除了第 1 个实参外，别的实参都是关键字参数的形式，传递时它们都被收纳到**pern 里，然后去接受处理。图 5-17 所示是程序的一次运行结果。

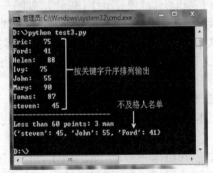

图 5-17

2. 拆分

类似地，把**<表达式>用在调用函数里，就可以把字典中的键和值拆分开来，传递给定义函数里的形参，供函数加工处理。程序编写如下：

```
    #下面是自定义函数 stu()
def stu(n1,n2,n3,n4,n5,One,Two,Three,Four,Five):
```

```
        s1='Fraction'; s2='Total score'
        re1=re2=re3=re4=re5=0
        for x1 in One:
            re1+=x1
        print('%7s'%n1,s1,One,s2,re1)
        for x2 in Two:
            re2+=x2
        print('%7s'%n2,s1,Two,s2,re2)
        for x3 in Three:
            re3+=x3
        print('%7s'%n3,s1,Three,s2,re3)
        for x4 in Four:
            re4+=x4
        print('%7s'%n4,s1,Four,s2,re4)
        for x5 in Five:
            re5+=x5
        print('%7s'%n5,s1,Five,s2,re5)
#下面是程序主体及对函数的调用
name=['Mary','Tomas','Francis','Juny','Rudolf']          #name 是一个列表
score={'One':(78,92,56,81),'Two':(47,92,81,90),
        'Three':(91,87,72,61),'Four':(95,82,55,67),'Five':(65,84,97,78)} #score 是一个字典
stu(*name,**score)          #调用函数 stu()
```

从程序来看，由于第 1 个实参是*name，因此程序将把名为 name 的列表元素拆分开来，传递给函数中位于前面的形参。由于 name 有 5 个元素，因此这 5 个元素就传递给了函数 stu()前面的 5 个位置参数 n1、n2、n3、n4、n5，即"Mary"传递给了 n1，"Tomas"传递给了 n2，"Francis"传递给了 n3，"Juny"传递给了 n4，"Rudolf"传递给了 n5。

由于第 2 个实参是**score，因此它将把名为 score 的字典中的"键-值"对拆分开来，将值传递给函数 stu()中的后面 5 个形参。也就是说，(78,92,56,81)传递给了 One，(47,92,81,90)传递给了 Two，(91,87,72,61)传递给了 Three，(95,82,55,67)传递给了 Four，(65,84,97,78)传递给了 Five。

了解了实参传递的具体情况，回到定义的函数里，就很清楚该函数要干什么了。例如：

```
for x1 in One:
    re1=+x1
print('%7s'%n1,s1,One,s2,re1)
```

for 循环是将 One 中存放的值（在列表里）逐一取出进行累加，累加结果在变量 re1 里，然后输出 n1（名字）、s1（成绩）、One（各科具体成绩）、re1（总分），如图 5-18 的第 1 行。

自定义函数和程序中的调用函数语句之间，是通过形参和实参间的传递来实现关联的，传递时，可以采用位置参数、默认参数、关键字参数、*<表达式>、**<表达式>等多种方式进行。不过，对于初学者来说，首先还是应该学好通过"位置参数"来传递参数的办法，然后随着对函数认识的提高，再去尝试其他办法。编程者应该通过实践，积累对自己有用的经验。

下面再给出几个简单参数传递的例子。

例5-9 编写一个判断一个自然数是否是素数的函数 prime()，并利用它求出 100 以内所有的素数，然后输出。

"素数"，就是只能被 1 和自己整除的自然数（1 应该被剔除在外）。下面给出的自定义函数 prime()，它接收调用者传递来的一个自然数 n。先把 n 为 1 的情况除去，因为它不是素数（返回 0）；再把 n 为 2 的情况单独处理，因为 2 是一个素数（返回 1）；然后用循环来判断从 2～n-1 是否存在能够整除 n 的数（注意，比 n 大的数绝对不可能整除 n）。如果有，则表明 n 不是素数，返回 0；否则 n 为素数，返回 1。调用者就根据返回的值是 1 还是 0，来判定该数是否需要输出。

程序通过 for 循环，调用函数 prime()共 100 次。每次调用后，总是把返回值送入变量 k。只有 k 取值为 1 时，才表明调用时的实参 x 是一个素数，因此也才将它输出。图 5-19 所示是程序执行后的输出结果，每行输出 5 个素数，共 25 个素数。

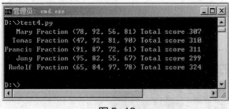

图 5-18   图 5-19

注意 从形式上看，函数 prime()里一共有 4 条 return 语句。其实，在任何情况下都只能有一条 return 语句被执行。任何函数都只能通过 return 语句向调用者传递一个结果，而不可能是多个。

程序编写如下：

```
#自定义函数 prime()
def prime(n):
    if(n==1):    #剔除 n 为 1 的情况
        return(0)
    elif (n==2):      #单独处理 n 为 2 的情况
        return(1)
    else:      # n 为一般情况的处理
        for i in range(2,n):
            if(n%i==0):
                return (0)
        return (1)
#程序主体
j=0
for x in range(1,101):
    k=prime(x)    #对函数 prime()进行调用
    if k==1:
        print("%d\t'%x,end=")
        j+=1
        if(j%5==0):          #控制每行输出 5 个素数
            print('\r')
```

例 5-10   编写一个计算实数除法的函数 div()，功能是当除数不为 0 时，返回计算结果；否则返回 0，输出信息"Problem with parameter!"。在程序主体里，接收两个实数，调用函数 div()加以验证。

```
#自定义函数 div()
def div(x,y):
    if (y==0):
        return (0)
    else:
        return (x/y)
#程序主体
num1=input('Enter first real number:')
num2=input('Enter second real number:')
num1=float(num1)   #转换成浮点数
num2=float(num2)   #转换成浮点数
c=div(num1,num2)   #调用函数 div()
if (c!=0):
    print(('num1/num2=%5.2f\n')%c)
else:
    print('Problem with parameter!\n')
print('End')
```

这里要注意，由于函数 div()是计算实数除法的，因此必须保证程序传递给函数的是实数，而非别的。所以，在程序中通过函数 input()接收了输入信息后，必须通过函数 float()将其从字符串形式转换成浮点数，然后才能够传递给函数使用，否则会显示出错信息。

图 5-20 所示是两次运行结果，第 1 次是输入被除数为 128.76、除数为 23.54 时的运算结果；第 2 次是除数输入为 0 时，输出信息"Problem with parameter!"（参数有问题）。

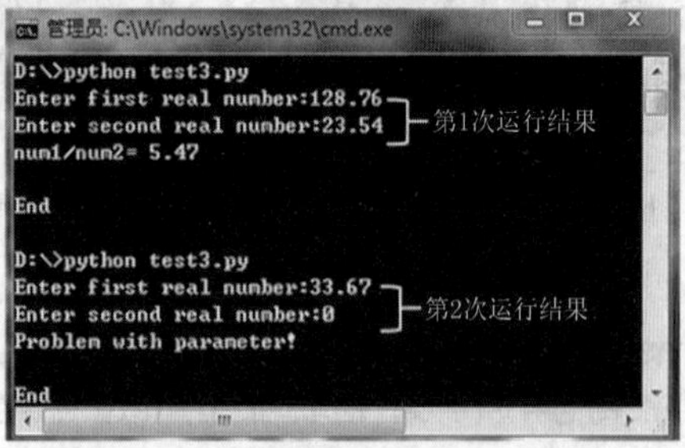

图 5-20

例 5-11 设计一个求 n 个自然数平方和的函数 squ()，n 由调用者传递过来。

```
#自定义函数 squ()
def squ(n):
    sum=0
    for k in range(1,n+1):
        sum+=k*k
    return(sum)
#程序主体
num=int(input('Enter a number:'))
print('sum=%d\n'%squ(num))
print('End')
```

这里要说明的是，由于自定义函数 squ()是计算 n 个自然数的平方和，所以必须保证程序中传递过去的实参是 int 型的。通常，输入函数 input()接收的输入信息是字符串，不是自然数，所以必须使用函数 int()把输入的内容转换成 int 型，否则就会显示出错信息。

有这么一句话："尽量少用 while 循环，大部分时间选择 for 循环是更好的选择。"从本书所举的、涉及循环的例子来看，用 for 循环的地方似乎比用 while 循环的地方要多些，用 for 循环似乎感觉更为得心应手。不过，编程者都有自己的习惯。建议初学者在遇到循环时，既试试 for 循环，也试试 while 循环，只有真正地理解了它们，才能形成自己的使用习惯。

5.3.3 作用域与关键字 global

在 Python 中，每一个变量都会属于某一种类型，我们已经见过 int（整型）、float（浮点型）、str（字符串型）、tuple（元组）、list（列表）、dict（字典）。现在学习的函数属于 function 型。

一个较大的 Python 程序不可能只编写一个函数、一个程序块。人们肯定会遇到这样的问题：一个函数中给出的变量，别的函数能够使用吗？程序中可以使用别的程序里给出的变量吗？这些问题实际上涉及变量的作用域问题。

所谓变量的"作用域"，是指该变量能够起作用的范围，也就是它在什么范围内是有效的。一个变量在自己的作用域内，就是"活的"，是有生命的；超出了它的作用域，它的生命就结束了，这就是变量的"生命期"。所以，变量的作用域与生命期是紧密相连的。

Python 的变量根据它起作用的范围，会有如下 3 种作用域。

（1）局部作用域。编写的程序段和函数中创建的变量，离开了这个范围就会结束自己的生命期，这种变量称为"局部变量"，它的作用域称为"局部作用域"。

（2）全局作用域。在一个文件中，会有多个程序块和函数。在它们外面创建的变量，文件的诸多程序块和函数都可以使用，这种变量称为"全局变量"，它的作用域称为"全局作用域"。

（3）内置作用域。内置函数是系统提供给 Python 所有程序块和函数共用的，因此它们提供的变量会自动地被不同文件所使用，这种变量的作用域称为“内置作用域”。

从 3 种作用域的含义可以看出，内置作用域的有效范围最大，全局作用域次之，局部作用域的范围最小。

下面给出一个有关作用域的例子：

```
#定义一个全局变量 book
book='data structure'
#自定义函数 works()
def works():
    print('title is:',book)
    book1='Data base'
    print(book1)
    #程序主体
print(book)
works()
book='Operating system'
works()
print(book1)
print('End')
```

我们看到，在整个函数和程序段的最外层，先定义了一个变量 book。由于它出现在函数和程序的外面，因此是全局变量，在函数和程序里它都有意义，都可以使用。

自定义函数 works() 的功能有 3 个。一是输出变量 book 的内容，这是由语句“print('title is:',book)”来完成的。二是定义一个名为 book1 的变量。三是输出变量 book1 的内容。

至于程序段，先是输出变量 book 的内容，即“print(book)”，由于该变量是全局的，所以这条语句能够正常执行。随后，调用自定义函数 works()。往下，修改全局变量 book 的取值，使它从原来的值“data structure”，变为新的值“Operating system”。这时又调用函数 works()，输出的就不是原先 book 的取值，而是新值“Operating system”了。

再往下应该执行语句“print(book1)”。这时，屏幕上会显示出错信息：

```
NameError:name 'book1'is not defined
```

如图 5-21 最后所示。为什么呢？因为 book1 是在函数 works() 里定义的，它是该函数的局部变量，出了它的作用域，其生命期就结束了。正因为如此，当程序中要输出 book1 时，就会给出出错信息。

例 5-12　分析下面程序中有相同变量名的 3 个局部变量 k 各自的作用域，以及当往 k 里输入数据 50 后，标号为 1～4 的 4 条 print 语句的输出结果。程序编写如下：

```
#下面是程序主体
print('-'*20)
k=int(input('Enter an integer:'))
print('1--in entery k is %d\n'%k)
if (k>0):
    print('-'*20)
    k=-10
    print('2--in if k is %d\n'%k)
    print('-'*20)
else:
    print('-'*20)
    k=10
    print('3--in else k is %d\n'%k)
    print('-'*20)
print('4--in exit k is %d\n'%k)
print('-'*20)
```

在进入程序时，要求输入第 1 个变量 k；在进入 if 后，说明了第 2 个变量 k=-10；在进入 else 后，说明了第 3 个变量 k=10。因此第 1 个 k 的作用域应该是除去 if 和 else 两个语句以外的整个范围，第 2 个 k 的作用域是说明它的那个 if 语句的范围，第 3 个 k 的作用域是说明它的那个 else 语句的范围。根据每个 k 的作用域可以知道，第 1 个 print() 输出“1--in entry k is 50”；第 2 个 print() 输出“2--in if k is-10"；第 3 个 print()输出 "3--in else k is 10"；第 4 个 print()输出 "4--in exit u is 50"。但是，究竟输出什么，要由开始时输入的 k 值来定。图 5-22 所示是两次不同执行的输出结果，第 1 次由于输入的 k=50，所以输出 1、2、4；第 2 次由于输入的 k=-50，所以输出 1、3、4。

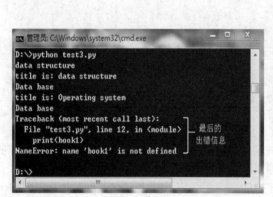

图 5-21

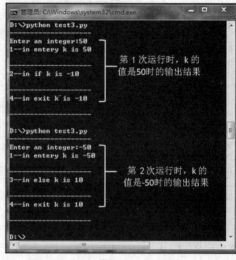

图 5-22

当在不同的作用域内出现同名的变量时，Python 是按照这样的原则来处理的：若同名，则局部变量的优先级高于全局变量，全局变量的优先级高于内置变量。程序运行时，作用域从小到大、从局部到全局，最后到内置作用域。为了避免引起不必要的麻烦，最好的办法就是尽量不要使用同名的变量。

例 5-13 阅读下面的程序，给出其执行结果：

```
gol=150        #说明一个全局变量 gol

def fun():     # fun()是无参、无返回值函数
    num=20
    gol=80     #gol 是局部变量
    num=num+gol
    disp(num)

def disp(x):   # disp()是有参、无返回值函数
    print('\nThe number is %d'%x)
#程序主体
num=10
num=num+gol
disp(num)      #调用函数 disp()
fun()          #调用函数 fun()
print('End')
```

这里，在最外层说明了一个变量 gol，因此它属于全局变量，在自定义函数 disp()、fun()，以及程序里都起作用。

程序开始时说明一个变量 num=10，它的作用域是整个程序，在别的函数里不起作用。执行语句 "num=num+gol" 时，gol 是全局变量，所以结果为 num=160，通过调用函数 disp()，屏幕上会显示出信息：

The number is 160

当程序中调用函数 fun()时，被调函数里出现了名为 num 和 gol 的两个变量，num 与程序中的 num 同名，gol 与全局变量 gol 同名。不过只要进入 fun()，就是这两个局部变量 num 和 gol 起作用，原来程序里的 num 不会起作用，全局变量 gol 也不会起作用。所以，fun()里的 num 最终取值 100，函数 disp()将输出：

The number is 100

图 5-23 所示是一次运行的结果。

程序里调用函数 fun()时，在函数 fun()里又调用函数 disp()。这种在函数调用过程中又发生函数调用的情形，就是所谓的"函数的嵌套调用"。由此不难看出，函数间的调用和被调用关系是相对的。就是说，调用别人，自己就是调用者，对方就是被调用者；而当被调用者又调用别人时，它自己就成了调用者。所以，当程序调用函数 fun()时，程序是调用者，函数 fun()是被调用者；而当函数 fun()调用函数 disp()时，函数 fun()就成了调用者，函数 disp()就成了被调用者。

例 5-14　分析下面的程序，给出运行结果。

程序员希望自定义函数 nums()的功能是，进入函数时，输出全局变量 m 和 n 的值，然后修改 m、n 的值（在 m 上加 4，在 n 上加 7），再输出全局变量 m、n 的值。随后通过 return 语句将 n%m 的结果返回给调用者。

程序编写如下：

```
#定义全局变量
m=0;n=0
#函数 nums()的定义
def nums():
    global m,n                          #标明 m、n 是全局变量
    print('m=%-4dn=%-4d'%(m,n),end='')  #输出进入函数 nums()时 m 和 n 的值
    m=m+4
    n=n+7
    print('m=%-4dn=%-4d'%(m,n),end='')  #输出这次对 m 和 n 的加工结果
    return(n%m)
#程序主体
for k in range(0,10):
    if k<=8:
        print('%d     '%(k+1),end='')
    else:
        print('%d   '%(k+1),end='')      #输出调用的次数
    print('n%%m=%-4d'%nums(),end='')     #在此调用函数 nums()10 次
    print('\r')
print('End')
```

程序里总共调用无参函数 nums()10 次（即输出 10 个 n%m 的计算结果）。图 5-24 所示是其运行结果。

图 5-23

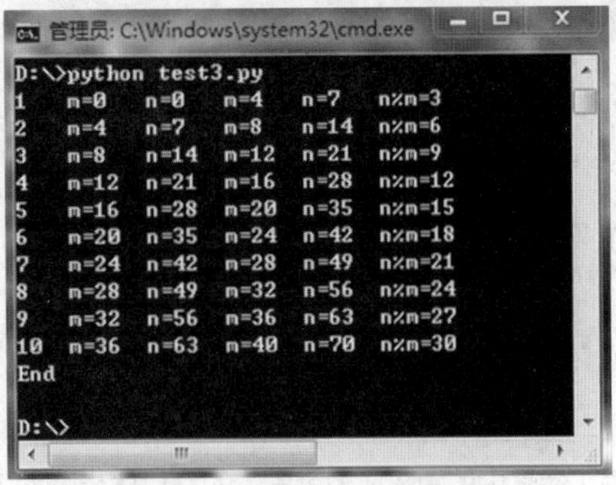

图 5-24

这里解释如下 3 点。

（1）自定义函数 nums()中的语句"print('m=%-4dn=-4d'%(m, n),end=' ')"里，"%"后的负号表示将输出的数据进行左对齐（没有符号是右对齐）。

（2）语句"print ('n%%m=%-4d'% nums( ),end=' ')"里，为了能够输出"n%m="，因此连续安排了两个"%"，如果只放一个"%"，Python 就认为它是以"%"开头的格式说明符，这会使 print ()

无法正确工作。

（3）在函数的外面，定义了全局变量 m 和 n 的初值。调用函数 nums()时，在语句"print('m=%-4dn=%-4d'%(m,n),end='')"里又遇到了与外面的 m、n 同名的变量 m、n。这时，m、n 应该是全局变量还是函数内部新定义的局部变量？按照程序员的设计意图，它应该是全局变量，但这里出现了同名变量，给 Python 带来了"困惑"。为了避免这样的麻烦出现，Python 提供了一个关键字"global"，如这里在函数中的语句：

```
global m,n
```

该语句明确地表示函数内出现的变量 m 和 n 是全局变量。这样一来，Python 就不会"困惑"了。

虽然全局变量定义在自定义函数外，但也可以在自定义函数内使用。但由于可能会出现全局变量和局部变量同名等麻烦问题，所以全局变量不能在函数内直接赋值，否则就会出错。如果想要在自定义函数内对全局变量赋值，就需要使用关键字"global"。因此，建议程序中尽量少用或不用全局变量，因为它会使代码变得让人难以理解，降低了代码的可读性。

5.3.4　函数与模块

随着开发工作的深入进行，定义的函数可能会越来越多，程序可能会越写越长、越复杂。这时，人们希望有一种可以把它们组织归并、打包梳理的办法，以形成若干个不同的文件，便于管理和人们共同使用，这就是所谓的"模块"。

模块就是一个一个独立包装好的文件，模块内可以包括可执行的语句和定义好的函数。当程序中打算用到整个模块中的内容，或用到它们中的一部分内容时，应先将所需模块"import"（导入）程序中，这样当前运行的程序才能够使用模块中的有关代码。

1. 导入模块的创建

要让一个函数成为可导入的，首先必须创建所谓的"导入模块"。例如，前面已经见过如下的函数和程序段：

```
#自定义函数
def div(x,y):
    if (y==0):
        return (0)
    else:
        return (x/y)
#程序主体
num1=input('Enter first real number:')
num2=input('Enter second real number:')
num1=float(num1)   #转换成浮点数
num2=float(num2)   #转换成浮点数
c=div(num1,num2)  #调用函数 div()
if (c!=0):
    print(('num1/num2=%5.2f\n')%c)
else:
    print('Problem with paameter!\n')
print('End')
```

为了使其中的函数成为可导入的，具体步骤如下。

第 1 步：去掉程序主体内容，为函数 div()单独建立一个".py"的文件，例如取名为 division，并把它存储在 D 盘。

```
def div(x,y):
    if (y==0):
        return (0)
    else:
        return (x/y)
```

第 2 步：将程序主体进行如下的修改。

```
import division        #程序开始处增加 import 语句
num1=input('Enter first real number:')
num2=input('Enter second real number:')
num1=float(num1)  #转换成浮点数
num2=float(num2)  #转换成浮点数
c=division.div(num1,num2)           #调用导入模块中的函数 div()
if (c!=0):
    print(('num1/num2=%5.2f\n')%c)
else:
    print('Problem with paameter!\n')
print('End')
```

这里的关键是增加导入语句"import division"。为程序主体取名（如 div）并将其存储在 D 盘。

第 3 步：在 Python 的"程序执行"模式下，执行 div.py。

经过这样的 3 步，就创建了一个名为 division 的导入模块，用函数 type()去测试它，可知其类型为"module"。把函数从程序主体中剥离出来，可以使编程者把程序设计的重点放在整个程序的高层逻辑上，可以使很多程序员共享这些可导入的函数。

关于"import"，有以下几点要注意。

第一，import 与导入的模块之间要有一个空格符，例如"import division"，导入的模块名后不能跟后缀".py"。

第二，程序中要调用导入模块中的函数时，语法应该是：

```
<导入模块名>.<调用的函数名>
```

两者之间必须用句点"."分隔。

第三，import 语句可以同时导入多个模块，不同模块间用逗号隔开。

第四，import 语句会让 Python 打开导入文件，并将文件中的函数复制进来，但人们是看不见复制的语句块的。所以导入时，必须清楚导入函数的正确使用方法：需要提供几个参数，需要提供什么类型的参数等。

第五，如果想一次性把导入模块中包含的所有函数导入进来，那么可以利用*（星号），这时的导入语句应该写成：

```
from <导入模块名> import *
```

这时在程序中调用导入模块里的函数时，无须在<调用的函数名>前冠以<导入模块名>及分隔的句点（见"第二"）。

例如，前面的导入模块 division.py 里，只有一个函数 div(x,y)。现在将例 5-11 里的函数 squ(n)也复制到该模块，于是该模块的内容如下：

```
def div(x,y):        #division 里的一个模块
    if (y==0):
        return (0)
    else:
        return (x/y)

def squ(n):          #division 里的又一个模块
    sum=0
    for k in range(1,n+1):
        sum+=k*k
    return(sum)
```

这时，改写例 5-11 的程序主体为：

```
import division                #增加导入语句
num=int(input('Enter a nuber:'))
print('sum=%d\n'%division.squ(num))    #调用导入模块里的函数 squ()
print('End')
```

我们会看到，程序的运行结果与例 5-11 完全相同。

2. 导入模块中的指定函数

程序主体中使用导入语句 import 时，是将整个模块中的代码全部复制过来，这样的做法有时并不是必要的。Python 提供了只导入模块中特定函数的办法。具体语法是：

```
from <导入模块名> import <函数名 1，函数名 2，…>
```

例如，可以把前面的那段程序改写为：

```
from division import squ          #增加导入具体函数的导入语句
num=int(input('Enter a nuber:'))
print('sum=%d\n'%squ(num))        #调用函数 squ()
print('End')
```

这里发生了两处变动，一是前面的导入语句：

```
import division
```

将该语句改为：

```
from division import squ
```

二是调用语句：

```
print('sum=%d\n'%division.squ(num))
```

将该语句改为：

```
print('sum=%d\n'%squ(num))
```

也就是说，调用语句里，无须使用句点表示法（division.squ），直接通过函数名来调用即可。在使用导入模块时，这样的细微变化必须注意，否则会引起语法出错。

3. 指定别名子句：as

如果要导入的模块或具体的函数名很长或担心有可能出现重名，那么可以在导入语句里加入 as 子句，给模块或函数指定别名。具体的语法是：

```
import <模块名> as <别名>
```

或

```
from <模块名> import <函数名> as <别名>
```

指定别名后，程序中原来使用"真名"的地方，都必须用"别名"来替代，不能真名、别名混合使用，否则会出错。

例如，编写一个做蛋糕的函数，起名为 b_cake，它有两个形参，分别是 size（尺寸）和 toppings（配料）。该函数的功能是接收到调用者传递过来的实参后，输出定制的蛋糕尺寸和所需的配料。把该函数作为一个模块，起名为 cake 保存起来。程序编写如下：

```
#名为 cake 的模块
def b_cake(size,*toppings):
    print('\nMaking a'+str(size)+
        '-inchcake with the following toppings:')
    for topping in toppings:
        print('-'+topping)
#编写程序，它导入模块 cake，两次调用里面做蛋糕的函数 b_cake()
import cake   #导入模块 cake
cake.b_cake(16,'pepperoni')          #第 1 次调用做蛋糕的函数 b_cake()
cake.b_cake(12,'mushrooms','green peppers','extra cheese')     #第 2 次调用做蛋糕函数 b_cake()
```

下面是为做蛋糕的模块取别名的情形：

```
#在导入模块 cake 时，为其取别名 p
import cake as p          #为模块 cake 取别名 p
p.b_cake(16,'pepperoni')   #第 1 次用别名 p 代替模块 cake
p.b_cake(12,'mushrooms','green peppers','extra cheese')          #第 2 次用别名 p 代替模块 cake
```

图 5-25 所示是程序的运行情况。

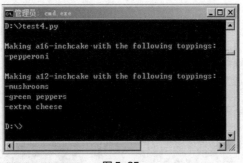

图 5-25

5.4 初识标准函数库

Python 的标准函数库，就是一类可以完成某方面特定功能的函数模块，以供程序设计人员导入并使用。本节将简单介绍几个常用的标准函数库。

5.4.1 导入 math 模块

math 模块即数学模块，由该模块提供的方法，可以更加便捷、精确地求得数学计算的结果。表 5-2 所示是该模块提供的常用方法。

表 5-2 math 模块提供的常用方法

方法	说明	举例
sqrt(x)	计算 x 的平方根	import math math.sqrt(9)=3.0
pow(x,y)	计算 x 的 y 次幂	import math math.pow(5,3)=125.0
fmod(x,y)	计算 x%y 的余数	import math math.fmod(124,33)=25.0
hypot(x,y)	计算 sqrt(x*x+y*y)	import math math.hypot(3,9)=9.4868
gcd(a,b)	计算 a 和 b 的最大公约数	import math math.gcd(44,16)=4

要注意的是，程序中使用 math 模块之前，必须先用 import 语句将其导入。调用模块中的方法时，必须采用以下语句：

<math>.<方法名>

否则，无法正确实现编程人员的计算要求。

5.4.2 导入 random 模块

random 模块即随机数模块，由它提供的方法，可以根据需要产生出随机数。表 5-3 所示是该模块提供的常用方法。

表 5-3 random 模块提供的常用方法

方法	说明
choice(x)	从有序的 x 中，随机挑选一个元素
randrange(start,stop,step)	按参数的指定范围，产生一个随机数
sample(x,k)	从有序的 x 中，随机挑选 k 个元素，以列表形式返回
shuffle(x)	将有序的 x 重新排序

1. 方法 choice()

前面已经介绍过，要使用函数模块，必须先用 import 导入。因此在使用 random 模块前，必须要有语句：

```
import random
```

导入随机模块后，要使用该模块里的方法（即函数）时，必须利用句点分隔 random 与调用的方法名。也就是说，这里介绍的模块中的方法 choice()，要调用它时，必须写成：

```
random.choice()
```

从程序编写的角度看，这样书写起来就显得太烦琐了。为此，Python 提供了一种简易的办法，即在 import 语句里，利用*（星号）表示导入 random 模块的所有方法：

```
from random import *
```

这样，后面在调用模块中的某个方法时，只需要直接写出方法的名字就可以了，如图 5-26 所示。

方法 choice()是针对有序变量的，也就是字符串、元组和列表。在图 5-26 所示的情形中，定义了以下 3 个变量。

字符串变量：str='abcdefghijklmn'。

元组变量：tup=('1','2','3','4','5')。

列表变量：lis=['6','7','8','9','0']。

在把方法 choice()一次作用于它们后，图 5-26 给出了结果。由于是随机的，因此再次调用时，结果就不会一样。

图 5-26

2. 方法 randrange()

该方法有 3 个参数：start、stop、step，其功能是规定获取随机数的范围。如果写成 randrange(10)，则表明是在 0~10（不包括 10）产生随机数；如果写成 randrange(1,10)，则表明是在 1~10（不包括 10）产生随机数。Step 通常都被省略。

3. 方法 sample(x,k)

该方法有两个参数，x 是一个有序的变量，要从中随机挑选出 k 个元素，并以列表的形式返回。这个方法只能作用于有序变量上，最终将以列表的形式返回，如图 5-27 所示。

4. 方法 shuffle(x)54

该方法的参数 x 是一个有序、可变的变量，因此它不能作用在字符串及元组上，否则就会出错。其功能是对 x 的元素重新进行排序，也就是重新进行随机排列的意思。

例如，图 5-28 里定义了一个列表变量 lis，将方法 shuffle(x)作用于它后，结果就是对它的元素进行了重新排列。

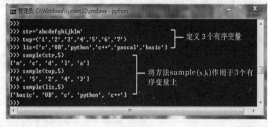

图 5-27 　　　　　　　　　　　　　　　　　　图 5-28

例 5-15　利用 random 模块，编写一个"猜字母"的小游戏：

```
import random              #导入 random 模块
str='abcde'
```

```
    t=1
    y=random.choice(str)           #从 str 里随机取出一个字母
    while t<=3:
        x=input('Enter a letter(a-e):')
        if x<'a' or x>'e':
            print('You have only three chances!')
            t+=1
            if t>3:
                print('I\'m sorry, you\'re out of time!')
                break
        else:
            if x==y:
                print('Guess it! Bonus points!')
                print('Bye-Bye!')
                exit()
            else:
                print('No guessing right!')
                print('Are you going to continue?')
                z=input('yes--continue; no--End:\n')
                if z=='yes':
                    continue
                else:
                    exit()
    print('End')
```

程序一开始就通过语句"import random"导入 random 模块。程序的设计思想是通过以下语句调用方法 choice():

```
y=random.choice(str)
```

从字符串 str='abcde'里随机挑选出一个字母存放在变量 y 里，然后让人猜是哪一个字母。使用者有 3 次输入字母的机会。如果 3 次输入的字母都不在 a～e，那么就输出以下信息并结束整个工作：

```
I'm sorry, you're out of time!
```

如果输入在限定的 a～e，且与变量 y 里的字母相同，那么就输出信息：

```
Guess it! Bonus points!
Bye-Bye!
```

如果没有猜中，那么就询问是否继续进行，回答 yes 就继续，回答 no 就结束。图 5-29 所示是该程序一次运行的结果：第 1 次和第 2 次都没有猜对、第 3 次猜对了的情形。

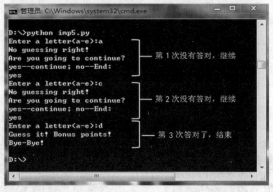

图 5-29

5.4.3 导入 time 模块

time 模块即获取时间模块，它里面提供了各种获取时间的方法，这些时间都从 1970 年 1 月 1 日开始算起。表 5-4 所示是 time 模块提供的常用方法。

表 5-4   time 模块提供的常用方法

方法	说明
time()	以浮点数的形式返回从 1970/1/1 之后的秒数值
asctime()	以字符串的形式返回当前的日期和时间
ctime()	以字符串的形式返回当前的日期和时间
sleep(secs)	让程序（线程）延迟执行 secs 秒

1. 方法 time()

该方法的调用结果，是以浮点数的形式输出从 1970 年 1 月 1 日开始算起的秒数，如图 5-30 所示。调用结果存放在变量 sec 里，所以这时 sec 里的内容是：

```
1525305814.2549946
```

2. 方法 asctime()和 ctime()

这两个方法都是以字符串的形式返回当前的日期和时间，不同的只是 Python 内部采用什么方式把秒数转换成日期和时间，因此对它们的调用结果都是相同的，给出结果的形式是：

```
星期  月份  日期  时: 分: 秒  年份
```

例如图 5-30 所示是：Thu   May   3   08:04:35 2018。

3. 方法 sleep(secs)

该方法的功能是让程序（线程）延迟执行 secs 秒，这在实时控制上是很有用处的。下面编写一个小程序，它导入 time 模块后，先是通过 while 循环，5 次响铃和输出 "Hello! How are you?"，然后调用 time 模块中的 sleep(5)方法，让程序后面的内容延迟 5 秒后再执行。延迟时间到后，连续响铃 5 次。整个程序的执行过程如图 5-31 所示。

程序编程如下：

```python
import time
i=1
while i<=5:    #连续响铃、输出 5 次
    print('\a')
    print('Hello! how are you?\r')
    i+=1
time.sleep(5)  #延迟 5 秒
i=1
while i<=5:     #连续响铃 5 次
    print('\a')
    i+=1
print('End')
```

图 5-30

图 5-31

5.4.4 导入 calendar 模块

calendar 模块即日历模块，它提供了与日历有关的各种方法，如表 5-5 所示。

表 5-5 calendar 模块提供的常用方法

方法	说明
calendar()	与 print()配合，输出全年的日历，默认每行输出 3 个月份
prcal()	输出全年的日历，默认每行输出 3 个月份
setfirstweekday()	以周日开始修改日历输出
month()	与 print()配合，输出指定年份的某月的日历
prmonth()	输出指定年份的某月的日历
isleap()	判断某年是否为闰年
leapdays()	判断两个年份之间有几个闰年

1. 方法 calendar()和 prcal()

这两个方法的功能都是输出全年的日历，默认每行输出 3 个月份，不同之处在于前者的输出要借助于 print()，而后者自身就可以输出。

两个方法的语法分别是：

```
calendar(year, w=2, l=1, c=6, m=3)
prcal(year, w=2, l=1, c=6, m=3)
```

其中，参数 year 用于指定输出日历的年份；w 表示所输出日期的栏宽（即字段的宽度）；l 表示输出的行高；c 表示输出的两个月份之间的宽度；m 表示每行要输出的月份数。语法中给出的数字都是默认值，例如，m=3 表示每行输出 3 个月份的内容。图 5-32 所示是方法 calendar (2018)借助 print()输出的 2018 年日历的部分（前 3 个月）。而图 5-33 是直接用方法 prcal(2018)输出的日历的部分图。在图 5-33 中，方法 prcal()无须借助 print()就可以直接输出全年的日历，另外，别的参数都取默认值，唯独 m=2，所以图 5-33 里一行只输出两个月份。

图 5-32

图 5-33

2. 方法 setfirstweekday()

从调用方法 calendar()和 prcal()可以看出，每周都是以星期一为起始排列的。如果想从星期日开始排列，那么就需要用到方法 setfirstweekday()。

该方法有一个参数 weekday，它的取值是大写的英文星期名称：MONDAY、TUESDAY、WEDNESDAY、THURSDAY、FRIDAY、SATURDAY 和 SUNDAY。

程序中调用方法 setfirstweekday() 的正确步骤是：一、导入 calendar 模块；二、用语句"calendar.setfirstweekday(calendar.<指定的大写的开始时间>)"调用方法 setfirstweekday()；三、用语句"calendar.pracl()"调用方法 prcal()，或用语句"print(calendar.calendar())"达到输出所需日历的目的。例如，图 5-34 所示是设置星期三（Wednesday）为一周起始日时，方法 prcal() 输出的 2018 年日历的片段。

3. 方法 month() 和 prmonth()

这两个方法都是用来输出指定年份的某月的日历的。不同的是，使用方法 month() 时，要由 print() 来配合输出；而使用方法 prmonth() 时，可以直接输出日历。它们的语法是：

```
month(year, month, w=0, l=0)
prmonth(year, month, w=0, l=0)
```

其中，参数 year 是指定的年份；month 是指定的月份；w 为显示日期的栏宽（即字段宽度）；l 表示行高。w 和 l 的默认值都是 0。

图 5-35 给出了两种输出指定年份的某月的日历的情形，在调用方法输入月份参数时，只需使用阿拉伯数字即可。

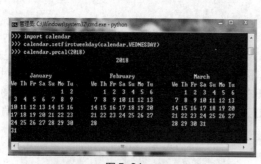

图 5-34

图 5-35

4. 方法 isleap()

该方法的参数是年份，功能是判断该年是否是闰年。若是闰年，则返回 True；否则返回 False。例如，calendar.isleap(2016) 返回 True，calendar.isleap(2018) 返回 False。

5. 方法 leapdays()

该方法的两个参数都是年份，中间用逗号隔开，功能是判断这两个年份之间有几个年份是闰年。例如，calendar.leapdays(1949,2018)，返回 17；calendar.leapdyas(2018,1949)，返回 -17。两者都表示在这两个年份之间，存在 17 个闰年。

例 5-16 编写一个函数，从调用者处接收一个字符串作为参数，并对传递过来的字符串内容加以判断，统计其中的小写字母和大写字母个数，再将两个统计数字作为列表元素返回给调用者。调用者输出字符串中大写字母和小写字母的个数。程序编写如下：

```
#自定义函数 dem()
def dem(st):
    result=[0,0]
    for ch in st:
```

```
        if ('a'<=ch<='z'):
            result[1]+=1
        elif ('A'<=ch<='Z'):
            result[0]+=1
    return (result[0],result[1])
#程序主体
chrc=input('Enter a string:')
x,y=dem(chrc)
print('Number of capital letters='+str(x))
print('Number of lowercase letters='+str(y))
print('End')
```

阅读程序可以看到，自定义函数 dem() 在接收到调用者传递过来的字符串后，通过一个 for 循环对字符串中的字符逐一进行分析，将小写字母的个数存放在列表的第 2 个元素（索引值为 1）里，将大写字母的个数存放在列表的第 1 个元素（索引值为 0）里。循环结束后，由 return 语句把 result[0] 和 result[1] 返回给调用者。

在程序主体里，输入的字符串存放在变量 chrc 里，然后由语句：

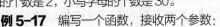

调用函数 dem()。从函数 dem() 返回程序主体后，由变量 x、y 分别接收大写字母个数及小写字母个数，然后将它们输出。图 5-36 所示是程序一次运行的结果，在此次运行过程中，输入的字符串是 "It's a fine day and I'm in a good mood today" 使用函数 dem() 对其分析后，得到的结论是：大写字母的个数是 2，小写字母的个数是 30。

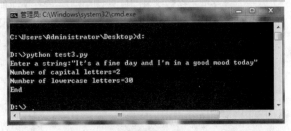

图 5-36

例 5-17 编写一个函数，接收两个参数：一是所有元素值都不相同的一个整数列表 x，二是列表 x 中的某一个元素 n。要求以 n 为分界点，把列表 x 中所有值小于 n 的元素全部挪到 n 的左边，所有值大于 n 的元素全部挪到 n 的右边。程序编写如下：

```
#自定义函数 quick()
import random                    #导入 random 模块

def quick(x,n):
    k=x.index(n)
    x[0],x[k]=x[k],x[0]
    temp=x[0]

    low=0
    high=len(x)-1
    while (low<high) :                    #外循环
        while (low<high and x[high]>=temp):   #内循环 1
            high-=1
        x[low]=x[high]

        while (low<high and x[low]<=temp):    #内循环 2
            low+=1
        x[high]=x[low]
    x[low]=temp
#程序主体
x=list(range(1,15))
random.shuffle(x)
print(x)        #第 1 次输出
quick(x,10)
print(x)        #第 2 次输出
print('End')
```

先分析程序主体。图 5-37 记录了程序的两次执行结果。一开始，通过由函数 list() 作用于 gange(1,15)，产生一个有 14 个元素的有序整数列表 x。随之调用 random 模块里的方法 shuffle(x)，

127

将这个有序的整数列表重新排序，打乱元素的排列顺序，形成一个无序的、有 14 个不同整数值元素的列表 x，并将其输出（见图 5-37 中标有①、③的输出内容）。然后，程序中选择一个基准元素 n=10，即"分界点"，调用自定义函数 quick()，对 x 中的元素进行排列：把小于 10 的元素排到它的左边去，把大于 10 的元素排到它的右边去。调整完毕后，从自定义函数 quick()返回，将经过整理后的列表 x 输出（见图 5-37 中标有②、④的输出内容）。

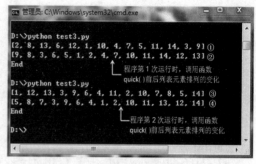

图 5-37

其次分析自定义函数 quick()。自定义函数 quick()是如何按照要求来调整无序的列表 x 的呢？例中选择的"分界点"是 10，目标是把无序列表 x 中比 10 大的元素调整到 10 的右边，把比 10 小的元素调整到 10 的左边。

主体程序携带参数 x 和 10 去调用自定义函数 quick(x,10)。自定义函数 quick()由一个外 while 循环套两个内 while 循环组成。在进入外循环前，先做如下的准备工作：

```
k=x.index(n)
x[0],x[k]=x[k],x[0]
temp=x[0]

low=0
high=len(x)-1
```

（1）由 k=x.index(n) 找出分界点 n 在当前列表 x 中的索引值，并将其存放在变量 k 里；

（2）将分界元素与列表的第 1 个元素（索引值为 0）交换，并将列表的第 1 个元素存入临时变量 temp 里，即 temp=x[0]，目的是腾空列表中第 1 个元素占据的地方，使它成为后续进行交换时的临时工作单元；

（3）将变量 low 设置为列表 x 中当前最左元素的索引值，变量 high 设置为列表 x 当前最右元素的索引值。

有了这样的准备之后，进入外循环调整列表元素时，对变量 low 总是做加 1 的操作，即让其从左往右运动，以寻找大于分界值 10 的列表元素；对变量 high 总是做减 1 的操作，即让其从右往左运动，以寻找小于分界值 10 的列表元素。

于是，high 不断减 1，从右往左扫视，当找到一个小于分界值 10 的元素时，就执行"x[low]=x[high]"，即把找到的元素换到分界值的左边去；low 不断加 1，从左往右扫视，当找到一个大于分界值 10 的元素时，就执行"x[high]=x[low]"，即把找到的元素换到分界值的右边去。这样，外循环执行一次，low 和 high 就分别从左往右或从右往左扫视一次，以寻求满足条件的元素，进行一次调整。这种过程直至 low 与 high "见面"、整个外循环结束，调整也就结束了。

自定义函数 quick()虽然没有返回值，但调用后仍然要返回到主体程序中，去执行程序中的第 2 条输出语句，将调整后的列表元素输出。

在程序设计中，怎么样强调"函数"所起的作用都不为过。因此，如何正确地定义一个函数，如何向函数灵活地传递各种参数，如何利用 Python 提供的各种函数库等，都是我们需要深入了解和学习的事情。

思考与练习五

第6章
类

我们已经接触过多种数据类型：数字、字符串、元组、列表、字典等。它们可以用来描述不同的实际需要，适用不同的场合，解决不同的问题。本章将介绍另一种数据类型：类（class）。

慕课视频

第6章

6.1 类和对象

随着人们对现实世界认识的不断深化，只用前面所罗列的那些变量来解决实际问题，就显得有点"捉襟见肘"了。于是引入了"类"这种数据类型，而对所定义的类的实例化（也就是具体化），就称为所谓的一个"对象"。这种数据类型，使得人们编程就像是在搭积木，既便利省时，又卓有成效。

6.1.1 类与对象的概念

例如，一说到球，人的头脑中马上就会把它想象成一种圆形的物体，它的大小由半径决定，它的外表可以有不同颜色；对球施以外力后，它会往远处滚动，或上下来回弹跳。

但是，我们能真正拿出一个叫"球"的物体吗？不可能，世上没有一个东西具体叫作"球"，只有诸如"乒乓球""篮球""排球"等，才是实实在在的"球"。

因此，"球"与"乒乓球"等不是一回事。

"球"，是对诸如"乒乓球""篮球""排球"等的一种抽象；而"乒乓球""篮球""排球"等，则是对"球"的一个个具体化。"球"是圆的，大小由半径决定，外表可以有不同颜色，施加外力后会滚动或弹跳，这些抽象的特征和行为，都是从"乒乓球""篮球""排球"等里面抽取出来的；而每一种具体的球，又都必须具有抽取出来的这些特征和行为。

于是，人们把抽象的"球"视为是世间的一种数据类型——"类"；把具体的"乒乓球""篮球""排球"等，视为这种类的"实例化"，或者说是该类的一个个"对象"。

可以举出很多类和对象的例子。例如，"动物"是类，"狮子""羚羊""狗"等是动物类的对象。但从另一个角度讲，"狗"是一个类，"猎狗""宠物狗""藏獒"等又是狗这类的对象。"宠物狗"又可以再细化成一个类，"京巴狗""约克夏""哈士奇"等是宠物狗类的对象。人们就是以这种"分门别类"的办法，一点点深入，一点点细化，逐渐对世间万物进行了了解、描述和研究。

从上面的讨论可以得出下面的两点共识。

● "类"是一种抽象的概念，它代表了现实世界中某些事物的共有特征和行为。

● "对象"是对类的实例化，每个对象都会自动具有所属类的通用特征和行为。当然，根据需要，对象也可以具有自己独特的个性特征与行为。

6.1.2 Python 中类的定义

Python 中的类是借助关键字 class 来定义的。具体语法如下：

```
class <类名>():
    <成员变量>
    <成员函数>
```

它由两大部分组成，以 class 开头、"："冒号结束的第 1 行被称为"类头"，缩进的<成员变量>与<成员函数>被称为"类体"。

其中，<类名>必须符合 Python 对变量取名所做的规定。进一步地，为了便于区分，Python 约定<类名>的第 1 个字母必须大写。

<成员变量>就是类的成员属性，简称"属性"。<成员变量>包含在描述该类成员（也就是对象）共有的抽象特征时涉及的各种变量。

<成员函数>即成员方法，简称"方法"。<成员函数>包含描述该类成员（也就是对象）所具有的抽象行为或动作的各种函数。

在一个"类"的定义里，<成员变量>和<成员函数>当然可以不止一个。

下面直接举出 3 个 Python 中类的定义的例子，只要了解了前面关于函数的那些知识，那么大致理解例子中所要描述的内容便不会有太大的难度。

例 6-1 定义一个"狗"类：

```
class Dog():    #定义类 Dog
    def __init__(self,name,age):
        self.name = name
        self.age = age

    def sit(self):
        print(self.name.title()+'is now sitting.')

    def r_over(self):
        print(self.name.title()+'rolled over!')
```

该类的名字是 Dog，它的首字母为大写，符合 Python 对类的定义所做的约定要求。在缩进的类体里面，包含 3 个以 def 开头的函数。

第 1 个是名为__init__的特殊方法，从起的名字很容易看出，它是"初始化程序"。在创建对象时，用这个特殊的方法来为代表属性的诸变量赋初值。例如，类 Dog 里有 3 个形参，即 self、name、age，除了特殊的 self 后面会专门讲述它的作用外，name 和 age 两个属性的初值都会由创建对象（即实例化）语句提供的实参传递过来。

第 2 个是名为 sit（坐）的函数，它是描述狗会"坐"的这种行为的方法。该方法只有一个特殊参数 self，功能是把狗名的第 1 个字母改为大写（由调用函数 title()来实现），并输出"is now sitting"信息。如果在此能够插入一些动画，那么就应该出现一条狗蹲坐在那里、舌头吐在嘴外面呼呼喘气的情景。

第 3 个是名为 r_over(奔跑)的函数，它是描述狗会"跑"的这种行为的方法。该方法只有一个特殊参数 self，功能是把狗名的第 1 个字母改为大写（由调用函数 title()来实现），并输出"rolled over!"信息。如果这里能够插入动画，那么就应该出现一条狗向前奔跑的情景。

例 6-2 定义一个"雇员"类：

```
class Employee():    #定义类 Employee
    e_count = 0

    def __init__(self, name, salary):        #初始化程序
        self.name = name
        self.salary = salary
        Employee.e_count += 1

    def dis_employee(self):        #输出雇员信息
        print( 'Name : ', self.name,   ', Salary: ', self.salary)
```

该类的名字是 Employee，它的首字母为大写，符合 Python 的约定要求。在缩进的类体里，先是

为一个变量 e_count 赋初值 0，由于它在类体的最前面，所以这个变量在整个类的定义里都有效，也就是类里定义的函数都可以使用它。

该类里，第 1 个是名为__init__的初始化程序，我们后面会对它进行专门的讲述。除去特殊参数 self 外，它的两个属性 name、salary 的初始值，仍然是在创建对象（即实例化）时，靠创建语句通过实参传递过来。在这个方法里，还对变量 e_count 进行计数操作。

该类体里的第 2 个函数是 dis_employee()，只有一个特殊参数 self，功能是输出雇员的名单。

例 6-3 定义一个关于"圆"类：

```
import math    #导入标准函数库 math
class Circle():        #定义类 Circle
    def __init__(self,radius=14):
        self.radius=radius

    def d_diameter(self):          #返回直径的方法
        return 2*self.radius

    def c_perimeter(self):         #返回圆周长的方法
        return 2*self.radius*math.pi

    def r_area(self):              #返回圆面积的方法
        return self.radius*self.radius*math.pi
```

该类的名字是 Circle，它的首字母为大写，符合 Python 的约定要求。注意，在整个类定义的外面，有一条导入语句"import math"，表明该类里要用到有关数学计算的标准函数库。缩进的类体里有 4 个函数，第 1 个仍然是名为__init__的初始化程序，它除了特殊参数 self 外，还有一个名为 radius（半径）的默认参数，取默认值为 14。

第 2 个方法名为 d_diameter，只有一个特殊参数 self，功能是返回圆的直径；第 3 个方法名为 c_perimeter，只有一个特殊参数 self，功能是返回圆周长；第 4 个方法名为 r_area，只有一个特殊参数 self，功能是返回圆面积。

比较以上给出的 3 个类的定义，可以得到下面这样的一些对类的认识：

（1）当使用前面那些单一数据类型无法描述出世间的事物时，就应该考虑采用"类"这种数据类型；

（2）类名字的第 1 个字母，应该遵循大写的规则；

（3）类定义中，可以有一个名为__init__的初始化程序（它实际上也是一个方法），在它的里面聚集了抽象出来的属性；

（4）类中的各种方法里，即使是初始化程序，都有一个特殊的参数 self，它总是被放在方法形参表的第 1 个位置处，哪怕方法里没有任何别的参数，这个 self 都是不可或缺的。

综上所述，Python 的类的定义，是把解决问题时需要用到的变量（即属性）和函数（即方法）组合在了定义中。通常，称这种组合为"封装"，前面的那些数据类型，都不可能实现这种把变量和方法封装在一起的效果。

6.1.3　对象：类的实例化

定义了类，就可以进行类的实例化工作了。也就是说，可以从"抽象"转为"具体"，创建出一个个现实世界中的对象来。创建的对象可以通过"对象名.成员"的方式，访问类中所列的<成员变量>和<成员函数>。

来看一下例 6-2 中有关雇员的实例化。例如在类 Employee 定义的基础上，编写程序主体如下：

```
emp1 = Employee('Zara', 2000)        #创建一个名为 emp1 的对象
emp2 = Employee('Manni', 5000)       #创建一个名为 emp2 的对象
emp1.dis_employee()                  #emp1 调用方法 dis_employee()
emp2.dis_employee()                  #emp2 调用方法 dis_employee()
print ('Total Employee %d' % Employee.e_count)  #输出雇员数
```

该程序有 3 部分内容。先是通过类 Employee 创建两个对象，即 emp1 和 emp2，创建过程与调用函数类似，把实参 "Zara', 2000" 和 "'Manni', 5000" 分别传递给类里的形参 name 和 salary。注意，前面一再提及的特殊参数 self 没有出现，没有传递。

其次是创建完对象后，采用句号分隔的办法，用不同的对象名，两次调用类中的方法 dis_employee()，目的是利用该方法输出该雇员的信息。注意，类中方法里的 self 参数仍然没有出现。

第 3 个内容是一条 print 语句，输出雇员数 e_count。

把类定义及程序主体合并在一起，然后保存并投入运行，结果如图 6-1 所示。这就是一个简单的面向对象的程序设计过程：先定义一个类，把有关的属性和方法封装在一起；然后创建对象，完成实例化；最后是程序的执行，获得所需要的结果。

图 6-1

程序编写如下：

```
class Employee():
    e_count = 0

    def __init__(self, name, salary):
        self.name = name
        self.salary = salary
        Employee.e_count += 1

    def dis_employee(self):
        print( 'Name : ', self.name,   ', Salary: ', self.salary)

emp1 = Employee('Zara', 2000)              #创建一个名为 emp1 的对象
emp2 = Employee('Manni', 5000)             #创建一个名为 emp2 的对象
emp1.dis_employee()                        #emp1 调用方法 dis_employee()
emp2.dis_employee()                        #emp2 调用方法 dis_employee()
print ('Total Employee %d' % Employee.e_count)  #输出雇员数
```

再来看例 6-3 里定义的"圆"类，编写程序主体如下：

```
firstA=Circle(17)       #创建一个名为 firstA 的对象
firstB=Circle()         #创建一个名为 firstB 的对象
print('Information on firstA:')
print('Radius of the garden',firstA.radius)
print('Diameter of the garden:',firstA.d_diameter())
print('Garden area:',firstA.r_area())
print('Garden perimeter:',firstA.c_perimeter())
print('\nInformation on firstB:')
print('Radius of the garden',firstB.radius)
print('Diameter of the garden:',firstB.d_diameter())
print('Garden area:',firstB.r_area())
print('Garden perimeter:',firstB.c_perimeter())
```

程序开始处，通过类 Circle 创建了两个对象，一个名为 firstA，一个名为 firsrB。在类 Circle 的初始化程序里，除了特殊参数 self 外，有一个默认参数 radius，创建 firstA 对象时，没有使用这个默认参数，而是把自己的参数值 17 传递了过去；创建 firstB 对象时，使用了默认参数，所以无须传递任何参数给类的初始化程序。这些用法完全与函数相同。

紧接着是分两组输出语句输出两个实例化的圆的半径、圆的直径、圆的面积、圆的周长。把类定义及程序主体合并在一起，然后保存并执行，结果如图 6-2 所示。

图 6-2

程序编写如下：

```
import math

class Circle():
    def __init__(self,radius=14):
        self.radius=radius

    def d_diameter(self):
        return 2*self.radius

    def c_perimeter(self):
        return 2*self.radius*math.pi

    def r_area(self):
        return self.radius*self.radius*math.pi

firstA=Circle(17)
firstB=Circle()
print('Information on firstA:')
print('Radius of the garden',firstA.radius)
print('Diameter of the garden:',firstA.d_diameter())
print('Garden area:',firstA.r_area())
print('Garden perimeter:',firstA.c_perimeter())
print('\nInformation on firstB:')
print('Radius of the garden',firstB.radius)
print('Diameter of the garden:',firstB.d_diameter())
print('Garden area:',firstB.r_area())
print('Garden perimeter:',firstB.c_perimeter())
```

6.2 对类的进一步认识

初步认识了类和对象后，初始化程序__init__及特殊的参数 self 会给人留下很多的遐想：初始化程序与对象的创建有什么关系？self 到底是干什么的？为什么在类的定义里要出现它，而在创建对象（实例化）时却又没有它什么事情？这一节就来回答这样的一些问题。

6.2.1 关于初始化程序：__init__

初始化程序__init__的功能非常清楚：在通过类创建具体对象时，它将接收程序传递过来的实参数据，由它得到所要创建的具体对象拥有的属性值，由它规定接收这些数据的变量名称。这样的过程，完全是 Python 自动完成的，编程者只要提供实参，类就可以接收它，把它变成相对于该具体对象的属性。

下面罗列几个编写初始化程序时需要了解的问题。

1. 初始化程序的正确写法：两条下划线

人们总以为在 Python 里，初始化程序的名字是以下划线开始，以下划线结束的。但这种说法太过笼统。其实，正确的说法应该是：初始化程序的名字，是以两条下划线开始，以两条下划线结束的。如果哪一边只有一条下划线，那么就会输出图 6-3 所示的出错信息，表明创建对象时，实参无法传递给类，导致对象得不到参数。这种错误提示得非常隐晦，让人难以发现到底是在哪里出了问题，其实只是因为丢失了一条小小的下划线"—"。

图6-3

2. 初始化程序，不一定非要排在类定义的最前面

初始化程序的名字是固定的，只能写成"__init__"。因此，只要保证它出现在类定义语句块的里面就行，至于是块中的第 1 个方法（如例 6-1~例 6-3 那样），还是第几个方法，完全无关紧要；甚至如果不需要传递什么参数，在类的定义中不编写初始化程序也没有什么关系。Python 在创建一个新的对象（即实例化）时，总是用这个名字去匹配类中所包含的方法名，找到了这个名字，就执行并仅执行它一次，以完成初始化的工作；如果没有找到它，那就不做初始化工作。所以类中的初始化程序，并不一定非要安排为类定义中的第 1 个方法，只是人们都习惯这种安排、这么去做罢了。

3. 初始化程序中 name 与 self.name 的不同含义

例如在例 6-2 的类定义中，初始化程序如下：

```
def __init__(self, name, salary):
    self.name = name
    self.salary = salary
    Employee.e_count += 1
```

在它的里面除 self 外，还有两个位置参数：name、salary。一进入初始化程序，就执行：

```
self.name = name
self.salary = salary
```

其意思是把接收到的实参（在 name 和 salary 里），赋予变量 self.name 和 self.salary。因此，这两条语句右边的 name 和 salary，是初始化程序接收到的传递过来的实参，而左边的 self.name 与 self.salary 是两个变量，由它们接收并存放这个新建对象的具体属性值。

既然左边的 self.name 与 self.salary 是两个变量名称，因此除了前面的 self 不能变以外，句号分隔的 name 与 salary 完全可以另取名字，例如改名为 self.ad 和 self.bc，这也是完全可以接受的。人们之所以喜欢将它们取名为 self.name 与 self.salary，主要是因为 name、salary 是类的属性名，有它们就知道这个变量里面存放的是什么属性值。

例如，前面给出的类 Dog 里面有以下语句：

```
self.name = name
self.age = age
```

把它改为：

```
self.ad = name
self.bc = age
```

整个类和程序如下所示：

```
class Dog():
    def __init__(self,name,age):
        self.ad = name                          #变量名变了
        self.bc = age                           #变量名变了

    def sit(self):
        print(self.ad.title()+'is now sitting.')    #这里要做相应改动

    def r_over(self):
        print(self.ad.title()+'rolled over!')       #这里要做相应改动

mdog = Dog('willams',6)
print('My dog\'s name is '+str(mdog.ad.title())+'.')   #这里要做相应改动
print('My dog is '+str(mdog.bc)+' year old!')          #这里要做相应改动
```

运行该程序,完全可以得到正确的结果。不过要注意的是,如果把类中接收实参值的变量名改了,那么程序中相应的地方也都要改动,否则就会出错。

6.2.2 关于参数: self

类定义中,把所要描述的事物的抽象属性和行为都封装在了定义里面,以便在创建具体对象时使用。从上面举的例子知道,可以同时创建多个对象。它们都应该有自己的特定属性值,每个对象可以调用自己所需要的方法。很明显,这里最大的问题就是如何能够区分开不同的对象,不要将它们各自具有的属性值和所调用的方法搞错了。

这么重要的任务就是由 self 来完成的。

当创建一个新的对象时,如果有初始化程序,Python 肯定就先去执行__init__,把创建时传递过来的实参,赋值给以"self."开头的变量,从而建立起这个变量与具体对象属性之间的关联。Python 在内部就是通过 self 来区分不同的对象的。也正因为这样,类中的方法即便没有可以传递的参数,也必须要有 self 这个参数,以便区分是哪个对象调用了这个方法。

再说得详细点,就是当 Python 执行到创建对象的语句时,它就先创建一个空对象,里面包含了该类定义时用 def 书写的各个方法,当然也应该包括__init__。然后,Python 就调用这个函数,实现对所创建的新的对象的初始化。这样一来,Python 就在用户看不见的内部,用与该对象关联的 self 来代表这个新创建的对象,成为新对象的替身。

例 6-4 下面是一个用类编写的极为简单的图书查询的例子(为方便讲述,各部分程序分散列在下面):

```
#定义一个字典 catalog
catalog={'aa':3,'bb':0,'cc':5,'dd':2,'ee':4,'ff':1,'gg':8,'hh':3}
#定义类 Book
class Book():
    global catalog
    def __init__(self,name):
        self.name=name
#下面是类中的方法 loop(),供创建的对象调用
    def loop (self,name):
        for key, value in catalog.items():
            if key==name :
                if value!=0:
                    print('There is the book!')
                elif value==0:
                    print('I\'m sorry that the book has been borrowed!')
            else:
                print('It\'s a pity that there is no book!')
                break
#下面是类中的方法 seek(),供创建的对象调用
    def seek (self, pword,name,value):
```

```
        if pword!='12345':
            return print('You don\'t have the right to add a new book!')
        else:
            catalog[name]=value
            print(catalog)
```

整个程序开始，先定义一个字典 catalog，书名 aa、bb、cc 等是字典的键；现存书的数量是字典的值。由于字典 catalog 是在整个程序外定义的，进入类后才使用它，这样可能会引起不必要的误解，所以在类的里面用语句 global catalog 表明类里出现的 catalog 就是外面定义的全局变量 catalog。

整个类 Book 里有 3 个函数。第 1 个是初始化程序__init__，它有两个参数，一个是 self，一个是 name。实例化时，name 将接收传递过来的书名，并将其赋予变量 self.name。

第 2 个方法名为 loop，它有两个参数，一个是 self，一个是 name。name 是希望查找的书名，通过对字典 catalog 的遍历，给出查找的结果。在查找过程中，考虑这样几个问题：找到，且当前有这本书（数量不为 0）；找到，但当前没有这本书可外借（数量为 0）；没有找到这本书，查找失败。不同的情况会输出不同的信息：找到且当前有此书，输出信息"There is the book!"；找到但当前没有这本书，输出信息"I'm sorry that the book has been borrowed!"；没有找到所需要的书，则输出信息"It's a pity that there is no book!"。

第 3 个方法名为 seek，它有 4 个参数，self、pword、name、value。后面 3 个参数，一个是口令（pword）、一个是要添加的书名（name）、一个是数量（value）。只有在调用方法 loop()查找没有结果时，才有可能往字典里添加新书；只有在输入的口令正确时，才能往字典里添加新书。也就是说，不是随便什么人都可以往字典里添加新书的。

程序主体分为两段，一个是创建类 Book 的对象 studentA，在输入书名后，调用类的方法 loop()，以便查找是否有所需的书目；另一个是创建类 Book 的对象 studentB，在输入书名后，调用类的方法 loop()，只有在调用方法 loop()无结果的情况下，才去输入口令、数量，才去调用方法 seek()，才有可能把新书添加到字典中去。

程序编写如下：

```
#下面是程序中创建的对象 studentA
bk=input('Enter the title of the required book:')
studentA=Book(bk)
studentA.loop(bk)

#下面是程序中创建的对象 studentB
bnm=input('Enter book name:')
studentB=Book(bnm)
studentB.loop(bnm)
psw=input('Enter password:')
num=input('Enter nubmer:')
studentB.seek(psw,bnm,num)
```

6.2.3 关于类的属性

1. 给类的属性指定默认值

当实例化一个类，也就是创建该类的一个新对象时，就有可能要执行一次初始化程序__init__，以便为该对象属性赋予初值。要说的是，在初始化程序中，除了通过接收对象传递过来的实参为属性进行初始化外，还可以在其缩进的范围内，为某个属性设置默认值。如果是这样，那么在初始化程序__init__的参数表里，就不再需要出现接收该属性的参数变量。

借助上面的例 6-4，在类 Book 的定义里，给出一个取默认值的属性"self.word='12345'"，并利用它作为口令的初始值。图 6-4 所示是两次运行的情形，一次是口令输入正确，将希望添加的书目（书名：xx，数量：3）添加到字典里；一次是口令输入错误，无法将书目添加到字典里去。这时的程序（缺少创建对象部分）如下：

```
catalog={'aa':3,'bb':0,'cc':5,'dd':2,'ee':4,'ff':1,'gg':8,'hh':3}
class Book():
    global catalog
    def __init__(self,name):
        self.name=name
        self.word='12345' #设置属性 word 默认的初始值，它不出现在参数表里

    def loop (self,name):
        for key, value in catalog.items():
            if key==name :
                if value!=0:
                    print('There is the book')
                elif value==0:
                    print('I\'m sorry that the book has been borrowed!')
            else:
                print('It\'a pity that there is no book!')
                break

    def seek (self, pword,name,value):
        if pword!=self.word:                    #用到属性 word 默认的初始值
            return print('You don\'t have the right to add a new book!')
        else:
            catalog[name]=value
            print(catalog)

bnm=input('Enter book name:')
studentB=Book(bnm)
studentB.loop(bnm)
psw=input('Enter password:')
num=input('Enter nubmer:')
studentB.seek(psw,bnm,num)
```

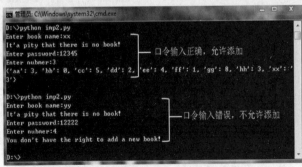

图6-4

2. 对类的默认属性值的修改

每种类都有自己的属性和方法，属性是从类的实例化中抽象出来的特征，由变量来描述；方法是从类的实例化中抽象出来的行为，由函数来描述。因此，修改类的属性值，就是修改描述它的变量的值，这是非常容易做到的事情。

修改默认属性值最直接的办法，是在创建的实例里进行。例如上面原先设置的默认属性值是：

```
self.word='12345'
```

在实例化 studentB 的程序里增加一条语句：

```
studentB.word='67890'
```

于是，现在创建对象 studentB 时的程序就改写为：

```
bnm=input('Enter book name:')
studentB=Book(bnm)
studentB.loop(bnm)
studentB.word='67890'      #对默认属性值的修改
psw=input('Enter password:')
num=input('Enter nubmer:')
studentB.seek(psw,bnm,num)
```

这时再运行程序，只有输入的口令是"67890"，才会允许将输入的书目和数量添加到字典 catalog 里；否则是通不过口令的检查的。

3. 属性的增、删、改

定义一个类并创建了它的对象后，可以对定义的类进行添加新属性、修改原有属性、删除已有属性的操作。下面的程序中，定义了一个名为 Car 的类，它有一个形参 col，有两个默认参数：price=100000 和 name="QQ"。

```
#定义的类 Car:
class Car:
    def __init__(self,col):
        self.color=col
        self.price=100000
        self.name='QQ'
#程序主体:
car1=Car('Red')
print(car1.name,car1.color,car1.price)
car1.price=110000
car1.color='Yellow'
car1.time='2016/08'
print(car1.name,car1.color,car1.price,car1.time)
del car1.color
print(car1.name,car1.color,car1.price,car1.time)
print('End')
```

程序主体里，创建了一个名为 car1 的对象，随之通过以下语句输出信息"QQ Red 100000"：

```
print(car1.name,car1.color,car1.price)
```

接着有以下语句：

```
car1.price=110000
car1.color='Yellow'
car1.time='2016/08'
```

前两条是修改已有属性 price 和 color，后一条语句是增加新属性 time（出厂时间）。这样的操作，使得程序主体中的第 2 条输出语句输出了这辆 QQ 的新信息。最后，通过以下语句删除对象 car1 的属性 color：

```
del car1.color
```

第 3 条输出语句的执行，就会产生出错信息：

```
AttributeError: 'Car' object has no attribute 'color'
```

该信息表示试图删除对象没有的属性，操作失败。图6-5记录了程序的整个执行过程。

4. 属性的保护

如上所述，在程序主体中可以对对象的属性进行增、删、改等操作。这种做法看似很方便，用起来也得心应手，但却违反了类的封装原则：数据使用的安全性。对象能够在类定义的外部随便访问其数据属性，就有可能修改它们，影响到类中提供的各种方法的正

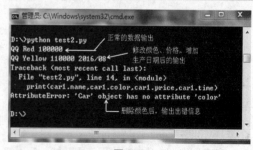

图6-5

确运行，因为在类定义里给出的方法里面可能会用到属性变量。

类定义中的属性变量没有了私密性，就可能会带来各种想象不到的麻烦。考虑到这些问题，Python 对类的属性提供了一种自我保护的简单办法。具体做法如下。

（1）在需要具有私密性的属性变量名前，加上双下划线。

（2）在类定义里增加供程序设计人员访问属性变量的接口。

仍以上面所定义的类 Car 来加以说明。

程序编写如下：

```
class Car:
    def __init__(self,col):
        self.__color=col
        self.price=100000
        self.name='QQ'
    def pri(self):
        print(self.__color)

car1=Car('Red')
print(car1.name,car1.price)
car1.pri()
print('End')
```

假定要保护属性 col 的使用，不允许在程序主体内随意地访问它，那么可以在类定义中，在接收 col 的形参名前增加双下划线，即：

```
self.__color
```

另一方面，在类定义中写一个输出汽车颜色的方法：

```
def pri(self):
    print(self.__color)
```

该方法用以在程序主体内输出汽车的颜色。

先看一下在形参名前加上双下划线后的作用。这时整个程序是这样的：

```
class Car:
    def __init__(self,col):
        self.__color=col
        self.price=100000
        self.name='QQ'

car1=Car('Red')
print(car1.name,car1.price,car1.color)
print('End')
```

运行该程序，结果如图 6-6 所示，给出出错信息：

```
AttributeError:   'Car' object has no attribute 'color'
```

之所以会这样，是因为类定义里，在属性 color 变量名前加上了双下划线，Python 对该变量进行了保护，不允许在类外通过"car1.color"直接访问该属性。

为了能够在类定义外访问属性 color，可以在类定义里给出访问该变量的函数，例如 pri()，然后在程序主体里，把语句"print(car1.name,car1.price,car1.color)"改写成语句"print(car1.name,car1.price)"，增加语句"car1.pri()"。这样再运行，程序就正确了，如图 6-7 所示。

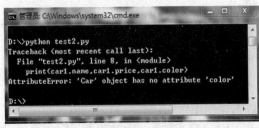

图 6-6

图 6-7

程序编写如下：

```
class Car:
    def __init__(self,col):
        self.__color=col
        self.price=100000
        self.name='QQ'
    def pri(self):      #增加的新函数
        print(self.__color)

car1=Car('Red')
print(car1.name,car1.price)              #去除直接访问属性 color 的内容
car1.pri()         #增加调用类函数 pri()的语句
print('End')
```

6.3 类的继承

"继承"，即承上启下。一个类，就是把它所要描述事物的特征（即属性）和行为（即方法）包装（也就是封装）在了一起。不过，有时事物还可以细化。例如，为"人"定义一个类，它又可以细化出"黄种人""白种人""黑种人"等。不难看出，由于后面定义的各种类都起源于"人"这个类，因此后面定义的类理所当然地应该继承"人"这个类里的公共属性和方法，这就是所谓"类的继承"，类的继承也是一层一层进行的。

从另一个角度讲，当设计一个新类时，如果能够在一个已有类的基础上进行二次开发，这无疑会大大减少开发的工作量。这也是 "继承"的一种作用。

在继承关系中，已有的、设计好的类被称为"父类"或"基类"，新设计的类被称为"子类"或"派生类"。

6.3.1 Python 里类的继承

只要遵守 Python 里"继承"的规则，在程序设计中完成继承是不困难的。例如，简单定义了一个名为 People 的类，代码如下：

```
class People():
    def __init__(self,name,nationality):
        self.name=name
        self.nationality=nationality

    def talk(self):
        print('Communicate in language')

    def walk(self):
        print('Walk upright with your legs!')
```

该类名为 People，它有 3 个属性：self、name、nationality（国籍）。类中定义了两个方法，一是 talk，调用它时输出信息 "Communicate in language"（用语言交流）；二是 walk，调用它时输出信息 "Walk upright with your legs"（两腿直立行走）。

由它派生出来的类，都应该有这样的属性和方法，也就是说都会继承这些属性和方法。下面定义一个名为 Ch_people（中国人）的类：

```
class Ch_people(People): #定义一个子类，名为 Ch_people
    pass                    #表示该类不做什么事情
```

在该类名字后面的括号里，填写了一个参数"People"，表明它是从类 People 派生出来的，要继承它的"衣钵"，也就是继承它的所有属性和方法。

该类的类体里只有一条语句"pass"，表示虽然定义了这个新类，但它什么事情也不做，它没有自

己新的属性，也没有自己新的方法，纯粹就是一个"空"的类。

定义了类 People 和类 Ch_people 后，编写如下程序：

```
peopA=People('Zong da hua','china')     #创建类 People 的一个对象 peopA
print(peopA.name,peopA.nationality)
peopA.talk()
peopA.walk()

peopB=Ch_people('Zong da hua','china')  #创建类 Ch_people 的另一个对象 peopB
print(peopB.name,peopB.nationality)
peopB.talk()
peopB.walk()
```

执行整个程序，结果如图 6-8 所示。上半部分是类 People 的对象 peopA 调用方法的结果；下半部分是类 Ch_people 的对象 peopB 调用方法的结果。由于类 Ch_people 是由类 People 派生出来的，它继承了类 People 的一切，自己又不多做任何事情，所以这两个对象的运行结果是完全一样的。

为了便于描述，常会使用如下的名称。

图 6-8

● 基类：也称"父类"，表示这种类是可以被别的类继承的。

● 派生类：也称"子类"，表示这种类是一个继承别的类的类。

例如，上面定义的类 People，相对于类 Ch_people 来说，就是一个基类，即父类；而定义的类 Ch_people，则是一个从类 People 派生出来的类，因此是一个子类。

总结一下，在 Python 里，要从一个类里派生出另一个类，也就是一个类要继承另外一个类，只需将父类的名字放入该类定义的括号里即可。由于在子类的定义里只有一条 pass 语句，所以它将会从它的父类那里继承所有的特征和行为。

6.3.2　在子类中改写父类的方法

原封不动地继承是少见的，子类总会有自己的特殊之处，子类可以给出自己特有的属性或方法。例如，在继承机制下，允许子类改写父类中已经出现过的方法。通常，这种改写被称为"覆盖"。

仍以类 Ch_people 这个由类 People 派生出来的类为例。类 Ch_people 当然是用语言来交流思想的，但类 Ch_people 是用特定的、自己民族的语言来交流思想的。因此，在定义类 Ch_people 时，可以将原先类 People 中的方法加以改写（也就是"覆盖"）。原为：

```
def talk(self):
    print('Communicate in language')
```

例如改写为：

```
def talk(self):
    print('Exchange ideas in Chinese!')
```

这样，类 Ch_people 的定义就可以是：

```
class Ch_people(People):
    def talk(self):
        print('Exchange ideas in Chinese!')
```

即先取消类 Ch_people 定义中的 pass 语句，再改写方法 talk()。

现在，整个程序变为：

```
class People():
    def __init__(self,name,nationality):
        self.name=name
        self.nationality=nationality
```

```
        def talk(self):
            print('Communicate in language')

        def walk(self):
            print('Walk on two legs')

class Ch_people(People):
    def talk(self):              #改写父类中的同名方法 talk()
        print('Exchange ideas in Chinese!')

peopA=People('Zong da hua','china')
print(peopA.name,peopA.nationality)
peopA.talk()
peopA.walk()

peopB=Ch_people('Zong da hua','china')
print(peopB.name,peopB.nationality)
peopB.talk()
peopB.walk()
```

运行该程序，结果就与图 6-8 有所不同了，如图 6-9 所示。

这时在子类中，利用改写的初始化程序，就可以使子类增添自己特有的属性。例如，原先类 People 只有 name 和 nationality 两个属性，考虑到中国是一个多民族国家，希望在类 Ch_people 里，增加一个名为 nation 的属性。为此，可以在类 Ch_people 里，改写类 People 里的初始化程序，代码如下：

```
class Ch_people(People):
    def __init__(self,name,nationality,nation):
        self.name=name
        self.nationality=nationality
        self.nation=nation
```

这样，当创建类 Ch_people 的对象时，Python 就去执行该类如上的初始化程序，从创建处传递所需的实参给变量 self.name、self.nationality、self.nation，完成初始化的工作，以保证整个程序正常运行。下面是整个程序的内容：

```
class People():
    def __init__(self,name,nationality):
        self.name=name
        self.nationality=nationality

        def talk(self):
            print('Communicate in language')

        def walk(self):
            print('Walk on two legs')

class Ch_people(People):
    def __init__(self,name,nationality,nation):
        self.name=name
        self.nationality=nationality
        self.nation=nation

        def talk(self):
            print('Exchange ideas with national language!')

peopA=People('Zong da hua','china')
print(peopA.name,peopA.nationality)
peopA.talk()
peopA.walk()

peopB=Ch_people('Zong da hua','china','Chinese')
```

```
print(peopB.name,peopB.nationality,peopB.nation)
peopB.talk()
peopB.walk()
```

运行该程序，结果就与图 6-9 又不一样了，如图 6-10 所示。

图 6-9

图 6-10

6.3.3　内置函数 super()

通过 pass，子类可以原封不动地继承父类的一切；通过覆盖，子类可以改写父类里已有的方法，以便按照自己的意图办事情。但实际应用中，肯定还会有这样的情形发生：子类改写了父类的某个方法，后面却还要用到已被改写的原先父类的那个方法。Python 的内置函数 super() 就可以解决这个问题，它建立起了子类与父类之间的联系，准确无误地在子类里找到父类，并实现对所需方法的调用。也就是说，如果需要在子类中调用父类的方法，那么可以使用内置函数 super()，或者通过"父类名.方法名()"的方式，来达到这一目的。

例 6-5　一个全部继承的例子：

```
class Parent():
    def speak(self):
        print('The voice of the father\'s voice!')

class Child(Parent):
    pass

dad=Parent()
son=Child()

dad.speak()
son.speak()
```

例子中先定义了一个名为 Parent 的类，它有一个方法 speak()，功能是输出信息"The voice of the father's voice!"（父亲的说话声音）。接着定义一个名为 Child 的类，它无条件地继承了类 Parent，因为它定义的括号里，有一个参数"Parent"，且类体里只有一条 pass 语句。

程序里共有 4 条语句，第 1 条是 dad=Parent()，它创建了一个名为 dad 的 Parent 对象；第 2 条语句是 son=Child()，它创建了一个名为 son 的 Child 对象；第 3 条语句是对象 dad 调用方法 speak()，第 4 条语句是对象 son 调用方法 speak()。

由于子类 Child 全盘地继承了父类，所以这两个对象调用方法 speak() 的结果，都是输出信息"The voice of the father's voice!"。

如图 6-11 最上面所示。

图 6-11

143

例 6-6 一个覆盖父类方法的例子。

把例 6-5 稍加修改，代码如下：

```
class Parent():
    def speak(self):
        print('The voice of the father\'s voice!')

class Child(Parent):
    def speak(self):
        print('The voice of the son\'s voice!')

dad=Parent()
son=Child()

dad.speak()
son.speak()
```

其他地方都没有动，只是子类虽然仍继承父类,但并没有全盘继承，而是修改了父类的方法 speak()，即如果子类的对象再调用方法 speak()，不是输出信息 "The voice of the father's voice!"，而是输出信息 "The voice of the son's voice!"。

程序的运行结果如图 6-11 中间所示：父类的方法 speak()被子类改写的方法 speak()覆盖了。

例 6-7 利用内置函数 super()的例子。

把例 6-6 稍加修改，代码如下：

```
class Parent():
    def speak (self):
        print('The voice of the father\'s voice!')

class Child(Parent):
    def speak(self):
        print('The voice of the son\'s voice!')
        super(Child,self).speak()

dad=Parent()
son=Child()

dad.speak()
son.speak()
```

其他地方都没有动，只是子类虽然仍继承了父类，并改写了父类的方法 speak()，但它的改写又与例 6-6 不同，即增加了一条内置函数 super()调用方法 speak()的语句 "super(Child,self).speak()"。

通常，内置函数 super()有两个参数，第 2 个是 self，表示自己；第 1 个则是一个类名，表示内置函数要调用的方法是这个类的父类的那个方法。例如在上述程序中，内置函数的第 1 个参数是 Child，因此表明它要调用的那个方法 speak()，是父类 Child 里的那个方法 speak()，而不是自己覆盖的那个方法 speak()。

按照这样对内置函数 super()的理解，我们来看程序中最后两条语句的执行结果。dad 是类 Parent 的实例化，son 是类 Child 的实例化。于是，执行语句 dad.speak()，就是输出以下信息：

```
The voice of the father's voice!
```

执行语句 son.speak()，就是要执行以下语句：

```
print('The voice of the son\'s voice!')
super(Child,self).speak()
```

第 1 句容易理解，即输出信息：

```
The voice of the son's voice!
```

第 2 句的意思是要去调用类 Child 的父类的方法 speak()。于是就去执行类 Parent 的方法 speak()，即输出信息：

```
The voice of the father's voice!
```

于是，该例的执行结果如图 6-11 最后面所示，即输出结果：

```
The voice of the father's voice!
The voice of the son's voice!
The voice of the father's voice!
```

在 Python 中继承有以下几个特点。

（1）在继承中，父类的初始化程序__init__不会被自动调用，Python 会先在其派生类的初始化程序中去寻找并调用，只有当子类中没有初始化程序时，才以父类的初始化程序作为自己的初始化程序。

（2）在子类对象里调用父类的方法时，需要以父类的类名作为前缀，并用 "." 分隔，还需要带上 self 参数变量。但在一般的类中调用方法时，并不需要带上 self 参数。

（3）Python 总是首先查找对应类的方法，如果它不能在派生类中找到对应的方法，它才开始到父类中去逐个查找。即先在子类中查找调用的方法，找不到才去父类中查找。

图 6-12

例 6-8 阅读并对照运行结果，更进一步地理解内置函数 super()。

下面是编写的整个程序，其运行结果如图 6-12 所示：

```python
class Parent():
    def __init__ (self):              #父类的初始化程序
        self.parent='I\'m the parent.'
        print('Parent')

    def fun (self,message):          #父类的方法 fun()
        print('%s from parent'%message)

class Child(Parent):                  #子类的初始化程序
    def __init__(self):
        super(Child,self).__init__()
        print('Child')

    def fun(self,message):            #子类的方法 fun()
        super(Child,self).fun(message)
        print('Child fun fuction')
        print(self.parent)
#程序主体
f_Child=Child()
f_Child.fun('Hello Python!')
```

整个程序分为 3 个部分。第 1 部分定义了名为 Parent 的类，它有一个初始化程序、一个名为 fun 的方法。第 2 部分定义了一个名为 Child 的类，类 Parent 是它的父类，它有自己的初始化程序，也有一个名为 fun 的方法，也就是说，这个方法覆盖了它父类中同名的方法。第 3 部分是程序主体，它仅由两条语句组成：

```python
f_Child=Child()
f_Child.fun('Hello Python!')
```

第 1 条语句是对类 Child 的实例化，对象变量是 f_Child；第 2 条语句是该对象以 "Hello Python!" 为参数，调用方法 fun()。

执行这样的两条简单语句，得到的输出信息居然会如图 6-12 所示。为什么会是这样呢？

● 分析执行语句 "f_Child=Child()" 的情形。

这是创建类 Child 的一个对象，对象的名字是 f_Child。类 Child 继承了类 Parent，且有自己的初始化程序（也就是它改写了父类的初始化程序），因此创建类 Child 的对象时，不会去执行父类的初始化程序，而是去执行自己的初始化程序：

```python
def __init__(self):
    super(Child,self).__init__()
    print('Child')
```

（1）子类初始化程序的第1条语句：super(Child,self).__init__()。

其含义是通过内置函数 super()调用名为__init__()的初始化程序。父类有初始化程序，子类也有初始化程序，这里是调用哪一个初始化程序呢？这将由内置函数 super()里给出的第1个参数"Child"来指明，即调用类 Child 的父类的初始化程序。于是，Python 转而去执行父类 Parent 的初始化程序：

```
def __init__(self):
    self.parent='I\'m the parent.'
    print('Parent')
```

父类的初始化程序的第1条语句是为变量 self.parent 赋初值"I'm the parent"。第2条语句输出信息"Parent"。于是，在图 6-12 中输出的第1条信息是"Parent"。

（2）子类初始化程序的第2条语句：print('Child')。

含义是输出信息"Child"。于是，在图 6-12 里接着输出了"Child"。

至此，语句 f_Child=Child()就分析并执行完了。

- 分析执行语句"f_Child.fun('Hello Python!')"的情形。

该语句的意思是由对象 f_Child 调用（自己的）方法 fun()，传递的参数是"Hello Python!"。对象 f_Child 的方法 fun()是：

```
def fun(self,message):
    super(Child,self).fun(message)
    print('Child fun fuction')
    print(self.parent)
```

共有3条语句，现在分析如下。

（1）子类 fun()方法的第1条语句：super(Child,self).fun(message)。

该语句是一条内置函数 super()，它要通过传递参数 message 去调用名为 fun 的方法。同样地，父类有名为 fun 的方法，子类也有名为 fun 的方法。到底应该调用哪一个将由内置函数 super()括号内的第1个参数来定。很清楚，是要调用父类 Parent 的方法 fun()。

于是，转而去看父类 Parent 的方法 fun()：

```
def fun(self,message):
    print('%s from parent'%message)
```

它的功能就是把 message 传递的信息输出来。现在 message 携带的信息是"Hello Python!"，因此在窗口里紧接着会输出信息：

Hello Python! From parent（见图 6-12 输出的第3行信息）

（2）子类方法 fun()的第2条语句：print('Child fun fuction')。

这条语句功能简单，就是输出信息：

Child fun fuction

（3）子类 fun()方法的第3条语句：print(self.parent)。

这条语句的功能是输出变量 self.parent 的取值。这个值在分析执行语句 f_Child=Child()时已经有了交代，将输出信息：

I'm the parent.

这样，整个程序体里的两条语句都分析完了，它的执行结果如图 6-12 所示，即：

Parent
Child
Hello Python! From parent
Child fun fuction
I'm the parent.

通过上面对"继承"的讲述，可以总结如下，当类和类之间发生"继承"关系时，父类和子类就可能会出现下面的3种交互方式：

- 子类上的动作完全等同于父类上的动作；
- 子类上的动作完全覆盖了父类上的动作；
- 子类上的动作部分替代了父类上的动作。

6.3.4　多重继承

如果子类需要同时继承多个父类，那么就是所谓的"多重继承"。这在 Python 里实现起来并不困难，只需将父类的名称全部括在子类定义的括号里即可。即：

`<子类名>(<父类名 1>,<父类名 2>,…)`

下面就给出一个多重继承的例子。其运行结果如图 6-13 所示。

图 6-13

程序编程如下：

```
class Fish():   #定义了一个父类 Fish
    def __init__(self,name):
        self.name=name

    def fish(self):
        print('My name is ' +self.name)

    def feature(self):
        print('My characteristics are:')                              #我的特征是
        print('   --Dark above and shallow below the color.')         "'我的颜色是上身深下身浅"'
        print('   --The size is big in the middle and small at both ends.')   #中间大，两头小
        print('   --It has scales and fins.')                         #有鳞片和鳍

class Goldfish():                                                      #定义了一个父类"金鱼"
    def __init__(self,chr):
        self.chr=chr

    def gfish(self):
        print(self.chr)
        print('My characteristics and habits are:')                   #我的特点和习性
        print('   --Beautiful posture and colour!')                   #体态优美，颜色漂亮
        print('   --I am a warm blooded animal.')                     #我是变温动物

class Goose_head(Fish,Goldfish):                                      #定义了一个子类"鹅头金鱼"
    def __init__(self, chr):
        self.chr=chr

    def gh(self):
        print(self.chr)
        print('My characteristic is:')                                #我的特点
        print('   --My sarcoma grew on the top of my head!')          "'我的肉瘤生长在头顶"'

#程序主体
```

```
ghf=Fish("\"fish!\"")    #创建类 Fish 的一个对象 ghf
ghf.fish()
ghf.feature()
ghf1=Goldfish('I am a goldfish!')        #创建类 Goldfish 的一个对象 ghf1
ghf1.gfish()
ghf2=Goose_head('I am a goose-head goldfish!')  #gfh2 是一条鹅头金鱼
ghf2.gh()
```

鹅头金鱼是一种非常名贵的金鱼，它腹圆尾小，全身银白，头顶有鲜红的肉瘤。它是鱼，也是金鱼。也就是说，"鱼"和"金鱼"都是它的父类。于是，程序中我们定义了类 Fish 和类 Goldfish。鹅头金鱼则被定义为一个子类，它把类 Fish 和类 Goldfish 都作为自己的父类继承下来：

```
class Goose_head(Fish,Goldfish)
```

这样，鹅头金鱼既可以调用类 Fish 的方法，也可以调用类 Goldfish 的方法。这就是多重继承的优点所在。

6.4 Python 中类的导入

在讲述"函数"时，曾见到过"导入"这个概念。在那里，我们是这样介绍导入（import）的：

随着开发工作的深入进行，定义的函数可能会越来越多，程序可能会越写越长、越复杂。这时，人们希望有一种可以把它们组织归并、打包梳理的办法，以形成若干个不同的文件，便于管理和人们共同使用，这就是所谓的"模块"。

模块就是一个个独立包装好的文件，模块内可以包括可执行的语句和定义好的函数。当程序中打算用到整个模块中的内容，或用到它们中的一部分内容时，应先将所需模块"import"（导入）程序中，这样当前运行的程序才能够使用模块中的有关代码。

把这两段话里的"函数"改成"类"，就成了类的导入的理由。

6.4.1 类的导入

要让一个类成为可导入的，首先必须创建所谓的"导入模块"。例如，编写如下的类和程序段：

```
#下面是类 Mammal（哺乳动物）的定义
class Mammal():
    def __init__(self,name,age):
        self.name = name
        self.age = age

    def features(self):        #输出哺乳动物的特征
        print('The name of the mammal is:'+self.name.title())
        print('The '+self.name.title()+' is '+str(self.age)+' years old')
        print('The '+self.name.title()+' has a head,body and limbs')

    def lactation(self):        #输出"哺乳期：为婴儿喂养自己的乳汁"
        print('Feed the baby\'s own milk for the young !')

    def viviparous(self):        #输出"胎生：怀孕几个月后，生下自己的孩子"
        print('Give birth to a child after a few months of pregnancy!')

#下面是编写的程序体
whale=Mammal('whale',6)
whale.features()
whale.viviparous()
whale.lactation()
roo=Mammal('kangaroo',3)
roo.features()
roo.viviparous()
roo.lactation()
```

为了使其中的类成为可导入的，具体做法如下。

（1）类 Mammal 的定义：

```
class Mammal():
    def __init__(self,name,age):
        self.name = name
        self.age = age

    def features(self):
        print('The name of the mammal is:'+self.name.title())
        print('The '+self.name.title()+' is '+str(self.age)+' years old')
        print('The '+self.name.title()+' has a head,body and limbs')

    def lactation(self):
        print('Feed the baby\'s own milk for the young !')

    def viviparous(self):
        print('After a few months of birth to give birth to your own child!')
```

然后取名为 mammal 并把它存储在 D 盘。

（2）将程序主体进行修改：

```
    from mammal import Mammal          #程序体开头增加导入语句
whale =Mammal(' whale ',6)
whale.features()
whale.viviparous()
whale.lactation()
roo=Mammal('kangaroo',3)
roo.features()
roo.viviparous()
roo.lactation()
```

这里，最主要的是增加了导入语句"from mammal import Mammal"。然后将该程序段取名为 user1 并存储在 D 盘。

（3）在 Python 的"程序执行"模式下，执行 user1.py。

经过这样的 3 步，就创建了一个名为 mammal 的导入模块。

把类从程序主体中剥离出来后，编程者就可把程序设计的重心放在整个程序的高层逻辑上，还可以使很多程序员共享这些可导入的类。图 6-14 所示是运行程序 user1.py 的一次结果。

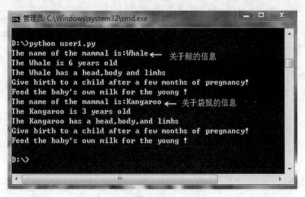

图 6-14

鲸（whale）和袋鼠（kangaroo）都是哺乳类动物，因此可以利用类 Mammal 来创建鲸对象"whale = Mammal(' whale ',6)"，以及创建袋鼠对象"roo=Mammal('kangaroo',3)"，并输出相应的信息，如图 6-14 所示。

但是，一看就知道这些信息有些失真，例如，鲸的四肢已经退化为鳍和尾，雌性袋鼠有育儿袋等。

为此，光有类 Mammal 是不够的，要在继承类 Mammal 的基础上定义子类，以便更详细地反映出鲸和袋鼠的特征。

6.4.2 导入多个类

在继承类 Mammal 的基础上，再定义两个类：类 Whale 和类 Kangaroo。如下所示：

```
class Kangaroo(Mammal):              #定义类 Kangaroo
    def pouch(self):
        print('The female kangaroo nurtures the kangaroo in the pouch!')


class Whale(Mammal):                 #定义类 Whale
    def features(self):
        print('The name of the mammal is:'+self.name.title())
        print('The '+self.name.title()+' is '+str(self.age)+' years old')
        print('Whale\'s temperature is constant.')
    print(' The whale is breathing in the lungs, so it's always going to come out of the water!')
        print(' Whale\'s limbs degenerate and become fins and tails.')
```

定义类 Kangaroo，是在继承父类的基础上，增加一个方法 pouch()，调用它时输出信息"雌袋鼠在育儿袋里哺育小袋鼠"，即：

```
The female kangaroo nurtures the kangaroo in the pouch
```

定义类 Whale，是在继承父类的基础上，改写原先的方法 features()，除了保留前两条信息外，还输出另外 3 条信息：

```
Whale's temperature is constant.（鲸的体温是恒定不变的）
The whale is breathing in the lungs, so it's always going to come out of the water!（鲸用肺呼吸，所以要经常浮出水面）
Whale's limbs degenerate and become fins and tails.（鲸的四肢退化成鳍和尾巴）
```

把定义好的两个子类，复制到储存父类 Mammal 的文件里，即：

```
class Mammal():          # 哺乳动物类的定义
    def __init__(self,name,age):
        self.name = name
        self.age = age

    def features(self):
        print('The name of the mammal is:'+self.name.title())
        print('The '+self.name.title()+' is '+str(self.age)+' years old')
        print('The '+self.name.title()+' has a head,body and limbs')

    def lactation(self):
        print('Feed the baby\'s own milk for the young !')

    def viviparous(self):
        print('After a few months of birth to give birth to your own child!')

class Kangaroo(Mammal):                    #定义类 Kangaroo（有继承）
    def pouch(self):
        print('The female kangaroo nurtures the kangaroo in the pouch!')

class Whale(Mammal):                        #定义类 Whale（有继承）
    def features(self):
        print('The name of the mammal is:'+self.name.title())
        print('The '+self.name.title()+' is '+str(self.age)+' years old')
        print('Whale\'s temperature is constant.')
    print(' The whale is breathing in the lungs, so it's always going to come out of the water!')
        print(' Whale\'s limbs degenerate and become fins and tails.')
```

然后仍以原名 mammal 存储在 D 盘。

将程序主体修改成：

```
from mammal import Mammal, Whale, Kangaroo

whale=Whale('whale',6)
whale.features()
print('---------------- ----------------- ------------------')
roo=Kangaroo('kangaroo',3)
roo.features()
roo.viviparous()
roo.lactation()
roo.pouch()
```

这时，运行程序，其结果如图 6-15 所示。结果分成了两个部分，用虚线分隔开来，上面部分是由以下代码输出的鲸信息：

```
whale=Whale('whale',6)
whale.features()
```

下面部分是由以下代码输出的袋鼠信息：

```
roo=Kangaroo('kangaroo',3)
roo.features()
roo.viviparous()
roo.lactation()
roo.pouch()
```

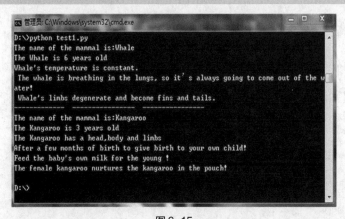

图 6-15

例 6-9 用类来模拟一个钓鱼过程。

并不是所有的人都钓过鱼，但都大致知道钓鱼的过程。整个程序分成 3 个部分：头是"导入"；尾是一个 while 的"循环调用"；中间则是定义的两个类，分别是 Boom 和 Fish。整个程序两头很小，中间很大，如下所示：

```
import random,time

class Boom():
    def __init__(self):
        self.name='这是一个炸弹，需要尽快解码！'
    def jiesuo(self):
        boom_key=random.randint(1,10)
        boom_stat=1
        looptime=1
        while looptime<=3:
            inkey=input('炸弹要爆炸了,赶快在下面输入密码！你有%d 次机会:\n'%(4-looptime))
            if int(inkey)==boom_key:
                boom_stat=0
                break
            if int(inkey)>boom_key:
                print('密码好像大了！')
```

```
            if int(inkey)<boom_key:
                print('密码好像小了！')
            looptime=looptime+1
        if boom_stat==0:
            print('恭喜你，解除了炸弹！')
        else:
            print('完蛋了，炸弹爆炸，游戏结束了！')
        time.sleep(2)
        print('重新回到菜单，进入下一次钓鱼！\n')

class Fish():
    def __init__(self):
        name=('鲫鱼','草鱼','鲤鱼','鲈鱼','黄鳝')
        seed=random.randint(0,4)
        self.name=name[seed]

    def diao(self):
        print('哈哈！你钓到了一条'+self.name+'!\n')
        time.sleep(2)
        print('进入菜单，开始下一次钓鱼！\n')

    def gofish():
        seed=random.randint(1,100)
        print('扔鱼竿！等待鱼上钩！')
        print('…')
        time.sleep(0.5)
        print('……')
        time.sleep(1)
        print('………')
        time.sleep(2)
        print('你发现浮漂一阵晃动，赶紧收竿看：')
        if seed<=10:
            print('\n 天啊！居然是一枚炸弹!')
            bo=Boom()
            bo.jiesuo()
        if seed>10 and seed<=60:
            yu=Fish()
            yu.diao()
        if seed>60:
            sblb=['居然什么都没有，看来是跑掉了！真倒霉！',
                  '居然是一个苹果核，这些人乱扔垃圾！',
                  '你钓上来的是一只烂拖鞋！',
                  '居然是鱼骨头，可能被大鱼吃掉了吧？']
            print(sblb[random.randint(0,3)]+'\n')
            time.sleep(2)
            print('进入菜单，开始下一次钓鱼！')

while True:
    #print('\n')
    print('游戏菜单:')
    print('1—钓鱼    0—退出')
    menu=input('请在下面输入数字 0 或 1，选择菜单项:\n')
    if menu=='1':
        Fish.gofish()
    if menu=='0':
        print('游戏结束!下次再见！')
        break
```

（1）整个程序的结构是这样的：尾部是一个 while 主循环，它由自制的菜单 menu 组成，共两个选项。如果选择菜单项"0"(menu='0')，则模拟结束；如果选择菜单项"1"(menu='1')，则通过调用类

Fish 里定义的函数 gofish()，达到模拟钓鱼的目的。

（2）在函数 gofish()里，通过"seed=random.randint(1,100)"产生的随机数，分 3 档来处理钓鱼情况。一是如果 seed<=10 时，表示钓到的是一个废弃炸弹，这将由类 Boom 专门处置；二是如果 seed>10 且<=60，表示钓到了一条鱼，于是调用函数 diao()，得出钓到的是一条什么鱼；三是 seed>60，表示钓到的是乱七八糟的东西，这些东西由 sblb[random.randint (0,3)]随机给出，例如，"你钓上来的是一只烂拖鞋！"。

（3）当钓到的是一枚废弃的炸弹时，要转到类 Boom 处理。在类 Boom 里，把"random.randint(1,10)"产生的随机数（拆弹密码）存放在变量 boom_key 里，用它与输入的 3 次数据（在变量 inkey 里）进行比较。如果在 3 次输入中有一次与 boom_key 相符，那么危险就过去了；否则炸弹爆炸，游戏就结束了，从而停止钓鱼。

图 6-16 所示是该程序某次运行的结果。

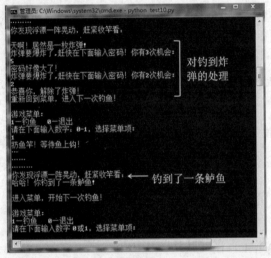

图 6-16

在程序设计中起到重要作用的因素：一个是组织数据的数据结构，一个是组织程序的程序结构。前面介绍的数值、字符串、元组、列表、字典等，都是编程中如何去组织数据的"数据结构"（当然，并不仅仅是这些）；而函数及类，则是编程中如何去组织程序的"程序结构"。

最早人们编写程序时，采用的是"面向过程"方式，即把要解决的事情编写成一个一个函数，它们之间通过参数的传递相互调用，最后完成任务。进入 20 世纪 80 年代，"面向对象"的程序设计思想成为编程时的一种主导，类和对象成为这种程序设计中的两个关键内容：以"类"来构造（抽象）现实世界中的各种事物情景，然后再基于类去创建"对象"，从而达到进一步深化认识、理解、刻画真实世界的最终目的。这种程序设计的思想，与人们对大千世界的认识非常吻合：通过最上层的抽象封装，一层层地继承下去，一层层地具体化，最后解决人们的实际问题。

Python 是一种非常好的面向对象的程序设计语言，它已被广泛地应用于程序设计、数据库、人机接口、人工智能、实时控制系统、游戏软件开发等众多领域，是一种非常有发展前途的计算机语言。

思考与练习六

第7章
图形用户界面（GUI）

在各种计算机应用中，人们对于图形用户界面（GUI）是再熟悉不过了：用户面对的是窗口，窗口上有按钮、菜单条、文本框等。使用这样的界面，人们不再感到枯燥和乏味。Python 向编程者提供了极为丰富的 GUI 开发模块集，借助它们，编程者可以设计出自己的图形用户界面，以应对各式各样复杂的实际应用环境。

本章所介绍的 GUI 是 Python 默认的 tkinter 模块。读者可以通过 Python 的交互窗口，来验证计算机平台上是否已经安装了该模块。如果：

```
>>>import  tkinter          #导入 tkinter 模块
>>>
```

这表明机器里已经安装了 tkinter 模块，用户可以放心地去使用 Python 所提供的 GUI。但如果窗口上输出了如下的信息：

```
ImportError: No module named 'tkinter'
```

那么表明该模块导入失败，用户无法使用它所提供的 GUI。于是需要重新安装 Python，正确勾选所有的选项，以便将其安装到使用的系统中去。

7.1 GUI 的顶层窗口

7.1.1 初识 Python 的 GUI

把下面的程序输入 Sublime Text 里，保存后加以运行。会发现程序的运行结果是弹出了一个图 7-1（a）所示的小窗口。

程序编写如下：

```
import tkinter

top=tkinter.Tk()
label=tkinter.Label(top,text='Hello Python!', relief='ridge')
label.pack()
top.mainloop()
```

这样的一个程序到底都做了什么事情呢？下面逐条对其进行解释。

第 1 条语句"import tkinter"是一条熟悉的导入语句，即将 tkinter 模块（也称"软件包"）导入。要注意，导入模块的第 1 个字母是小写的"t"，而不是大写的"T"。

第 2 条语句是"top=tkinter.Tk()"，这里的"Tk()"是 tkinter 模块中的一个非常重要的类，通过 tkinter 调用类 Tk 后，就创建了一个名为 top 的、设计图形用户界面的基础——"顶层窗口"对象。在这个顶层窗口对象 top 里，可以添加组成 GUI 的各种控件（也称"组件"，实际上它也是一个子类），例如我们熟知的"按钮""列表框""菜单""滚动条"等，它们都是一个个"类"，都有自己的特有属性和方法。

第 3 条语句 "label=tkinter.Label(top,text='Hello Python!',relief='ridge')"创建了一个名为 label 的标签对象，Label 是 GUI 中创建每个标签对象时使用的子类。传递给该类的第 1 个参数，表示要把创建的 label 放到顶层窗口对象 top 里；第 2 个参数"text='Hello Python!'"，是要在标签里显示出的文字内容；第 3 个参数给出标签的外框样式。完成了这条语句的执行，一个类 Label 的对象 label（即实例）就创建完毕，结合下面的第 4 条语句，就能见到程序的运行结果，如图 7-1（a）所示。试着把参数 text 修改为 "New Year!"，再执行时标签里就会显示出 "New Year!" 了，如图 7-1（c）所示。

第 4 条语句 "label.pack()" 表示通过对象 label 调用方法 pack()。pack() 是一个负责版面布局的方法，现在 label 调用它，表示是由系统来安排自己在顶层窗口中的位置。如果不去调用方法 pack() 或别的版面布局方法，那么对象 lable 将无法在顶层窗口里显现出来。例如，在小程序里删除了这条语句（或用#将该语句变为注释），别的一切都保持原样，那么程序执行后，弹出的小窗口就如图 7-1（b）所示，即窗口里什么控件也没有。

第 5 条语句 "top.mainloop()" 表示在顶层窗口安放好控件 lable 后，窗口 top 将通过调用方法 mainloop()，进入顶层窗口的循环工作中去，开始 GUI 的运行。方法 mainloop() 的作用是将顶层窗口一直保持在等待事件发生的循环之中，直到关闭了这个窗口。

这个程序很小，但俗话说："麻雀虽小，五脏俱全。"它描述了 Python 中开发 GUI 时的基本步骤。下面就是让 GUI 启动、为 GUI 添加控件并使 GUI 得以运行的 5 个主要步骤：

（1）导入 tkinter 模块，获得对 tkinter 的访问权。

（2）创建名为 top（或 root，起什么名字不重要）的顶层窗口，以容纳 GUI 所需的控件。

（3）在顶层窗口中，添加所需的对象（即实例），组织和设计实际的 GUI。

（4）调用方法 pack() 或其他版面布局方法，使添加到窗口里的控件真正显现出来。

（5）通过调用方法 mainloop()，让顶层窗口进入等待事件发生的循环中。

创建了顶层窗口后，这个窗口就成为一个可以用来摆放所需控件（按钮、文本框、滚动条等）的地方。也就是说，它是一个大容器。表 7-1 列出了类 Tk 中的主要控件名及简介，本书会介绍其中的一些。

表 7-1　Tk 的常用控件

控件名	简介
Button	按钮
Checkbutton	复选按钮，可以勾选其中的多个按钮
Entry	（单行）文本框，用以接收键盘输入
Text	文本框，显示和接收多行文本或图片
Listbox	列表框，给出一个个选项供用户选择
Menu	菜单
Menubutton	菜单选项，可以下拉或级联
Message	信息框，一类弹出窗口的总称，包含对话框、文件对话框、颜色选择框等
Radiobutton	单选按钮，成组时只能选择其中的一个
Scale	滑块，可根据给出的始值和终值，得到当前位置的准确值
Scrollbar	滚动条，用于 Text、Listbox 等控件
Label	标签，显示文字和图片的地方
Toplevel	创建一个子窗口容器
PhotoImage	图片控件，用于存放图片

如果在上面的程序里，把控件 Label 改为 Button，把创建的对象改名为 comm。这样一来，整个程序如下所示，其执行结果如图 7-1（d）所示：

```
import tkinter
top=tkinter.Tk()
comm=tkinter.Button(top,text='command')    #这里把 relief='ridge' 去掉了
comm.pack()
top.mainloop()
```

从程序的执行结果可以看出，这时是控件 Button 取代了 Label，被添加到了顶层窗口 top 中。

图 7-1

7.1.2 顶层窗口版面布局的 3 个方法

顶层窗口是一个容器，可以往里面添加各种控件。所谓"版面布局"，是指在窗口安放各个控件的方式。"没有规矩，不成方圆"，在顶层窗口里当然是不能随便安放控件的，否则有些控件就可能会被别的控件遮挡，有些控件就会与别的控件重叠等。这样杂乱无章的情况，对窗口的管理及具体使用显然是不合适的。

Python 提供了版面布局的 3 个方法，即 place()、grid()、pack()，它们各有优缺点。本节将介绍这 3 个方法。

1. 用坐标值定位的方法: place()

调用方法 place()来决定控件在窗口中的位置时，可能会涉及表 7-2 所列的一些参数。

表 7-2　方法 place()的常用参数

参数名	简介
x	控件左上角的 x 坐标
y	控件左上角的 y 坐标
relx	相对于窗口的 x 坐标，值为 0~1 的小数，默认值为 0
rely	相对于窗口的 y 坐标，值为 0~1 的小数，默认值为 0
width	设置控件的宽度
height	设置控件的高度
relwidth、relheihht	对控件进行水平或垂直分割，需要分割则设置为 1，默认为 0

把上面的程序修改一下，创建按钮 Button 的控件 comm，通过它调用方法 place()，语句是"comm.place(x=40,y=100,wight=250,height=38)"，即设置坐标为 x=40、y=100，设置按钮控件的宽为 250，高为 38。

修改后的程序:

```
import tkinter
top=tkinter.Tk()
comm=tkinter.Button(top,text='command')
comm.place(x=40,y=100,wight=250,height=38)
top.mainloop()
```

运行程序，结果如图 7-2 所示。

为了说明方法 place()中，参数 x、y 及参数 relx、rely 之间的差别，先编写程序如下:

```
import tkinter
top=tkinter.Tk()
comm1=tkinter.Button(top,text='hello')
comm1.place(x=0,y=25,width=120,height=38)
```

```
comm2=tkinter.Button(top,text='python')
comm2.place(x=0,y=80,width=120,height=38)
top.mainloop()
```

它运行的结果如图 7-3（a）所示。如果把程序中的第 6 条语句改为：

```
comm2.place(relx=0.3,x=0,y=80,width=120,height=38)
```

那么程序运行的结果如图 7-3（b）所示：按钮"python"往右移动了 0.3 个位置。

从方法 place()的布局方式可以看出，它是根据设计者对对象大小、位置的具体设计，来把它们摆放在顶层窗口里的。采用这种布局方式，设计者心里有数，直接明了。但是显得有些烦琐，加重了程序设计人员的负担。所以，这种布局方式有时不太受欢迎。

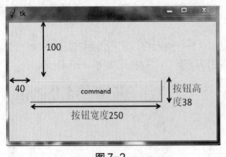

图 7-2

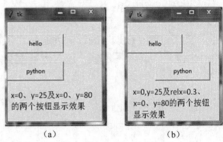

（a）　　　　　（b）

图 7-3

2. 由行、列属性定位的方法：grid()

这种定位方式是在顶层窗口画出很多网格，即行和列，用它们来决定安放对象的地方。方法 grid()的常用参数如表 7-3 所示。

表 7-3　方法 grid()的常用参数

参数名	简介
column	列，取值从 0 开始，决定控件的水平位置
low	行，取值从 0 开始，决定控件的垂直位置
sticky	控件的对齐方式，默认为 center（居中）
padx/pady	用于调整控件之间的水平和垂直间距

例如，编写如下程序，该程序创建 3 个 Button 控件：comm1、comm2、comm3。它们分别调用方法 grid()，把自己安排在第 0 行第 0 列、第 0 行第 1 列、第 0 行第 2 列。运行该程序，结果如图 7-4（a）所示。

```
import tkinter
top=tkinter.Tk()
comm1=tkinter.Button(top,text='hello')
comm1.grid(row=0,column=0)
comm2=tkinter.Button(top,text='python')
comm2.grid(row=0,column=1)
comm3=tkinter.Button(top,text='good')
comm3.grid(row=0,column=2)
top.mainloop()
```

如果把程序的第 4、6、8 行语句分别改写为：

```
comm1.grid(row=0,column=0)
comm2.grid(row=1,column=1)
comm3.grid(row=2,column=2)
```

这时，程序的运行结果如图 7-4（b）所示。

3. 由系统自动或传递参数 side 定位的方法：pack()

这种在容器里定位对象的方法，会根据容器中已有的对象，去寻找后面要安排的对象的适当位置。方法 pack()可以没有参数传递，如前面我们已经见到过的；也可以带有参数，传递给方法 pack()，以满足多方面的需要。

方法 pack()的参数较多，下面介绍最常用的几个。

（1）参数 anchor。

这是关于顶层窗口上所放对象"对齐"方式的参数，它有如下 9 种可能的取值：

'nw'（西北）、'n'（北）、'ne'（东北）、'w'（西）、'center'（居中）、'e'（东）、'sw'（西南）、's'（南）、'se'（东南）。

编写如下程序：在顶层窗口里创建 9 个按钮控件 comm1~comm9，它们调用方法 pack()时，其参数 anchor 取 9 个不同的值。这时运行程序，9 个按钮在顶层窗口中的布局如图 7-5 所示。

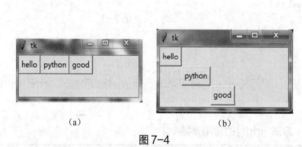

(a)　　　　　　　　　　(b)

图 7-4

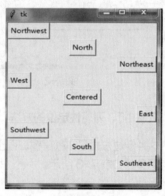

图 7-5

```
import tkinter
top=tkinter.Tk()
comm1=tkinter.Button(top,text='Northwest')
comm1.pack(anchor='nw')
comm2=tkinter.Button(top,text='North')
comm2.pack(anchor='n')
comm3=tkinter.Button(top,text='Northeast')
comm3.pack(anchor='ne')
comm4=tkinter.Button(top,text='West')
comm4.pack(anchor='w')
comm5=tkinter.Button(top,text='Centered')
comm5.pack(anchor='center')
comm6=tkinter.Button(top,text='East')
comm6.pack(anchor='e')
comm7=tkinter.Button(top,text='Southwest')
comm7.pack(anchor='sw')
comm8=tkinter.Button(top,text='South')
comm8.pack(anchor='s')
comm9=tkinter.Button(top,text='Southeast')
comm9.pack(anchor='se')
top.mainloop()
```

要注意，参数 anchor 取值时，必须用单引号括起，没有引号是不行的；如果是无参调用方法 pack()，那么参数 anchor 就取默认值 center，因此往顶层窗口上添加的控件会依序自上而下排列。如下面的程序，它的执行结果如图 7-6 所示。

```
import tkinter
top=tkinter.Tk()
```

```
comm1=tkinter.Button(top,text='Northwest')
comm1.pack()
comm2=tkinter.Button(top,text='North')
comm2.pack()
comm3=tkinter.Button(top,text='Northeast')
comm3.pack()
top.mainloop()
```

（2）参数 side。

这是关于顶层窗口上所放对象"位置"的参数，它可以取 4 种可能的值：'top'（上）、'bottom'（下）、'left'（左）、'right'（右）。如下面的程序，4 个控件 comm1～comm4 的参数 side 设置成不同的 4 个值，它的运行结果如图 7-7 所示。

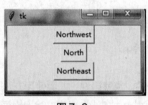

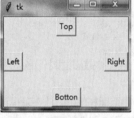

图 7-6 　　　　　　　　　　　　　　图 7-7

```
import tkinter
top=tkinter.Tk()
comm1=tkinter.Button(top,text='Top')
comm1.pack(side='top')
comm2=tkinter.Button(top,text='Botton')
comm2.pack(side='bottom')
comm3=tkinter.Button(top,text='Left')
comm3.pack(side='left')
comm4=tkinter.Button(top,text='Right')
comm4.pack(side='right')
top.mainloop()
```

（3）参数 padx/pady。

这是关于顶层窗口上所放对象之间"调整间距"的参数。例如下面的程序，4 个对象 comm1～comm4 的参数都设置成"side='top'，pady=10"，那么它的运行结果如图 7-8 所示。4 个按钮排成一列，之间出现了所需的间距。

```
import tkinter
top=tkinter.Tk()
comm1=tkinter.Button(top,text='Top')
comm1.pack(side='top',pady=10)
comm2=tkinter.Button(top,text='Bottom')
comm2.pack(side='top',pady=10)
comm3=tkinter.Button(top,text='Left')
comm3.pack(side='top',pady=10)
comm4=tkinter.Button(top,text='Right')
comm4.pack(side='top',pady=10)
top.mainloop()
```

（4）参数 fill。

这是关于顶层窗口上所放对象是否"填满"窗口的参数，它有 4 个可取的参数值：'none'（保持原态）、'x'（水平扩展）、'y'（垂直扩展）、'both'（全部填满）。例如下面的程序，两个对象 comm1、comm2 都放置在顶层窗口的"top"位置，第 2 个对象与第 1 个相距 12 个位置，并且向水平方向扩展（fill='x'）。程序执行后的结果如图 7-9 所示。

图 7-8   图 7-9

```
import tkinter
top=tkinter.Tk()
comm1=tkinter.Button(top,text='keep')
comm1.pack(side='top',fill='none')
comm2=tkinter.Button(top,text='level')
comm2.pack(side='top',pady=12,fill='x')
top.mainloop()
```

再提醒一遍，参数取值时，必须用单引号括住，引号不能丢。

注意   3 种版面布局的方法在顶层窗口里是不能够混合使用的。也就是说，如果使用方法 pack() 来布局，那么就不能再用方法 grid() 来布局，否则 Python 会认为出错，给出出错信息。

7.2 顶层窗口上的控件（一）

表 7-1 列出了顶层窗口上可以安放的各种控件，例如 Button（按钮）、Label（标签）、Menu（菜单）等。由于控件较多，我们将分两节（一和二）来介绍它们中的一些。本节介绍在顶层窗口上经常会出现的控件：按钮（Button）、标签（Label）、单行文本框（Entry）、多行文本框（Text）、复选按钮（Checkbutton）、单选按钮（Radiobutton）。

7.2.1 顶层窗口

1. 顶层窗口的常用方法

顶层窗口对象 top（或起名 root）是通过"top=Tk()"创建的。它创建之后，可以调用有关它的一些专属方法，下面简单介绍几个极为常用的方法。

（1）方法 title()。

顶层窗口对象 top 标题栏里显示的默认名字是"tk"，通过调用方法 title()，可以更换窗口的标题栏名称。具体如下：

```
top.title(<标题栏名称>)
```

例如，编写程序如下：

```
import tkinter
top=tkinter.Tk()
top.title('python GUI')
top.mainloop()
```

运行程序后，该顶层窗口的标题栏里将显示新的名称"python GUI"。

（2）方法 iconify()。

用顶层窗口对象 top 调用方法 iconify() 后，就会将顶层窗口对象最小化到整个桌面的任务栏里，如图 7-10 所示。方法 iconify() 的作用是将窗口最小化。

（3）方法 deiconify()。

用顶层窗口对象 top 调用方法 deiconify()后，就会将顶层窗口对象从任务栏里的最小化图标，还原成原来顶层窗口的面貌。

任务栏中顶层窗口的最小化图标

图 7-10

2. 事件驱动及回调

在顶层窗口中安放的控件对象是要做具体事情的。例如，用鼠标单击按钮、将文本输入文本框、用鼠标单击菜单项等，用户所做的这些行为动作，都是希望能够完成某件事情。通常，用户在窗口对象上所做的、能被其捕捉到的行为动作，被称为一个"事件"，而 GUI 上对这些事件的响应，就称为"回调"。

这里要注意 3 个问题：第一，事件是能够被控件对象识别的固定动作，例如按钮能够识别的动作是"单击"；第二，控件能够自动识别事件是否发生；第三，一个控件能够识别的特定动作是 Python 事先设计好的，但对动作的"回调"，则要由用户根据需要进行程序的编写。

于是，作为 Python 的 GUI 使用者，并不需要去关心某个控件所能接受的动作（例如"单击"）是如何实现的，以及系统是如何捕捉到这些动作的。用户关心的焦点应该集中在发生事件后，控件要做出怎的回调，以完成相应的任务。

早先传统的、"面向过程"的编程技术，编程人员必须关心什么时候发生什么事情，要准确地知道程序执行的先后次序。但对于"面向对象"的编程技术，编程人员只需编写事件发生时回调要执行的程序，至于这些程序何时执行，取决于某事件什么时间发生。所以，Python 的 GUI 是一种"事件驱动"的编程技术。

拿按钮来说，它的"事件驱动"的一个过程如下所述：

单击按钮→系统捕捉到"单击"事件→系统响应事件，执行回调程序

这样的"单击"过程，整个程序运行中可能只发生一次，也可能不时地发生，还可能连续地发生，根本没有定数可言。这就是"事件驱动"的本质。

7.2.2 控件 Button、Label、Entry、Text

1. 按钮控件 Button

GUI 中的控件就是一个"类"，有自己的属性。表 7-4 列出了类 Button 的属性。其实，很多控件类的属性是相通的。要注意的是，表中给出的属性取值，如果有带引号的，那么编写程序时，就绝对不能忘记加引号，否则一定会出错。

表 7-4 类 Button 的常用属性

属性名称	简介
anchor	按钮上的文字对齐方式（取值：'nw'、'n'、'ne'、'w'、'center'、'e'、'sw'、's'、'se'；默认为'center'）

属性名称	简介
background	背景颜色，即底色，名称可用 bg 代替（取值：例如'red'、'blue'、'yellow'等）
foreground	前景颜色，名称可用 fg 代替（取值：同背景颜色）
borderwidth	按钮框线宽度，名称可用 bd 代替（取值：0～10）
relief	配合 bd 的框线样式（取值：'flat'、'groove'、'raised'、'ridge'、'solid'、'sunken'；默认为'flat'）
font	按钮上的字体[取值：如 font=('Arial',24,'bold','italic')，含字体、字号、粗细、斜体等]
command	按下按钮时相应的回调函数
cursor	鼠标移动到按钮上时的指针样式[取值：如'arrow'(箭头,默认)、'cross arrow'(十字箭头)]
state	按钮的 3 种状态：NORMAL、ACTIVE、DISABLED
width	按钮宽度
justify	按钮上多行文字的对齐方式（取值：'left'、'center'、'right'）

（1）熟悉类 Button 的一般属性。

编写如下的程序，在创建的顶层窗口 top 里，创建 3 个按钮对象，即 butt1～butt3，传递给各按钮对象的参数有所不同。共同的是都传递了"top"，表示这些对象都被安放在顶层窗口里。

给 butt1 传递的实参是：

```
width=10,bg='red',fg='blue', bd=8,text='Welcome',anchor='center',font= ('Arial',24,'bold')
```

依次表示按钮宽为 10，背景色为"red"（红色），前景色为"blue"（蓝色），按钮框线宽为 8，按钮上显示的文字是"Welcome"，文字的对齐方式是"center"（居中），文字的字体是"Arial"、字号是 24、文字为"bold"（粗体）。程序的执行效果如图 7-11 最上面的按钮所示。

程序编写如下：

```
import tkinter
top=tkinter.Tk()
top.title('python GUI')
#下面是创建的第 1 个按钮对象 butt1
butt1=tkinter.Button(top,width=10,bg='red',fg='blue',bd=8,text='Welcome',
    anchor='center',font=('Arial',24,'bold'))
butt1.pack(pady=20)
#下面是创建的第 2 个按钮对象 butt2
butt2=tkinter.Button(top,width=15,bd=6,text='Eliminate',anchor='s',
    font=('Levenim MT',16,'italic'))
butt2.pack(pady=15)
#下面是创建的第 3 个按钮对象 butt3
butt3=tkinter.Button(top,width=10,bd=4,text='Return',anchor='e',
    font=('Verdana',18,'italic','bold'),relief='groove',cursor='cross arrow')
butt3.pack(pady=10)
top.mainloop()
```

给 butt2 传递的实参是：

```
top,width=15,bd=6,text='Eliminate',anchor='s',font=('Levenim MT',16,'italic')
```

依次表示按钮宽为 15，按钮框线宽为 6，按钮上显示的文字是"Eliminate"，文字的字体是"Levenim MT"、字号是 16、文字为"italic"（倾斜）。效果如图 7-11 中间的按钮所示。

给 butt3 传递的实参是：

```
top,width=10,bd=4,bd=4,text='Return',anchor='e',font=('Verdana',18,'italic','bold'),relief='groove', cursor='cross arrow'
```

依次表示按钮宽为 10，按钮框线宽为 4，按钮上显示的文字是"Return"，文字的对齐方式是"e"（偏东），文字的字体是"Verdana"、字号是 18、文字为"italic"（倾斜）、"bold"（粗体），框线样式是"groove"，鼠标移动到按钮上的指针样式是"cross arrow"（十字箭头）。效果如图 7-11 最下面的按钮所示。要说明的是，所谓"鼠标移动到按钮上的指针样式"，是指鼠标指针移动到按钮上时，默认显示为"arrow"（箭头）。但如果把参数 cursor 设置为'cross arrow'，那么鼠标指针掠过按钮时，将会显示为一个十字箭头。

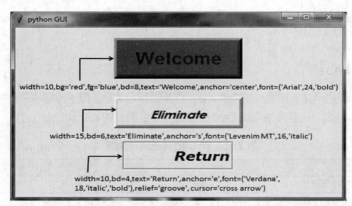

图 7-11

（2）按钮属性 command 及方法 quit()。

按钮类有一个方法 quit()，通过顶层窗口 top 调用该方法，就能够关闭顶层窗口。如下面的程序所示：

```
import tkinter
top=tkinter.Tk()
top.title('python GUI')
but1=tkinter.Button(top,text='Return',font=('Verdana',16,
    'italic','bold'),fg='red',command=top.quit)
but1.pack(pady=15)
top.mainloop()
```

运行该程序，用鼠标单击窗口里的"Return"按钮，如图 7-12 所示。这时，就会执行"command=top.quit"，窗口 top 被关闭，方法 mainloop() 的无限循环终止，整个程序运行结束。这实际上就是发生单击按钮的事件时所做的"回调"处理。

（3）按钮属性 state。

Button 控件有一个 state（状态）属性，它可以有 3 种取值：'normal'、'active'、'disabled'。

在顶层窗口安放 3 个按钮，它们的 state 分别为 3 个不同的取值，把其 fg 都设置成"Black"（黑色）。运行程序后会发现，第 3 个按钮上的文字变成了灰色（如图 7-13 所示），这时用鼠标去单击它，它不会做出任何反应。这就是说，当把一个按钮的状态置为"disabled"时，是它就被屏蔽了，不能去执行交给它的事情。

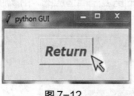

图 7-12

图 7-13

程序编写如下：

```
import tkinter
top=tkinter.Tk()
top.title('python GUI')
but1=tkinter.Button(top,text='input',font=('Arial',16,'italic','bold'),fg='Black',relief='ridge',state='normal')
but1.pack(padx=10,pady=10)
```

163

```
but2=tkinter.Button(top,text='output',font=('Arial',16,'italic','bold'),fg='Black',relief='ridge',state='active')
but2.pack(padx=10,pady=10)
but3=tkinter.Button(top,text='return',font=('Arial',16,'italic','bold'),fg='Black',relief='ridge', state='disabled')
but3.pack(padx=10,pady=10)
top.mainloop()
```

2. 标签控件 Label

标签是上面能够显示文字和图片的控件，它的作用是展示信息，但不能与用户交互。表 7-5 列出了类 Label 的属性。其实，这些属性与类 Text 的属性大多是类似的。

表 7-5　类 Label 的常用属性

属性名称	简介
text	标签中要显示的文字，可由 "\n" 换行
background	背景颜色，即底色，名称可用 bg 代替（取值：例如'red'、'blue'、'yellow'等）
foreground	前景颜色，名称可用 fg 代替（取值：同背景颜色）
borderwidth	设置框线宽度，名称可用 bd 代替（取值：0～10）
image	图片（只认.png 格式）
font	字体（取值：如 font=('Arial',24, 'bold', 'italic')，含字体、字号、粗细、斜体等）
width	标签宽度
height	标签高度
justify	标签中多行文字的对齐方式（取值：'left'、'center'、'right'）
anchor	标签中文字的对齐方式
compound	文本与图像在标签上出现的位置，默认为'None'，可取值：'bottom'（图像居下）、'top'（图像居上）、'right'（图像居右）、'left'（图像居左）、'center'（图像在文本下）

例如下面的程序在顶层窗口放了一个标签，它上面显示了文字"Label"，如图 7-14（a）所示：

```
import tkinter
top=tkinter.Tk()
top.title('python GUI')
lab1=tkinter.Label(top,text='Label',font=('Verdana',16,'italic','bold'),fg='red',relief='ridge')
lab1.pack(pady=10)
top.mainloop()
```

如果对小程序里的语句进行修改。原语句为：

```
lab1=tkinter.Label(top,text='Label',font=('Verdana',16,'italic','bold'), fg='red',relief='ridge')
```

改为：

```
lab1=tkinter.Label(top,text='姓名',font=('隶书',16,'italic','bold'),fg= 'red',relief='ridge')
```

那么程序执行结果，如图 7-14（b）所示。若改为语句：

```
lab1=tkinter.Label(top,text='abcdefghijklmnopqrstuvwxyz',font=('Verdana',16,'italic','bold'),fg='red',relief='ridge')
```

那么程序执行结果如图 7-14（c）所示。这表明该对象的宽度是自适应的，由属性 text 传递的信息长短来决定。

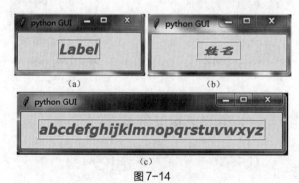

（a）　　　　　　　　　　（b）

（c）

图 7-14

这条语句的功能就是通过类 Label 创建一个对象 lab1，创建时传递过去的参数都是我们所熟悉的，这里不做过多的解释。

编写一个程序，功能是在顶层窗口安放标签 lab1，显示内容"山静雁声远，水清荷飘香!"，再创建标签 lab2，显示 E 盘根目录下的图片："E:\图片 4.png"。程序如下：

```
1   import tkinter as tk
2   top=tk.Tk()
3   top.title('python GUI')
4   top.geometry('300x150+10+10')

5   lab1=tk.Label(top,text='山静雁声远，水清荷飘香!',
    font=('Verdana',16,'italic','bold'),fg='red',relief='ridge')
6   lab1.pack(pady=10)

7   itp = tk.PhotoImage(file = 'E:\图片 4.png')

8   lab2=tk.Label(top, font=('Verdana',16,'italic','bold'),
    fg='red',relief='ridge',image=itp)
9   lab2.pack(pady=10)

10  top.mainloop()
```

程序的运行效果如图 7-15（a）所示。这里要说明 3 点：第一，为了往标签里加载图片，必须先将图片准备好，例如程序中是将图片存放在 E 盘的根目录下；第二，第 7 行里的 tk.PhotoImage 创建了一个图片对象 itp，用来存放图片，创建时要传递参数 file，由它给出需加载图片所在的正确路径；第三，加载的图片必须是".png"格式（可移植网络图形文件），别的图形格式 Python 不能识别。

如果把第 8 行改写如下：

```
lab2=tk.Label(top,text='A Chinese painting!',compound = 'top',
    font=('Verdana',16,'italic','bold'),fg='red',relief='ridge',image=itp)
```

则它主要增加了对标签 compound 属性的设置。该属性反映了 text、image 两者之间的关系：如果不设置它，其取默认值"None"，这时属性 text 无论有无都不会在标签里显示出来；如果设置了它，那么取值强调的是图片在标签的位置，例如这里设置为"top"，表示图片在上方，文字在下方，图 7-15（b）就在下面显示了文字"A Chinese painting!"。

3. 单行文本框控件 Entry

单行文本框类 Entry 创建的对象，可以用来接收用户的文字输入信息，是 GUI 提供的一种与用户进行交互的方式：

```
import tkinter
top=tkinter.Tk()
top.title('python GUI')
ent1=tkinter.Entry(top,font=('Arial',16,'italic','bold'),fg='Red',relief='ridge',bd=5)
ent1.pack(padx=10,pady=20)
ent2=tkinter.Entry(top,font=('Arial',16,'italic','bold'),   fg='Red',relief='ridge',bd=3,state='disabled')
ent2.pack(padx=10,pady=30)
top.mainloop()
```

运行上面给出的程序后，效果如图 7-16 所示。对象 end2 在顶层窗口里由于设置了 state='disabled'，因此显示成灰色。当用鼠标单击第 1 个文本框 ent1，框内立即会出现输入光标，允许用户输入信息。但用鼠标单击 end2 却不会出现输入光标，因为它当前被屏蔽了，不可能用来接收用户的输入信息，只有解除了对它的屏蔽，它才能与用户交互，接收用户的输入信息。

（a）　　　　　　　　（b）

图 7-15

图 7-16

 注意　（1）单行文本框本身的大小是默认的，它不会随着输入内容的增加而增长；（2）在默认情况下，如果输入内容超过文本框自身大小，文本框会把内容一点一点地往左边平推隐藏起来，但内容并不会丢失；（3）由于是单行文本框，因此在输入过程中使用"Enter"键时，不可能达到换行的目的；（4）如果要改变文本框的宽窄，可设置属性 width 和 height。

4. 文本框控件 Text（多行）

文本框控件类 Text 创建的对象，可以用来接收用户的多行文字输入信息，这也是 GUI 提供的一种与用户交互的方式。

编写如下的程序：

```
import tkinter
top=tkinter.Tk()
top.title('python GUI')
txt1=tkinter.Text(top,width=15,height=5,fg='Red',font=('Verdana',14,'bold','italic'))
txt1.pack(pady=12)
top.mainloop()
```

它创建了类 Text 的一个对象 txt1。运行后，效果如图 7-17 所示。

文本框实际上就是一个缩小了的编辑器，在它的范围内可以进行多行文字信息的输入，输入内容可以是英文，也可以是中文。输入过程中可以删除文字或插入文字，使用起来很方便。关于该类的方法，后面适当的地方再进行介绍。

例 7-1　编写一个程序，功能是在顶层窗口安放一个单行文本框，接收输入的隐蔽密码。再安放两个按钮，一个名为"Send out"，另一个名为"Return"。单击"Send out"，会将用户输入的密码内容在屏幕上显示出来；单击"Return"，立即结束程序运行，退出顶层窗口。顶层窗口的情形如图 7-18 所示，程序如下：

```
1    import tkinter
2    top=tkinter.Tk()
3    top.title('python GUI')
4    ent1=tkinter.Entry(top,show='*',font=('Verdana',16))
5    ent1.pack(pady=12)
```

```
6    ent1.focus_set()
7    def callback():          #定义回调函数
8        x=ent1.get()
9        print('your password is:',x)
10   btn1=tkinter.Button(top,text='Send out',width=10,
     fg='red',font=('Verdana',14,'bold','italic'),command=callback)
11   btn1.pack(side='left',padx=8)
12   btn2=tkinter.Button(top,text='Return',width=10,
     fg='red',font=('Verdana',14,'bold','italic'),command=quit)
13   btn2.pack(side='left',padx=8)
14   top.mainloop()
```

图 7-17

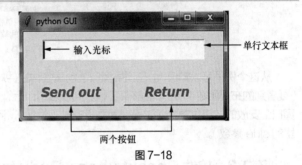

图 7-18

为了方便讲述，在程序前添加了序号。

（1）第 1～3 行的功能是明显的，即通过第 3 行创建了一个标题栏为"python GUI"的顶层窗口，如图 7-18 所示。

（2）第 4 行通过 tkinter 中的类 Entry，创建了单行文本框 ent1。创建时，传递给类 Entry 的参数中，要关注的是 show，这个属性会决定往文本框中输入信息时，用什么字符来代替它。这里由于传递的是 show='*'，因此表示是用一个个"*"代替用户所输入的信息。

（3）第 5 行由文本框 ent1 调用版面布局方法 pack()，将其安放到顶层窗口里。

（4）第 6 行给出的是单行文本框 ent1 调用该控件的方法 focus_set()。在 Python 中，用鼠标单击某文本框时，该框立刻会出现输入光标" I "。出现输入光标的这个控件，就被称为获得了"焦点"。执行第 6 行，文本框 ent1 调用方法 focus_set()，意味着将输入焦点设置在了该文本框。于是，执行了第 6 行，顶层窗口中的文本框 ent1 里就自动有了输入光标，如图 7-18 所示，无须再用鼠标去单击它。

（5）第 7～9 行定义了一个名为"callback"的回调函数。调用该函数时没有传递什么参数，功能是先执行第 8 条语句"x=ent1.get()"，即文本框 ent1 调用方法 get()，以获得文本框里现有的内容，并将其存放在变量 x 里。随后执行第 9 条语句，在屏幕上输出字符串"your password is:"及存放在 x 里的文本框 ent1 的内容。

（6）第 10 行创建了按钮类 Button 的一个对象 btn1，创建过程中的参数大多是前面已讲解过的，关键是最后的"command=callback"。前面介绍类 button 的属性时已经知道，该类有一个 command 的属性，表示在鼠标单击该按钮时应该执行的"回调"函数（即应该完成的功能）。现在是"command=callback"，表示单击 btn1 时，应该去做函数 callback()规定的任务。于是，执行了这两条语句后，就会发现屏幕上显示出"your password is:"及用户在文本框 btn1 里输入的内容 x。

（7）第 11 行由按钮对象 btn1 调用版面布局方法 pack()，依照传递的参数 side='left'和 padx=8，将该控件安放到顶层窗口上。由此应该知道，出现在顶层窗口里的控件对象，只有调用了 pack()，才能够真正显现在窗口，否则是显示不出来的。

（8）第 12 行与第 10 行类似，创建了按钮类 Button 的另一个控件 btn2。用鼠标单击这个按钮时，执行的回调函数是 quit()（即 command=quit），表示整个程序退出顶层窗口。

（9）第 13 行与第 11 行类似。

（10）第 14 行确保该程序能够不断地探测顶层窗口上各个控件发生的事件，直至退出事件的发生。图 7-19 所示是程序运行过程中的一个截图。

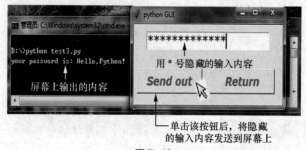

图 7-19

从这个例子可以知道：①在顶层窗口上创建各种控件对象后，只有该对象调用了版面布局函数 pack()（或者别的布局函数），它才能够真正被放到顶层窗口上，否则它是不会显现出来的；②要搞清楚在顶层窗口上安放的按钮对象，何时呈现为垂直安排（默认），何时呈现为水平安排（例如，通过函数 pack()里的 side 参数）。

7.2.3 控件 Checkbutton、Radiobutton

1. 复选按钮控件 Checkbutton

复选按钮也称"复选框"，其功能是用户可以根据需要，对复选按钮中的每一个按钮做出独立选择，各按钮之间没有排他性。用鼠标单击按钮对应的"方框"，可以在"选中"与"不选"间交替起作用。选中时，相应方框中出现"√"记号；不选时，相应方框中的"√"记号消失。表 7-6 列出了类 Checkbutton 的一些属性。

表 7-6 类 Checkbutton 的一些属性

属性名称	简介
anchor	文字对齐方式（取值：'nw'、'n'、'ne'、'w'、'center'、'e'、'sw'、's'、'se'；默认为'center'）
background	背景颜色，即底色，名称可用 bg 代替（取值：例如'red'、'blue'、'yellow'等）
foreground	前景颜色，名称可用 fg 代替（取值：同背景颜色）
borderwidth	复选按钮框线宽度，名称可用 bd 代替（取值：0~10）
relief	配合 bd 的框线样式（取值：'flat'、'groove'、'raised'、'ridge'、'solid'、'sunken'；默认为'flat'）
font	复选按钮的字体（取值：如 font=('Arial',24, 'bold', 'italic')，含字体、字号、粗细、斜体等）
height	复选按钮的高度
width	复选按钮的宽度
text	复选按钮上的文字
onvalue/offvalue	复选按钮选中/不选后所链接的变量值
variable	复选按钮所链接的变量

例 7-2 编写一个程序，功能是创建两个复选按钮，选中或不选时，在标签上分别显示出不同的信息。整个程序如下所示，后面逐行进行解释：

```
1    import tkinter as tk
2    top=tk.Tk()
3    top.title('python GUI')

4    lab1 = tk.Label(top, bg='white', width=20, height=2, text='当前无选择',
        fg='red',bd=6,relief='ridge',font=('隶书',20))
```

168

```
5    lab1.grid(row=0,column=1)

6    var1 = tk.IntVar()
7    var2 = tk.IntVar()

8    def psel():        #这是回调函数
9    if (var1.get()==1) and (var2.get()==0):    # 只选中选项 1
10       lab1.config(text='你喜欢狗')
11         elif (var1.get()==1) and (var2.get()==1):    # 选中选项 1 和 2
12       lab1.config(text='你喜欢狗,且喜欢猫')
13   elif (var1.get()==0) and (var2.get()==0):    # 两项都没选中
14       lab1.config(text='你不喜欢狗也不喜欢猫')
15   else:        # 只选中选项 2
16       lab1.config(text='你喜欢猫')
# 下面创建复选按钮
17   c1 = tk.Checkbutton(top, text='狗', width=4,height=2,bd=2, relief='ridge',variable=var1,
              onvalue=1,                    # 选中该项时, 把 1 放入 var1
              offvalue=0,                   # 不选该项时, 把 0 放入 var1
              command= psel,                #回调
              font=('Verdana',14,'bold'))
18   c1.grid(row=2,column=1)
19   c2 = tk.Checkbutton(top,text='猫',   width=4,height=2,bd=2, relief='ridge',variable=var2,
              onvalue=1,                    # 选中该项时, 把 1 放入 var1
              offvalue=0,                   # 不选该项时, 把 0 放入 var1
              command=psel,                 #回调
              font=('Verdana',14,'bold') )
20   c2.grid(row=3,column=1)
21   top.mainloop()
```

下面根据语句前添加的序号，进行详细的讲解。

（1）第 1～3 行的功能是明显的，通过第 3 行创建了一个标题栏为"python GUI"的顶层窗口，如图 7-20(a)所示。

这里要注意第 1 行：

```
import tkinter as tk
```

它与前面有点不同，它为导入的类 tkinter 起了一个别名"tk"，于是原来都应该是 tkinter 的地方，程序里都用 tk 代替了。如果这时在程序的后面又出现了 tkinter，则立即会显示出错信息。

（2）第 4 行通过 tkinter 中的类 Label，创建了一个名为 lab1 的标签。创建时传递的参数都是我们已经熟悉的，不必多说。当人们选中复选按钮中两个按钮中的某个时，就会修改这个标签上显示的信息，表明是选中还是没选中。

（3）第 5 行利用版面布局方法 grid()及其参数 row=0、column=1，将控件 lab1 安放到顶层窗口里的指定位置。

（4）第 6、7 行通过类 tk 调用函数 intVar()，产生两个整型变量 var1 和 var2：var1 用来存放是否勾选复选按钮中的"狗"，返回 1（勾选）或 0（撤选）；var2 用来存放是否勾选复选按钮中的"猫"，返回 1（勾选）或 0（撤选）。程序中，就是根据它们的取值（0 或 1）来决定在标签里显示出什么样的信息。

（5）第 8～16 行定义了一个名为"psel"的回调函数，它的任务是根据变量 var1、var2 的当前取值，决定在标签 lab1 里显示出什么样的信息。在这里，通过变量 var1 和 var2 分别调用函数 get()，获得变量里的当前取值，并根据当前取值来进行判断，再通过调用函数 config(text)，决定在标签 lab1 里显示出"你喜欢狗""你喜欢猫""你喜欢狗,且喜欢猫"或"你不喜欢狗也不喜欢猫"4 种可能的信息。

要注意，函数 get()没有参数，哪个变量调用它，它就立即得到那个变量当前的取值；标签调用函数 config()时，需要传递参数 text，它给出了让标签显示的信息内容。

（6）第 17 行在顶层窗口创建了复选按钮 c1。要特别关注代码中用粗体标出的内容。在该语句里先用"variable=var1"，建立起 var1 与对象 c1 的 variable 参数的链接（也就是把它们两个绑定在一起）；

然后通过"onvalue=1"及"offvalue=0"，建立起对象 c1 的 onvalue 及 offvalue 参数与 1、0 值之间的链接。这样，当程序运行且用鼠标单击 c1 时，系统内部就能把 onvalue（=1，选中）或 offvalue（=0，撤选）的值传递给变量 var1。最后，由"command=psel"去执行第 8～16 行定义的函数，根据 var1 当前的取值，完成标签 lab1 上显示信息的功能。

（7）第 18 行调用版面布局方法 grid()，将复选按钮 c1 在顶层窗口上放好。

（8）第 19、20 行类似于第 17、18 行，在顶层窗口创建复选按钮 c2，在此不赘述。

（9）第 21 行由顶层窗口 top 调用函数 mainloop()，使其总是处于不断循环、不断监视是否有事件发生的状态。只要出现事件，窗口就会去响应该事件，进而处理该事件。

图 7-20 所示的（b）～（d）反映了程序运行时的几种不同选择情况。

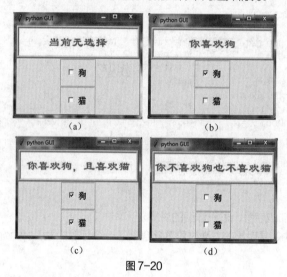

图 7-20

2. 单选按钮控件 Radiobutton

单选按钮的功能是在一组相关的选项中，做出单项（或互斥）的选择，因此在一个容器内出现的单选按钮，被视为构成了一组。单选按钮的属性很多都与复选按钮相同，下面一一将它们列出，如表 7-7 所示。

表 7-7　类 Radiobutton 的一些属性

属性名称	简介
anchor	文字对齐方式（取值：'nw'、'n'、'ne'、'w'、'center'、'e'、'sw'、's'、'se'；默认为'center'）
background	背景颜色，即底色，名称可用 bg 代替（取值：例如'red'、'blue'、'yellow'等）
foreground	前景颜色，名称可用 fg 代替（取值：同背景颜色）
borderwidth	单选按钮框线宽度，名称可用 bd 代替（取值：0～10）
relief	配合 bd 的框线样式（取值：'flat'、'groove'、'raised'、'ridge'、'solid'、'sunken'；默认为'flat'）
font	单选按钮的字体（取值：如 font=('Arial'、24、'bold'、'italic')，含字体、字号、粗细、斜体等）
height	单选按钮的高度，默认为自适应显示的内容
width	单选按钮的宽度，默认为自适应显示的内容
text	单选按钮上的文字
onvalue/offvalue	单选按钮选中/不选后所链接的变量值
variable	单选按钮所链接的变量，跟踪单选按钮的状态：on（1），off（0）
command	指定发生事件时，单选按钮的回调函数
image	使用 gif 图像，图像加载方法是 image=PhotoImage（top，file=<文件路径名>）
bitmap	指定位图，如 bitmap=BitmapImage（file=<文件路径名>）

属性名称	简介
state	设置控件状态：normal（正常）、active（激活）、disabled（不用）
selectcolor	设置选中按钮区的颜色
value	获取属性 variable 的值，用于与其他控件进行链接
indicatoron	让单选按钮以按钮方式出现

例 7-3 编写一个程序，功能是在顶层窗口上安放 4 个单选按钮，标明"北京""上海""昆明""大连" 4 座旅游城市，供用户选择，如图 7-21（a）所示。为了方便讲述，在程序前添加了序号。程序如下：

```
1   import tkinter as tk
2   top=tk.Tk()
3   top.title('python GUI')

4   v=tk.StringVar()
5   v.set(0)#开始谁选中
6   lis=['北京','上海','昆明','大连']
7   def calb():
8       for m in lis:
9           if v.get()==m:
10  lab1=tk.Label(top,text='你想去的旅游城市是：'+v.get()+'!',
            font=('宋体',10,'bold'),fg='red',bd=3,relief='ridge', height=2)
11  lab1.pack()
12  btn=tk.Button(top,text='退出',width=5,height=1,fg='red',
            bg='white',bd=2,font=('隶书',14),command=quit)
13  btn.pack()

14  lab=tk.Label(top,text='请选择你希望的旅游城市：',font=('宋体',10,'bold'),fg='Red',relief='ridge',bd=3,height=2)
15  lab.pack(anchor='w')

16  radb0=tk.Radiobutton(top,text=lis[0],font=('Arial',10,'italic','bold'),fg='Red',relief='ridge',bd=2,width=7,value=lis[0],
command=calb,variable=v)
17  radb0.pack(anchor='w')

18  radb1=tk.Radiobutton(top,text=lis[1],font=('Arial',10,'italic','bold'),fg='Red',relief='ridge',bd=2,width=7,value=lis[1],
command=calb,variable=v)
19  radb1.pack(anchor='w')

20  radb2=tk.Radiobutton(top,text=lis[2],font=('Arial',10,'italic','bold'),fg='Red',relief='ridge',bd=2,width=7,value=lis[2],
command=calb,variable=v)
21  radb2.pack(anchor='w')

22  radb3=tk.Radiobutton(top,text=lis[3],font=('Arial',10,'italic','bold'),fg='Red',relief='ridge',bd=2,width=7,value=lis[3],
command=calb,variable=v)
23  radb3.pack(anchor='w')

24  top.mainloop()
```

（1）第 1～3 行的功能是明显的，通过第 3 行创建了一个标题栏为"python GUI"的顶层窗口，如图 7-21(a)所示。

（2）第 4 行通过类 tk 调用函数 StringVar()，产生一个字符变量 v，用来存放单选按钮里选中的那一个。在整个程序运行过程中，该变量将起到重要的作用。

（3）第 5 行通过变量 v 调用函数 set(0)，确保顶层窗口初启时如图 7-21（a）所示。如果没有这样一条语句，则顶层窗口初启时的情况如图 7-21（b）所示，即初启时单选按钮全部都被选中了，这是不应该的。

（4）第 6 行定义了一个名为 lis 的列表，里面存放着供选择的 4 座旅游城市的名称。如果增加城市的名称，下面创建的 Radiobutton 按钮个数也会适当地增加，那么可选的城市就会更多。

（5）第 7～13 行定义了当选中某个单选按钮时，应该执行的回调函数。它的任务是由 v.get()获得所选单选按钮后，在顶层窗口下面创建标签 lab1，上面显示想去的旅游城市；接着创建按钮 btn，单击该按钮，就退出整个程序的执行。回调函数的执行效果如图 7-21（c）所示。

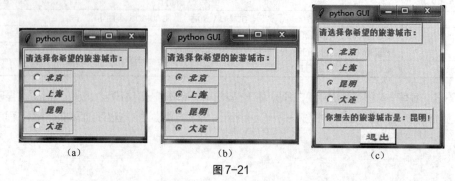

图7-21

（6）第 14、15 行在顶层窗口创建标签 lab，上面显示信息"请选择你希望的旅游城市："，并由版面布局方法 pack()把标签放到顶层窗口。

（7）第 16、17 行在顶层窗口创建了第 1 个单选按钮控件 radb0。第 16 条语句里，由参数 variable=v 规定了对象 radb0 与变量 v 之间的链接关系；由参数 value=lis[0]得到 variable 的值。这样的两个参数用来确定这个控件是否被选中；若这个控件被选中，就去执行回调函数，即 "command=calb"。第 17 条语句是把对象 radb0 安放到顶层窗口。

（8）第 18~23 行，是对第 16、17 行的 3 次重复，这里不赘述。

（9）第 24 行由顶层窗口 top 调用函数 mainloop()，使其总是处于不断循环、不断监视是否有事件发生的状态。只要出现事件，窗口就会去响应该事件，进而处理该事件。

例 7-4 编写一个程序，在顶层窗口上安放 4 个单选按钮和一个复选按钮。读者可通过该程序了解初启时控件的哪个参数决定了谁被选中或不被选中。为了方便讲述，在程序前添加了序号。程序如下：

```
1    import tkinter as tk
2    top=tk.Tk()
3    top.title('python GUI')

4    rt = tk.StringVar()
5    rt.set('0')
6    radio0 = tk.Radiobutton(top,variable = rt,value ='1',text='Radio1')
7    radio0.pack()

8    radio1 = tk.Radiobutton(top,variable = rt,value ='2',text='Radio2')
9    radio1.pack()

10   radio2 = tk.Radiobutton(top,variable = rt,value ='3',text='Radio3')
11   radio2.pack()

12   radio3 = tk.Radiobutton(top,variable = rt,value ='4',text='Radio4')
13   radio3.pack()

14   ct = tk.IntVar()
15   ct.set(2)
16   check = tk.Checkbutton(top,text='Checkbutton',variable=ct,onvalue=1, offvalue=2)
17   check.pack()
18   top.mainloop()
19   print(rt.get())
20   print(ct.get())
```

（1）第 1~3 行的功能是明显的，通过第 3 行创建了一个标题栏为"python GUI"的顶层窗口，如图 7-22（a）所示。

（2）第 4 行通过类 tk 调用函数 StringVar()，产生一个字符变量 rt，用来存放是否选中了单选按钮里的哪一个。在整个程序运行过程中，该变量将起到重要的作用。

（3）第 5 行 rt.set('0') 表示由变量 rt 调用函数 set()。

（4）第 6～13 行创建单选按钮 radio0～radio3 时，要注意传递的参数"variable = rt,value ='1'"，
它不仅建立了 variable 与变量 rt 之间的联系，
还建立了 value 与值"1"之间的联系。这就决
定了顶层窗口初启时，4 个单选按钮谁被选中。
第 5 行里的 rt 传递值给函数 set()，这个值就是
创建单选按钮控件时，规定各按钮取的值。图
7-22（a）表明传递的值是"1"，因此窗口初
启时，radio1 被选中；图 7-22（b）表明传递
的值是"0"，因此窗口初启时没有单选按钮被
选中；图 7-22（c）表明传递的值是"3"，因
此窗口初启时单选按钮 radio3 被选中。

（5）第 14 行通过类 tk 调用函数 IntVar()，
产生一个整型变量 ct，用来存放是否选中了复
选按钮。

（6）第 15 行通过调用函数 set() 及传递过
来的值，获取复选按钮是否被选中的信息。

（7）第 16、17 行在顶层窗口上创建了一
个复选按钮 check。该按钮由参数 variable =ct

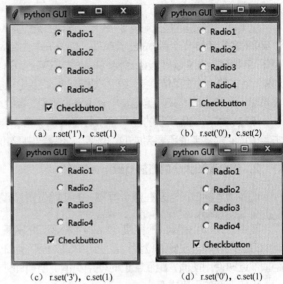

(a) r.set('1'), c.set(1)　　(b) r.set('0'), c.set(2)

(c) r.set('3'), c.set(1)　　(d) r.set('0'), c.set(1)

图 7-22

建立起该框与变量 ct 的链接；由参数 onvalue 及 offvalue 的取值，表示该复选按钮选中时取值 1，没
有选中时取值 2。

（8）第 18 行由顶层窗口 top 调用函数 mainloop()，使其总是处于不断循环、不断监视是否有事件
发生的状态。只要出现事件，窗口就会去响应该事件，进而处理该事件。

（9）第 19、20 行通过调用函数 get()，将 rt.get() 及 ct.get() 得到的结果在屏幕上输出。当面对
图 7-22 所示的 4 种选择时，屏幕上的输出结果分别是：1、1；0、2；3、1；0、1。

7.3 顶层窗口上的控件（二）

7.2 节介绍了在顶层窗口上经常会出现的几个控件。本节再介绍几个常用的控件：菜单（Menu）、信息
框、列表框（Listbox）。

7.3.1 菜单控件 Menu

"菜单"是现在 GUI 中一种常见的人机对话界面，用户通过它来选择所要完成的任务或是某种操作。
菜单会涉及"主菜单""子菜单"之类的内容。Python 是通过名为 Menu 的类来创建菜单对象的。为了
能添加各种菜单项，它还提供了相关的方法，更加利于菜单的整体创建。

1. 主菜单的创建

编写如下的程序，它将在屏幕上创建一个图 7-23 所示的、带有主菜单的顶层窗口：

```
1    import tkinter as tk
2    top=tk.Tk()
3    top.title('python GUI')
4    top.geometry('300x100+125+100')        #设置窗口位置和尺寸
5    me=tk.Menu(top)        #创建名为 me 的菜单对象
```

```
#以按钮形式循环添加 5 个菜单项
6    for i in ['File','View','Edit','Tools','Help']:
7        me.add_cascade (label=i)
#将 top 的 menu 属性设置为 me
8    top['menu']=me
9    top.mainloop()
```

程序里，最关键的是语句第 5～8 句。语句 5 通过类 Menu 在窗口创建一个名为 me 的菜单对象。为了往该菜单对象里添加 5 个具体的主菜单项，即 "File" "View" "Edit" "Tools" "Help"，由语句 6～7 通过 for 循环，不断调用方法 add_cascade() 来完成该任务。即第 1 次循环时，将变量 i 的当前取值（"file"）作为菜单对象 me 的第 1 个主菜单项名；第 2 次循环时，将变量 i 的当前取值（"View"）作为菜单对象 me 的第 2 个主菜单项名；……。语句 8 把创建的 me 赋予顶层窗口属性 menu，于是菜单条就在顶层窗口上显示出来了。

不过，图 7-23 所示的还只是顶层窗口菜单的一个骨架而已，要让菜单项能够有自己的子菜单、单击菜单项时能够完成所要完成的工作等，还需要由 Python 提供的其他方法来实现。

2. 设置窗口大小的方法 geometry()

设置顶层窗口尺寸及在整个屏幕上的初始位置，可以通过调用方法 geometry() 来实现。具体做法是：

```
<窗口名>.geometry('width×height+x+y')
```

其中，width 指窗口的宽度，height 指窗口的高度。x 是距屏幕左右两侧的距离，若使用正值，表明窗口出现在屏幕左侧的位置；若使用负值，表明窗口出现在屏幕右侧的位置。y 是距屏幕上下的距离，距顶部近时使用正值，距底部近时使用负值。所有的数值都是以像素（pixel）为单位的。

例如上面的程序中有：

```
top.geometry('300x100+125+100')
```

它表示要创建的顶层窗口的尺寸是：宽 300 像素、高 100 像素，距离屏幕左侧为 125 像素、距离顶部为 100 像素。整个情况如图 7-24 所示（背景是整个屏幕的左上角局部）。不过要注意，用该方法给出的顶层窗口，只是程序启动时的位置，也就是说该窗口并没有被固定在屏幕的那个地方，当用鼠标按住窗口的标题栏时，仍然可以拉动它到别的地方去。

图 7-23

图 7-24

3. 控件 Menu 的方法

程序中有一个 for 循环，它通过类 Menu 创建的对象 me 调用方法 add_cascade()，以完成在顶层窗口里添加主菜单项的任务，即：

```
for i in ['File','View','Edit','Tools','Help']:
    me. add_cascade (label=i)
```

"菜单"常有主菜单和子菜单之分。如果主菜单项希望有子菜单，那么就可以用方法 add_cascade() 来创建主菜单诸项，然后再安排它的子菜单项；如果希望主菜单项可以有子菜单，也可以没有子菜单，那么就用方法 add_command() 来创建主菜单项。这两种方法的区别主要表现在前者的菜单项自己不可能去完成什么工作，它要做的事情都将交由它下面的各子菜单项完成；后者则是菜单项可以有自己要做的事情。表 7-8 给出了 Menu 控件的几个常用方法。

表 7-8　Menu 控件的几个常用方法

方法名称	简介
add_cascade	添加主菜单项名
add_command	以按钮形式添加菜单项
add_separator	在子菜单项之间加入一条分隔线

（1）方法 add_cascade()。

这是往菜单对象上添加菜单项名的方法，其语法是：

`<主菜单对象>. add_cascade(label=<字符串>，menu=<子菜单对象>)`

功能：把参数 label 后面跟随的<字符串>作为<主菜单对象>的一个菜单项名，添加到主菜单中，达到指定该菜单条中的一个主菜单项名的目的；把参数 menu 后面跟随的<子菜单对象>与<主菜单对象>绑定，作为<字符串>所定的该主菜单项的子菜单名，从而指明了要把哪个子菜单项级联到该主菜单项中。参数 label 不可省略。

（2）方法 add_command()。

这也是往菜单控件上添加菜单项的方法，其语法是：

`<菜单对象>. add_command(label=<字符串>，command=<回调函数名>)`

功能：把参数 label 后面跟随的<字符串>作为<菜单对象>的一个菜单项名，添加到此菜单对象中；当用鼠标单击该菜单项时，就调用参数 command 后面的回调函数。

（3）方法 add_separator()。

这个方法没有任何参数。把它安放在主菜单的两个子菜单项之间时，就可以在它们之间添加一条分隔线，由此对多个子菜单项做进一步的功能划分。

下面通过例子来解释怎样在程序中使用这些方法。

例 7-5　编写一个程序，在顶层窗口上安放一个菜单条，里面有 3 个主菜单项："文件""编辑""存放"。在"存放"菜单项下，安排两项子菜单："子菜单 1"和"子菜单 2"。除"存放"菜单项外，其他的菜单项（"文件""编辑""子菜单 1""子菜单 2"）都有自己应该做的事情。为了方便讲述，在程序前添加了序号。程序如下：

```
1   import tkinter as tk
2   top=tk.Tk()
3   top.title('python GUI')
4   top.geometry('150x60')
5   lab=tk.Label(top,text='',bd=2,fg='Red',relief='sunken',
    width=23,height=1,font=('隶书',14))
6   lab.pack(side='bottom',pady=15)
#定义 4 个回调函数
7   def doj_1():
    lab.config(text='做"文件"要做的事！')
8   def doj_2():
    lab.config(text='做"编辑"要做的事！')
9   def doj_3():
    lab.config(text='做"子菜单 1"要做的事！')
10  def doj_4():
    lab.config(text='做"子菜单 2"要做的事！')

11  menb=tk.Menu(top)    #在顶层窗口 top 创建主菜单对象 menb
12  menb.add_command(label='文件',command=doj_1)    #"文件"主菜单项没有子菜单
13  menb.add_command(label='编辑',command=doj_2)    #"编辑"主菜单项没有子菜单
14  mens=tk.Menu(menb)       #创建菜单对象 menb 的级联子菜单对象 mens
15  menb.add_cascade(label='存放',menu=mens)
#将子菜单 mens 绑定到"存放"主菜单项
16  mens.add_command(label='子菜单 1',command=doj_3)    #将子菜单 1 添加到 mens
17  mens.add_command(label='子菜单 2',command=doj_4)    #将子菜单 2 添加到 mens
```

```
18  top['menu']=menb        #将整个菜单控件 menb 赋予顶层窗口
19  top.mainloop()
```

（1）第 1～4 行的功能是明显的，通过第 3 行创建了一个标题栏为"python GUI"的顶层窗口，第 4 行由 top 调用函数 geometry()，规定了该窗口在屏幕的尺寸：宽为 150 像素，高为 60 像素。

（2）第 5、6 行在顶层窗口上创建了一个标签对象 lab，并通过方法 pack() 将该标签安放在离窗口底部 15 像素的地方。

（3）第 7～10 行定义了 4 个回调函数：doj_1()～doj_4()。当后面创建的菜单项，即"文件"和"编辑"（它们是没有子菜单的主菜单项）、"子菜单 1"和"子菜单 2"（它们是主菜单项"存放"的两个子菜单项）中相应的事件发生时，就会分别调用它们，以完成其相应的工作。程序中安排做的工作，分别是在标签 lab 里显示信息："做'文件'要做的事!"、"做'编辑'要做的事!"、"做'子菜单 1'要做的事!"，以及"做'子菜单 2'要做的事!"。这些事情是通过标签 lab 分别调用方法 config() 来完成的。

（4）第 11 行在顶层窗口里创建了一个类 Menu 的对象 menb，它是主菜单对象名。不过，这时窗口里还不可能显现出任何菜单项，因为菜单项还没有被添加到窗口上。

（5）第 12、13 行在菜单条里添加了两个菜单项："文件"和"编辑"。它们没有子菜单项，只是分别调用回调函数 doj_1() 和 doj_2()，以便在标签 lab 里显示出信息："做'文件'要做的事!""做'编辑'要做的事!"。所以，这里是通过调用方法 add_command() 来实现的（而不是调用方法 add_cascade() 来实现的）。调用方法 add_command() 时，label=<字符串>规定了该菜单项的名字，command=<回调函数名>规定了用鼠标单击该菜单名时要执行的回调函数。

（6）第 14 行通过类 Menu 为顶层窗口的菜单控件 menb 创建了一个子菜单控件 mens。由第 11 行知道，语句"menb=tk.Menu(top)"是在顶层窗口 top 里创建一个菜单对象 menb。在这里，则是为对象 menb 创建一个名为 mens 的子菜单对象。

（7）第 15 行通过菜单对象 menb 调用方法 add_cascade(label='存放',menu=mens)，往该菜单对象里添加了一个新的菜单项"存放"，且它带有一个级联的子菜单 mens。至此，前面创建的菜单控件 menb 上，真正有了 3 个菜单项：文件、编辑、存放。

（8）第 16、17 行用刚创建的子菜单对象 mens，两次调用方法 add_command()，形成它的两个子菜单项，即"子菜单 1"和"子菜单 2"，以及它们相应的回调函数。

（9）第 18 行将 top 的 menu 属性设置为 menb，使 menb 及依附于它的 mens 在顶层窗口显现出来。于是，整个设计的顶层窗口在用鼠标单击"存放"主菜单项后，就会弹出子菜单来，整个效果如图 7-25（a）所示。

（10）第 19 行由顶层窗口 top 调用函数 mainloop()，使其总是处于不断循环、不断监视是否有事件发生的状态。只要出现事件，窗口就会去响应该事件，进而处理该事件。

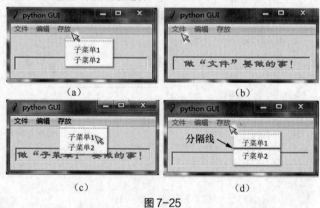

图 7-25

程序开始运行后，如果用鼠标单击主菜单项"文件"，则会在标签 lab 里显示信息"做'文件'要做的事!"，如图 7-25（b）所示。用鼠标单击子菜单项"子菜单 1"，则会在标签 lab 里显示信息"做'子菜单 1'要做的事!"，如图 7-25（c）所示。

如果在程序第 16、17 行之间，加入一条语句 mens.add_separator()，如下所示：

```
16  mens.add_command(label='子菜单 1',command=doj_3)
    mens.add_separator()
17  mens.add_command(label='子菜单 2',command=doj_4)
```

就会在子菜单 1 与子菜单 2 之间添加一条分隔线，效果如图 7-25（d）所示。如果子菜单项比较多，那么就可以按照功能把它们划分成组，中间用分隔线隔开。

例 7-6 编写一个程序，在顶层窗口上安放一菜单条，里面有两个菜单项，分别是"File""Edit"。File 有子菜单 3 项：New File、Open File、Save。Edit 有子菜单 3 项：Undo、Copy、Cut。用鼠标单击每一个子菜单项时，都会在标签里显示信息"做我要做的事情！"。为了方便讲述，在程序前添加了序号。程序如下：

```
1    import tkinter as tk
2    top=tk.Tk()
3    top.title('python GUI')

4    menubar = tk.Menu(top)
5    lab=tk.Label(top,text='',bd=2,fg='Red',relief='sunken',
     width=23,height=1,font=('隶书',14))
6    lab.pack(side='bottom',pady=15)

7    def doj():
8    lab.config(text='做我要做的事情！')

9    content=[['New File','Open File','Save'],['Undo','Copy','Cut']]
10   main=['File','Edit']
11   for i in range(len(main)):
12   filemenu = tk.Menu(menubar, tearoff=0)
13   for k in content[i]:
14     filemenu.add_command(label = k,command = doj)
15   menubar.add_cascade(label=main[i], menu=filemenu)

16   top['menu'] = menubar
17   top.mainloop()
```

（1）第 1~3 行的功能是明显的，创建了一个标题栏为"python GUI"的顶层窗口。

（2）第 4 行在顶层窗口里创建了一个类 Menu 的对象 menubar。

（3）第 5、6 行在顶层窗口上创建了一个标签对象 lab，并通过方法 pack()将该标签安放在离窗口底部 15 的地方。

（4）第 7、8 行定义了一个回调函数 doj()。当用鼠标单击后面创建的各个子菜单项时，都会调用它，以在标签 lab 里显示信息"做我要做的事情！"，这是通过标签 lab 调用方法 config()来完成的。

（5）第 9、10 行定义了两个列表，列表 content 是一个二维列表（其元素是一维列表），里面装的元素是子菜单的菜单项；列表 main 是一个一维列表，里面的元素是主菜单的菜单项。

（6）第 11~15 行，是一个二重 for 循环，外循环 i 由 len(main)控制循环次数，由于列表 main 的长度是 2，所以外循环只执行两次，每次做 3 件事情：一是为菜单对象 menubar 创建一个子菜单对象 filemenu；二是通过循环，3 次调用方法 add_comman l()，为该菜单对象添加 3 个子菜单项（这是内循环）；三是由 menubar 调用方法 add_cascade()，将其添加到主菜单项，并将它与刚创建的子菜单 filemenu 绑定。

这样，通过两重循环，整个主菜单及每个菜单相应的子菜单都建立起来了。

这里要注意第 12 行：

```
filemenu = tk.Menu(menubar, tearoff=0)
```

由于增加了 Menu 的属性 tearoff，并将其取值为 0，因此子菜单的首位置处没有了"虚线"，但图 7-25 所示的子菜单中，却有这条虚线。这就是该属性的作用。

（7）第 16 行将 top 的 menu 属性设置为 menubar，使 menubar 与它绑定的两个 filemenu 在顶层窗口显现出来。整个效果如图 7-26 所示。

（8）第 17 行由顶层窗口 top 调用函数 mainloop()，使其总是处于不断循环、不断监视是否有事件发生的状态。只要出现事件，窗口就会去响应该事件，进而处理该事件。

运行该程序，最初显示的、安放了菜单条的顶层窗口如图 7-26（a）所示。用鼠标单击主菜单"Edit"，就能够弹出它相应的子菜单项："Undo""Copy""Cut"。把鼠标指针移到"Undo"并单击它，在标签 lab 里显示出信息："做我要做的事情！"。这就是它的执行过程，如图 7-26（b）~（d）所示。

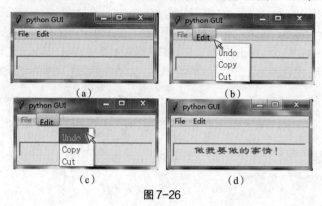

图 7-26

7.3.2　信息框

信息框是一组 Python 设计好的、供程序设计时使用的弹出式窗口的总称，其中较为常见的有简易对话框（simpledialog）、标准对话框（messagebox）、文件对话框（filedialog），以及颜色框（colorchooser）。本小节只介绍前 3 种信息框，有兴趣的读者可以自己去了解有关颜色框的知识。要注意的是，在使用该对话框时，不要忘记在程序开头使用：

```
import tkinter. colorchooser
```

将颜色对话框导入，其理由下面会给予解释。

1. 简易对话框 simpledialog

简易对话框是用来处理数据的，通过它可以接收用户对字符串、整数、浮点数等的输入。为此，这种对话框有 3 个方法可以调用，它们的语法分别是：

```
simpledialog.askinteger(title,prompt,kw)
simpledialog.askfloat(title,prompt,kw)
simpledialog.askstring(title,prompt,kw)
```

其中，title 表示对话框的标题，必须有；prompt 表示对话框的提示符，必须有；kw 表示选项，可有可无，如表 7-9 所示。

表 7-9　方法 askinteger() 和方法 askfloat() 的选项值

选项名称	类型	解释
initialvalue	integer、float、string	输入时的初值
minvalue	Integer、float	最小值
maxvalue	Integer、float	最大值

为了解释简易对话框 simpledialog 的用法，编写下面的小程序。

例 7-7　编写一个程序，在顶层窗口上安放 3 个按钮，即"输入姓名""输入分数""退出"，再安放一个多行文本框，以存放输入的姓名、分数及总计。该程序用到简易对话框。为了方便讲述，在程序前添加了序号。程序如下：

```
1   import tkinter.simpledialog
2   import tkinter as tk
3   top=tk.Tk()
4   top.title('python GUI')
5   top.geometry('240x200+10+10')
6   txt1=tk.Text(top,bd=2,fg='Red',relief='sunken',
    width=15,height=7,font=('隶书',14))
```

```
7    txt1.pack(side='bottom',pady=10)

8    def proword():    #处理输入字符串
9    name=tk.simpledialog.askstring(title='请输入姓名字符串',
            prompt='Your name:')
10   txt1.insert('end','姓名'+name+'\n')

11   def proint():              #处理输入整数
12   score=[]            #是一个列表
13   count=0
14   total=0
15   while True:
16   number=tk.simpledialog.askinteger(title='请输入整数值',
            prompt='分数：',maxvalue=100,minvalue=60)
17   score.append(number)
18   txt1.insert('end',str(score[count])+'\n')
19   count+=1
20   total+=number
21   if count==5:
22   break
23   txt1.insert('end','总计：'+str(total))

24   but1=tk.Button(text='输入姓名',width=8, bd=3,fg='red',
        anchor='s',font=('隶书',13,'italic'),command=proword)
25   but1.pack(side='left')
26   but2=tk.Button(text='输入分数',width=8, bd=3,fg='red',
        anchor='s',font=('隶书',13,'italic'),command=proint)
27   but2.pack(side='left',padx=5)
28   but3=tk.Button(text='退出',width=8, bd=3,fg='red',
        anchor='s',font=('隶书',13,'italic'),command=quit)
29   but3.pack(side='left',padx=5)
30   top.mainloop()
```

（1）第 1～5 行的功能是明显的，这里要关注第 1 行。在 Python 里，有关信息框的 4 个模块（ messagebox 、 filedialog 、 colorchooser 、 simpledialog ）原先都是独立存在的，后来才归纳到了 tkinter 中。因此，现在需要使用时，仍然需要单独导入才能使用，否则就会出错。

（2）第 6、7 行创建了一个多行文本框的对象 txt1，并通过方法 pack()，将其在顶层窗口显现出来。如图 7-27（a）所示。

（3）第 8～10 行定义了处理字符串的回调函数 proword()。该函数的主要功能是利用简易对话框 simpledialog 调用其方法 askstring()，弹出名为"请输入姓名字符串"的简易对话框，如图 7-27（b）所示。在简易对话框里输入姓名后，通过多行文本框 txt1 调用方法 insert()（见后面关于多行文本框常用方法的补充资料），将输入的姓名在文本框中显示出来。

(a)

(b)

(c)

(d)

图 7-27

（4）第 11～22 行定义了处理整数的回调函数 proint()。该函数的主要功能是利用简易对话框 simpledialog 调用其方法 askinteger()，弹出名为"请输入整数值"的简易对话框，如图 7-27（c）所示。回调函数一开始，定义了一个列表 score[]，用来存放输入的分数，分数值最大为 100，最小为 60。count 用于记录输入的分数个数，只接收 5 个分数值；total 用于对分数进行累加，形成分数的总计。每输入一个分数，就在文本框里显示出来，最后显示总计。

（5）第 23 行由文本框 txt1 调用方法 insert()，往里面插入"总计"信息。

179

（6）第24~29行定义了3个类Button对象：but1~but3。单击but1时，调用回调函数proword()，以便在顶层窗口的文本框里插入输入的姓名；单击but2时，调用回调函数proint()，以便在文本框里插入输入的分数及总计；单击but3时，调用方法quit()退出，整个程序结束运行。如图7-27（d）所示。

（7）第30行由顶层窗口top调用函数mainloop()，使其总是处于不断循环、不断监视是否有事件发生的状态。只要出现事件，窗口就会去响应该事件，进而处理该事件。

在这里，给出其他关于多行文本框类Text的常用方法。

● 往文本框里插入字符：insert()。

语法：

`<文本框名>.insert(index,text,tage)`

参数：index指出插入的索引位置，可取值insert（索引值）、current（光标的当前位置）、end（最后一个字符）；text表示欲插入的字符串（用引号括住）；tags表示自定义的方法，它可以把相关属性聚合在一起后起一个名称，当Text控件调用其他方法时，就可以使用这个指定的名称。我们只关注Insert和text两个参数，因为它在文本框调用方法insert()时，是必须要有的。

功能：把text所给出的字符，插入由index所指明的文本框位置处。

● 删除文本框里的字符：delete()。

语法：

`<文本框名>.delete(start,end)`

功能：把由start（开始）及end（结束）中间位置处的字符删除。

2. 标准对话框 messagebox

标准对话框messagebox的主要功能是为程序的使用者提供信息，根据信息是用来"显示"还是"提问"，Python提供了两组不同的方法，一组以ask开头，一组以show开头，并弹出不同形式的标准对话框。表7-10列出了标准对话框可以调用的两组方法。

表7-10　messagebox 的两组方法

方法类别	方法	返回值
提问式	askokcance(title,message,options)	True/False（第1个字母大写）
	askquestion(title,message,options)	'yes'/'no'（用引号括起）
	askretrycance(title,message,options)	True/False（第1个字母大写）
	askyesno(title,message,options)	True/False（第1个字母大写）
	askyesnocance(title,message,options)	True/False/None（第1个字母大写）
显示式	showerror(title,message,options)	直接用变量接收返回值
	showinfo(title,message,options)	直接用变量接收返回值
	showwarning(title,message,options)	直接用变量接收返回值

其中：参数title设置标准对话框标题栏中显示的文本；message设置在标准对话框里显示的主要文本内容，可以用"\n"实现换行；options设置有关的选项。参数title和message是不可或缺的，在下面的例子中，可以知道它们的具体用法。至于参数options，由于可以使用默认值，在此就不赘述了。

提问式的标准对话框可调用的5种方法都有返回值，通过对返回值的判断，可以做不同的事情。对于5种提问式的方法，3种返回True或False；方法askquestion()返回"yes"或"no"（注意用引号括起）；方法askyesnocance()返回3个值，分别是True、False、None。

图7-28所示是标准对话框的基本组成：最上面是对

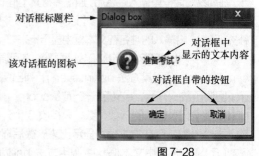

图7-28

话框的标题栏；中间有一个图标，标明对话框的性质，图标右侧出示需要在对话框中显示的文本内容；最下面是对话框自带的按钮，数量不等，最多是 3 个，最少是一个。

例 7-8 编写一个程序，阐述 8 种标准对话框的使用方法。为了方便讲述，在程序前添加了序号。程序如下：

```
1   import tkinter.messagebox
2   import tkinter as tk
3   top=tk.Tk()
4   top.title('python GUI')
5   top.geometry('240x250+10+10')

6   txt1=tk.Text(top,bd=2,fg='Red',relief='sunken',
    width=20,height=10,font=('隶书',14))
7   txt1.pack(side='top',pady=5)

8   fhz=tk.messagebox.askokcancel('Dialog box','准备考试？')
9   if fhz==True :
        txt1.insert('end','好的，开始发试卷！ '+'\n')
    else:
        txt1.insert('end','等等，还没有到时间！ '+'\n')

10  fhz=tk.messagebox.askquestion('Dialog box',"买一个手机？")
11  if fhz=='yes' :
    txt1.insert('end','好啊，买一个新手机！ '+'\n')
    else:
    txt1.insert('end','不买手机，买 ipad 吧！ '+'\n')

12  fhz=tk.messagebox.askretrycancel('Dialog box',"启动失败，重试？")
13  if fhz==True :
        txt1.insert('end','好的，重新来一遍！ '+'\n')
    else:
        txt1.insert('end','放弃启动！ '+'\n')

14  fhz=tk.messagebox.askyesno('Dialog box','我能够开始吗?')
15  if fhz==True :
        txt1.insert('end','是的，你开始做吧！ '+'\n')
    else:
        txt1.insert('end','算了，你还是算了吧！ '+'\n')

16  fhz=tk.messagebox.askyesnocancel('Dialog box','需要执行此这个操作吗')
17  if fhz==True :
        txt1.insert('end','是的，请执行！ '+'\n')
    elif fhz==False:
        txt1.insert('end','不准执行！ '+'\n')
    else:
        txt1.insert('end','算了吧，以后再说吧！ '+'\n')

18  tk.messagebox.showerror('Dialog box',"你出错啦！")
19  txt1.insert('end','出错啦，怎么还蛮干呢？'+'\n')

20  tk.messagebox.showinfo('Dialog box',"祝 2019 新年快乐！")
21  txt1.insert('end','同样也祝你新年快乐！ '+'\n')

22  tk.messagebox.showwarning('Dialog box',"你在偷懒啊！")
23  txt1.insert('end','你怎么在偷懒，不干活！ '+'\n')

24  top.mainloop()
```

（1）第 1～5 的其功能不必多说，仍然要强调第 1 行的不可或缺性。

（2）第 6、7 行在顶层窗口上放了一个多行文本框对象 txt1，它将根据不同对话框的情况，把产生的处理意见在文本框里显示出来。

（3）第 8、9 行由 messagebox 调用方法 askokcancel()，弹出一个提问式对话框 "Dialog box"，如图 7-29（a）所示。用鼠标单击"确定"按钮时，返回值是 True，于是根据这个返回值，由方法 insert()把"好的，开始发试卷！"的信息传递到 txt1 显示出来，如图 7-29（b）所示。

（4）第 10、17 行与第 8、9 行类似，不再详述。要注意的是，第 10～11 行弹出的对话框有两个按钮，它们的返回值是"yes"或"no"，而不是"True"或"False"；第 16～17 行弹出的对话框有 3 个按钮，它们的返回值是"True""False"或"None"。

（5）第 18、19 行没有返回值，通过多行文本框调用方法 insert()直接把所要显示的信息显示出来，如图 7-29（c）所示。

（6）第 20～23 行是与第 18、19 行类似的两段程序，不赘述。整个程序不断弹出 8 个对话框，最终的结果如图 7-29（d）所示。

（7）第 24 行由顶层窗口 top 调用函数 mainloop()，使其总是处于不断循环、不断监视是否有事件发生的状态。只要出现事件，窗口就会去响应该事件，进而处理该事件。

用户可以根据需要调用方法_show()，在自己的程序里定制所需的某标准对话框。方法_show()的具体用法：

```
_show(title=<标题栏名>,message=<显示的文本内容>,_icon=<图标>,_type=<按钮形式>)
```

其中：参数 icon 的取值是'error'、'info'、'question'、'waring'（注意用引号括起）；参数 type 的取值是'abortretryignore'、'ok'、'okcancel'、'retrycancel'、'yesno'、'yesnocancel'（注意用引号括起）。例如，编写程序如下：

```
1   import tkinter.messagebox
2   import tkinter as tk
3   top=tk.Tk()
4   top.title('python GUI')
5   top.geometry('300x100+125+100')
6   tk.messagebox._show(title='title',message='真的要这样做吗？ ',_icon= 'error',_type='okcancel')
7   top.mainloop()
```

程序运行结果如图 7-30 所示：显示一个顶层窗口及弹出自制的标准对话框。注意，弹出的对话框这时是与顶层窗口绑在一起的：单击顶层窗口上的最小化按钮，对话框将被一起最小化；单击顶层窗口上的关闭按钮，对话框将被一起关闭。

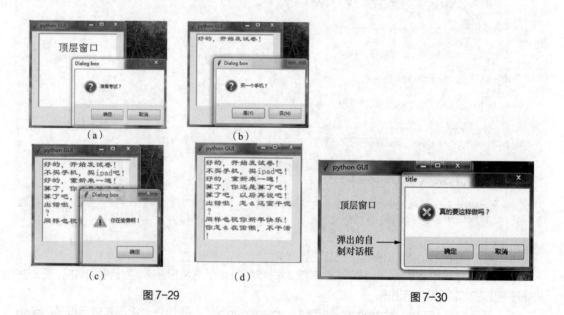

图 7-29　　　　　　　　　　　　　　　　图 7-30

如果把程序中的第 2~5 行及第 7 行去掉，程序照样可以运行，这时顶层窗口变成了一个名为"tk"的空白窗口。

3. 文件对话框 filedialog

当程序中需要用到打开文件或保存文件之类的操作时，文件对话框就能满足人们的这种要求。Python 提供了与打开文件密切相关的两个方法，即方法 askopenfile()、方法 askopenfilename()，及与保存文件相关的方法 asksavefile()。表 7-11 给出了有关这 3 个方法的信息，表 7-12 给出了方法中可用的选项及它们的含义。

表 7-11 filedialog 的方法

方法名称	方法	解释
打开文件	askopenfile(options)	返回文件完整路径；单击取消按钮，返回空字符串
打开文件	askopenfilename(options)	按照当前路径获取文件
保存文件	asksavefile(options)	按照当前路径保存文件

表 7-12 filedialog 方法的选项及含义

选项	含义	类型
defaultextension	指定文件的后缀	string
filetypes	文件类型	list
initialdir	指定打开/保存文件的默认目录	string
title	指定文件对话框的标题栏文本	string

- 选项 defaultextension 用于指定文件的后缀。例如 defaultextension==".py"，那么当用户输入的文件名是"test1"时，Python 就会自动为该名添加后缀".py"。不过，当用户输入的文件名已经包含了后缀时，该选项就不生效了。
- 选项 filetypes 用于指定文件的类型。该选项的值是一个列表，每个元素是由两项组成的元组，即（"<类型名>"，"<后缀>"）。例如 filetypes=[('Python Files', '*.py'), ('Text File', '*.text')]表示要筛选两种文件，一是类型为"*.py" 的 Python 文件；二是类型为"*.text"的 Text 文件。
- 选项 initialdir 用于指定打开/保存文件的默认目录，即当前的文件夹。
- 选项 title 用于指定文件对话框的标题栏文本。

例 7-9 编写一个程序，说明文件对话框中方法 askopenfilename()如何使用。为了方便讲述，在程序前添加了序号。程序如下：

```
1   import tkinter.filedialog
2   import tkinter as tk
3   top =tk.Tk()
4   top.title('python GUI')
5   top.geometry('300x200+125+100')
6   txt1=tk.Text(top,bd=2,fg='Red',relief='sunken',
        width=15,height=5,font=('隶书',14))
7   txt1.pack(pady=10)

8   def openfpy():
9   fname=tk.filedialog.askopenfilename(title='打开 Python 文件',
        filetypes=[('Python Files', '*.py')],initialdir='D:')
10  txt1.insert('end','你要打开的文件是: '+'\n'+fname+'\n')

11  but1=tk.Button(text='请选择 Python 文件',width=18, bd=3,fg='red',
        anchor='s',font=('隶书',13,'italic'),command=openfpy)
12  but1.pack(pady=5)

13  top.mainloop()
```

（1）第1~5行的功能不必多说，仍然要强调第1行的不可或缺性。

（2）第6、7行在顶层窗口上放了一个多行文本框 txt1，它将根据对话框的情况，在文本框里显示出打开的文件。

（3）第8、9行定义了回调函数 openfpy()，即由 filedialog 调用方法 askopenfilename()，弹出一个名为"打开 Python 文件"的打开文件对话框。在这里，用到了选项 filetypes =[('Python Files', '*.py')] 和 initialdir='D:'。根据表7-12，选项 filetypes 是一个列表，其每一个元素都是由两项组成的元组；选项 initialdir='D:'，表示指定 D 盘的根目录为默认目录。该选项起到筛选的作用，如果把 initialdir 设置为是'E:'，那么就会打开 E 盘根目录。这条语句执行后，会把用户选择的打开文件名保存到变量 fname 里。

（4）第10行由多行文本框 txt1 调用方法 insert()，把在变量 fname 里存放的打开文件名，在该文本框里显示出来。

（5）第11、12行在顶层窗口创建了一个名为"请选择 Python 文件"的按钮。单击该按钮，就会调用回调函数 openfpy()，于是被打开的文件名就会在文本框里显示出来。

（6）第13行由顶层窗口 top 调用函数 mainloop()，使其总是处于不断循环、不断监视是否有事件发生的状态。只要出现事件，窗口就会去响应该事件，进而处理该事件。

顶层窗口的创建情况如图7-31（a）所示；当单击顶层窗口中的按钮"请选择 Python 文件"后，就会弹出"打开 Python 文件"对话框，如图7-32所示；当在"打开 Python 文件"对话框里选择了文件 mammal（见图7-32）后，程序就会在多行文本框里显示出所选文件的文件名，如图7-31（b）所示。

（a） （b）

图7-31

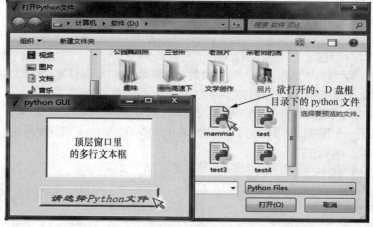

图7-32

7.3.3 列表框 Listbox

编写程序如下：

```
1    import tkinter as tk
2    top = tk.Tk()
3    top.title('python GUI')
4    top.geometry('200x150+10+10')
5    lisb = tk.Listbox(top)
6    for i in range(1,9):
7    lisb.insert('end','Listbox'+str(i))
```

```
8    lisb.pack(side='left')
9    top.mainloop()
```

它的运行结果如图 7-33 所示。对照程序和图，关注程序中的 5～7 行。基于前面所学知识，不难
理解第 5 行创建了一个名为 lisb 的列表框（Listbox），第 6、7 行的循环往列表框里依次添加了 8 个条
目：listbox1～listbox8。这就是列表框能够给你的直观印象。

现有 8
个条目
的列表
框

图 7-33

表 7-13 和表 7-14 分别列出了列表框的常用属性和方法。其中大多数我们在前面都已经见到过。

表 7-13　Python 列表框的常用属性

属性	描述
bg	背景色，如 bg='red'
fg	前景色，用于列表框中文本的颜色，如 fg='red'
height	显示高度，即在列表框中显示的表项的行数。默认值为 10
relief	三维边框底纹效果，可设置为 flat、groove、raised、ridge、solid、sunken，默认值为 sunken
width	表项的宽度（以字符为单位），默认值为 20
state	组件状态，可设置为 normal（正常）、active（激活）、disabled（禁用）
bd	边框的大小，默认为 2 像素
cursor	鼠标指针在列表框上出现时的图标式样
font	列表框中文本使用的字体
selectmode	选择模式（用引号括住），可设置为以下值。 'browse'：从列表框中选择一个表项，拖曳鼠标时，选择将跟随变动，这是默认值。 'single'：从列表框中选择一个表项，拖曳鼠标时，选择保持不动。 'multiple'：从列表框中随意选择多个表项，单击已被选中的表项，可取消选中。 'extended'：单击所需选择的第 1 行并拖曳至最后一行，可一次性选择多个连续表项

表 7-14　Python 列表框的常用方法

方法	解释
curselection()	返回选定表项的行号（从 0 计数的元组），若未选，则返回空元组
delete(first, last=None)	删除在 first、last 索引范围内的表项。若省略 last，则删除 first 索引的表项。删除全部时为(0, 'end')
get(first, last=None)	返回从 frist 到 last 的表项元组，若省略 last，则返回第 1 表项的索引
insert(index, elements)	在索引指定的表项之前，将 element 或多个 elements 插入列表框。若在末尾添加，则使用"end"作为第 1 个参数
size()	返回列表框中的表项数

例 7-10　编写一个小程序，解释列表框的用法。为了方便讲述，在程序前添加了序号。小程序如
下所示：

```
1    import tkinter as tk
2    top = tk.Tk()
3    top.title('python GUI')
4    top.geometry('520x200+125+100')
5    i=1      #全局变量
6    s=1        #全局变量
7    lisb = tk.Listbox(top,width=15,bd=2,fg='Red',relief='groove', selectmode='single')
8    for j in range(1,13):
     lisb.insert('end','Listbox'+str(j))
9    lisb.pack(side='left',padx=1,pady=1)

10   txt1=tk.Text(top,bd=2,fg='Red',relief='sunken',width=27,height=10,font=('隶书',14))
11   txt1.pack(side='left',padx=4,pady=4)
12   txt1.insert('end','-'*10+'告示牌'+'-'*10+'\n')

13   def adtail():      #向列表框末尾添加表项（一行）
         global i
         if i!=0:
             lisb.insert('end','Newitem'+str(i)+'\n')
             txt1.insert('end','尾部插入的表目是：'+'Newitem'+str(i)+'\n')
             i+=1

14   def tanum():      #统计当前列表框中的表目（行）数
         i=0      #注意，这个 i 不是全局变量
         for cont in lisb.get(0,'end'):
             i+=1
         txt1.insert('end','当前列表有表目：'+str(i)+'个'+'\n')

15   def fredel():      #随机删除列表框中的一行
         fhz=lisb.curselection()
         if fhz :
             lisb.delete(fhz)
             txt1.insert('end','你删除了选中的表项'+str(fhz)+'\n')

16   def inrow():      #随机往列表框中插入一行
         global s
         if s!=0:
             fhz=lisb.curselection()
             if fhz:
                 lisb.insert(fhz,'New item'+str(s)+'\n')
                 txt1.insert('end','你在所选位置前插入了表项！',''\n')
                 s+=1

17   but1=tk.Button(text='从尾部插入',width=12, bd=3,fg='red',
         anchor='s',font=('隶书',13,'italic'),command=adtail)
18   but1.pack(side='top',padx=5,pady=15)

19   but2=tk.Button(text='统计表目数',width=12, bd=3,fg='red',
         anchor='s',font=('隶书',13,'italic'),command=tanum)
20   but2.pack(side='top',padx=7,pady=5)

21   but3=tk.Button(text='随意删除',width=12, bd=3,fg='red',
         anchor='s',font=('隶书',13,'italic'),command=fredel)
22   but3.pack(side='top',padx=7,pady=7)

23   but4=tk.Button(text='随机插入',width=12, bd=3,fg='red',
         anchor='s',font=('隶书',13,'italic'),command=inrow)
24   but4.pack(side='top',padx=7,pady=9)

25   top.mainloop()
```

（1）第 1~4 行的功能不必多说。

（2）第 5、6 行定义了两个全局变量，即 i 和 s，它们所起的作用是很大的，后面会专门讲述。

（3）第 7 行通过列表框类 Listbox 创建了与其有关的列表框控件 lisb，最应关注的是传递给参数 selectmode 的值'single'，这表明只能对列表框里的表项做"单选"的操作：一次只能选择一个表项，选了这个就不能选那个，选了那个就不能选这个。

（4）第 8、9 行通过 for 循环，由 lisb 控件调用列表框的方法 insert()。由于现在 insert() 的第 1 个参数是 "end"，所以是不断依次往框里的尾部添加 12 个表项：Listbox1~Listbox12。如图 7-34 所示。

（5）第 10~12 行通过多行文本框类 Text，创建对象 txt1，并在该文本框中显示"告示牌"字样。如图 7-34 所示。

（6）第 13 行定义了"向列表框末尾添加表项（一行）"的回调函数 adtail()，它用到了全局变量 i，只要该程序没有退出执行，就一直由这个变量控制着往列表框末尾添加表项的工作。如图 7-35 所示。

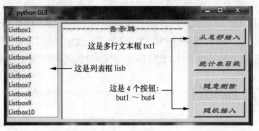

图 7-34   图 7-35

（7）第 14 行定义了"统计当前列表框中的表目（行）数"的回调函数 tanum()，它通过调用方法 get()，不断进行累加，统计出列表框中当前的表项数目，并在文本框 txt1 中显示出来。注意，在这个回调函数里出现的变量 i 不是全局变量，只是与所定义的全局变量 i 同名而已。

（8）第 15 行定义了"随机删除列表框中的一行"的回调函数 fredel()，它通过调用方法 curselection()，获得当前选中表项的行号（在变量 fhz 里）。只有 fhz 里确实有真正的行号时，回调函数才通过方法 delete() 删除此表项，并在文本框中显示出有关信息。

（9）第 16 行定义了"随机往列表框中插入一行"的回调函数 inrow()，它用到了全局变量 s，只要该程序没有退出执行，就一直由这个变量控制着往列表框里随机添加表项的数目。

（10）第 17~24 行通过按钮类 Button，创建了 4 个功能按钮对象 but1~but4，它们将分别调用 4 个回调函数：adtail()、tanum()、fredel()、inrow()。

（11）第 25 行由顶层窗口 top 调用函数 mainloop()，使其总是处于不断循环、不断监视是否有事件发生的状态。只要出现事件，窗口就会去响应该事件，进而处理该事件。

程序开始运行后，若操作的顺序是选中列表框中的表项 Lisbox4→连续单击"随机插入"按钮 3 次→单击"统计表目数"一次→选中列表框中的表项 Listbox4→单击"随意删除"按钮一次→选中列表框中的表项 Listbox6→单击"随意删除"按钮一次→单击"统计表目数"一次，那么顶层窗口里的显示情况如图 7-36 所示。

在 5.3.3 小节"作用域与关键字 global"里，介绍了全局变量 global 的概念，在这里用到了它。在整个程序运行过程中，并不可能事先预测到事件发生的先后次序，也就是说回调函数 adtail() 及 inrow() 何时会被执行及先后被执行多少次，是无法预先知道的。但它们又都需要在上一次计数的基础上，继续进行准确的计算。正因为如此，才让全局变量 i 和 s 来承担起这个责任。

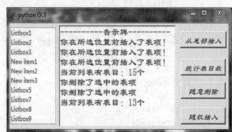

图 7-36

再看回调函数 tanum()，它的里面定义了一个与全局变量 i 名字相同的局部变量 i。Python 为这两个同名而性质不同的变量，分配了两个不同的存储空间。回调函数 tanum()每次执行，局部变量 i 就从 0 开始计数，与全局变量 i 没有任何关系。

7.4 鼠标事件及键盘事件

传统的程序设计是面向过程的，程序设计人员无时无刻不在关心着什么时候应该做什么样的事情，任何一个应用程序都有一个明显的从"开始"→"发展"→"结束"这样的 3 个步骤。可是面向对象的程序设计，则完全是由事件来驱动的，每一个控件都能够识别若干个与自己绑定的事件，这些事件被系统或用户的操作所触发。于是，这时的程序设计人员只需要为特定的事件编写相应的回调函数即可，完全不用去关注程序什么时候应该做什么事情。

当用户与 GUI 互动时，经常会使用鼠标和键盘，因此出现了所谓的"鼠标事件""键盘事件"等。任何一个"事件"都可分为两个部分："事件的触发者"和"事件的处理者"。触发者就是对鼠标按键、键盘按键等进行的操作，由它们引发了事件；处理者即出现事件后，对其要做出的相关处理。Python 通过与触发者"绑定"的方式，来确认谁引发了什么事件；以用户编写的函数，来表述对事件产生的信息需要进行哪些处理。

7.4.1 与鼠标有关的事件及绑定方法 bind()

与鼠标有关的 Python 事件如表 7-15 所示。

表 7-15 Python 的鼠标事件

事件触发者	解释
\<Button\>	按下鼠标某键：\<Button-1\>（左键）、\<Button-2\>（中间键）、\<Button-3\>（右键）
\<ButtonRelease\>	松开鼠标按键
\<Double-Button\>	双击鼠标左键
\<Enter\>	鼠标进入某个控件范围，即让该控件获得焦点（不是按下键盘上的 Enter 键）
\<Leave\>	鼠标离开某个控件范围
\<Motion\>	鼠标移动
\<MouseWheel\>	使用鼠标滚轮

下面，通过编写程序来解释如何与鼠标引起的事件进行"绑定"，如何来编写对事件产生的信息进行处理的函数。注意，这里给出的"处理"当然是极其简单的，只是起到一个示范的作用，它正是解决实际问题时，需要下大力气编写程序的地方。

例 7-11 编写一个程序，在顶层窗口里安放一个多行文本框，当在窗口里单击鼠标左键时，立即在文本框里显示出鼠标指针所在位置的 x 和 y 坐标。程序如下：

```
1   import tkinter as tk
2   top=tk.Tk()
3   top.title('python GUI')
4   top.geometry('300x150+10+10')

5   txt1=tk.Text(top,font=('Arial',10,'italic','bold'),fg='Red',
    width=30,height=10,relief='ridge',bd=2)
6   txt1.pack(padx=10,pady=20)
#处理鼠标左键的单击
7   def caback(event):
8       x1=event.x
9       y1=event.y
10      txt1.insert('end','单击鼠标左键时的 x 坐标是: '+str(x1)+'\n')
11      txt1.insert('end','单击鼠标左键时的 y 坐标是: '+str(y1)+'\n')
```

```
12    txt1.insert('end',' ='*16+'\n')
13    top.bind('<Button-1>',caback)         #与鼠标左键单击及回调函数绑定
14    top.mainloop()
```

（1）第 1～4 行的功能不必多说。

（2）第 5、6 行通过调用多行文本框类 Text，在顶层窗口创建一个文本框控件 txt1。

（3）第 7～12 行编写一个发生单击鼠标左键事件时的处理回调函数 caback()。注意，要用一个形参（例如这里是 event）来调用这个函数，因为 Python 在内部安排用该形参来捕获事件属性，所以即使无须传递实参，该参数也绝不可省略。例如，发生单击鼠标左键事件时，Python 会自动返回鼠标指针当前所在位置的 x 和 y 坐标，于是进入函数后，就用这个参数通过 "."运算符获得 x 和 y 坐标：event.x 和 event.y。

获得了坐标 x 和 y，就可以通过文本框的方法 insert()，将该坐标在文本框里显示出来。另外，由于坐标是 int 型的数据，因此在显示时，必须将它转换成 str 型。

（4）第 13 行由顶层窗口 top 通过调用 Python 提供的绑定方法 bind()，把鼠标左键<Button-1>（这是事件触发者）与回调函数 caback()（这是事件处理者）捆绑在一起，达到处理"单击鼠标左键"事件的目的。这一行在程序中起的作用是非常大的。

（5）第 14 行顶层窗口 top 调用函数 mainloop()，使其总是处于不断循环、不断监视是否有事件发生的状态。只要出现事件，窗口就会去响应该事件，进而处理该事件。

整个程序的运行结果，如图 7-37 里的①和②两次单击鼠标左键时显示的坐标位置所示。要注意，本程序是由顶层窗口 top 调用绑定方法 bind()，将<Button-1>与回调函数 caback()捆绑在一起的，因此在 top 及 txt1 范围里单击鼠标左键时，文本框里都会显示出鼠标指针的 x 和 y 坐标。但是如果对第 13 行进行修改。原为：

```
13    top.bind('<Button-1>',caback)
```

改为：

```
13    txt1.bind('<Button-1>',caback)
```

那么意味着是由 txt1 调用了方法 bind()，将<Button-1>与回调函数 caback()捆绑在一起的。于是，这时只有当鼠标指针进入文本框范围、并在此范围内单击鼠标左键时，文本框里才会显示出鼠标指针的坐标，而在文本框外、窗口内单击鼠标左键时，文本框是不会显示出鼠标指针的坐标的。

用下面的 10～12 行代替程序中的 10～12 行也是行得通的：

```
10    txt1.insert('end','单击鼠标时的坐标是：')
11    txt1.insert('current',(event.x,event.y))
12    txt1.insert('end','\n'+' ='*16+'\n')
```

为了处理双击鼠标左键的事件，可以对例 7-11 的程序略加修改，把 7～13 行的程序内容用下面的程序段代替：

```
def dobbut(event):
    txt1.insert('end','双击鼠标左键时的坐标：')
    txt1.insert('current',(event.x,event.y))
    txt1.insert('end','\n'+' ='*16+'\n')
top.bind('<Double-Button-1>',dobbut)
```

修改后程序的执行结果如图 7-38 所示。

图 7-37

图 7-38

为了处理鼠标进入 txt1 时的事件，可以对例 7-11 的程序略加修改：把 7～13 行的程序内容用下面的程序段代替：

```
def dradr(event):
    if 'Enter':
        txt1.insert('end','你现在进入了文本框！'+'\n')
txt1.bind('<Enter>',dradr)
```

程序执行时，当鼠标指针从外进入文本框里面的瞬间，鼠标指针变为输入光标，文本框里显示出信息"你现在进入了文本框！"，如图 7-39 所示。注意，这里将方法 bind() 的调用者从 top 改成了 txt1。

图 7-39

要说明两点：第一，这里用 if 'Enter' 语句来判断鼠标指针是否进入了文本框，是否处于进入状态，其实若想知道 "Leave"（离开）、"Motion"（移动）、"MouseWheel"（使用滚轮）等事件是否发生，也都可以用这种办法来进行评定；第二，强调一下，函数体内虽然没有用到参数 event，但括号内仍要写 event，不能略去。

7.4.2　关于方法 bind() 及 event

由上面的例子可以看出，解决"事件触发者"和"事件处理者"的问题，方法 bind() 及 event 所起的作用是至关重要的：方法 bind() 将触发者和处理者捆绑在了一起，系统实时捕捉到触发者后，就将与该触发者相关的参数传递给回调函数里的形参 event，参考 event 对其进行接收并加以处理。这就是程序中方法 bind() 和 event 之间的默契配合，是 Python 事件驱动的完整过程。

1.　方法 bind()

这是所谓的"绑定"方法，该方法的语法如下：

```
<控件名>.bind(sequence, func, add)
```

其中，调用该方法的 <控件名> 限定了事件的作用范围。参数 sequence 用于指明事件触发者的地方，使用时其前后必须用尖括号括起，并用 "-"（减号）或 " "（空格符）再加上数字表示控件的顺序，然后以字符串方式返回。例如对于鼠标，<Button-1>或<Button 1>表示鼠标左键；<Button-2>或<Button 2>表示鼠标滚轮；<Button-3>或<Button 3>表示鼠标右键。参数 func 指明事件处理者的回调函数位置，通常是一个函数名。参数 add 是可选项，这里就略去不提了。

2.　event

在方法 bind() 中捕捉到事件的触发者后，系统就会将与该触发者相关的属性值传递给事件的处理者，处理者就可以通过 "event.<属性>" 的方式，访问传递过来的属性。表 7-16 列出了一些可传递给 event 接收的属性。注意，event 这个名字完全可以用别的名字代替。

表 7-16　传递给 event 的常用属性

属性名	解释
char	针对键盘事件的按键字符
keycode	针对键盘事件的按键编码（ASCII）
keysym	针对键盘事件的按键名称
num	针对鼠标事件的鼠标按键（返回值：'1'表示左键，'2'表示中间键，'3'表示右键）
type	产生的触发事件的类型（int 型）
widget	产生触发事件的控件（str 型）
x、y	相对于顶层窗口，鼠标指针位置的 x、y 坐标

在下面编写的程序里，由文本框 txt1 调用方法 bind()，将事件触发者<Button-3>与事件处理者 mouevt()捆绑在一起。当程序执行、用户在文本框里单击鼠标右键时，系统立即会捕捉到这一事件，并将与鼠标按键有关的属性（如表 7-16 中所列的 num、type、widget、x、y 等）全都传递给事件的处理者 mouevt()，供它选择使用。于是，回调函数就可以利用 event.num、event.x、event.y、event.widget、event.type 等，输出有关的信息，如图 7-40 所示。

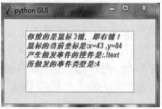

图 7-40

程序如下：

```
import tkinter as tk
top=tk.Tk()
top.title('python GUI')
top.geometry('300x150+10+10')

txt1=tk.Text(top,font=('Arial',10,'italic','bold'),fg='Red',
      width=30,height=10,relief='ridge',bd=2)
txt1.pack(padx=10,pady=20)
txt1.focus_set()        #让文本框获得焦点

def mouevt(event):          #处理鼠标右键的单击
  if event.num:
      x=event.x
      y=event.y
      txt1.insert('end','你按的是鼠标 '+str(event.num)+'键，即右键！ '+'\n')
      txt1.insert('end','鼠标指针的当前坐标是:x=%d ,y=%d'%(x,y)+'\n')
      txt1.insert('end','产生触发事件的控件是:'+str(event.widget)+'\n')
      txt1.insert('end','所触发的事件类型是:'+event.type+'\n')

txt1.bind('<Button-3>',mouevt)

top.mainloop()
```

例 7-12 编写一个程序，在顶层窗口里安放一个多行文本框，当在文本框里移动鼠标指针时，立即在文本框里显示出鼠标指针所在位置的 *x* 和 *y* 坐标。程序如下：

```
1   import tkinter as tk
2   top=tk.Tk()
3   top.title('python GUI')
4   top.geometry('300x150+10+10')

5   txt1=tk.Text(top,font=('Arial',10,'italic','bold'),fg='Red',
        width=30,height=10,relief='ridge',bd=2)
6   txt1.pack(padx=10,pady=20)

7   def motion(event):      #处理移动鼠标时的回调函数
8       x=event.x
9       y=event.y
10   txt1.insert('end','鼠标指针坐标是: x=%d ,y=%d'%(x,y)+'\n')

11   txt1.bind('<Motion>',motion)

12   top.mainloop()
```

（1）第 1~4 行的功能不必多说。

（2）第 5、6 行通过调用多行文本框类 Text，在顶层窗口创建一个文本框控件 txt1。

（3）第 7~10 行编写一个发生鼠标移动事件时的处理回调函数 motion()。

（4）第 11 行通过 txt1 调用 Python 提供的绑定方法 bind()，把鼠标移动<Motion>（这是事件触发者）与回调函数 motion()（这是事件处理者）捆绑在一起，以便鼠标指针在文本框里移动时，能够在文本框里即时显示鼠标指针所在的位置。

（5）第 12 行由顶层窗口 top 调用函数 mainloop()，使其总是处于不断循环、不断监视是否有事件发生的状态。只要出现事件，窗口就会去响应该事件，进而处理该事件。

图 7-41 所示是程序运行时的结果。由于是将鼠标指针在文本框里移动，所以文本框里显示出的内容非常多，非常快，可谓"目不暇接"。由于文本框设置的尺寸是有限的，不可能随着鼠标的移动，把移动时的坐标位置全都显示出来。为此，可以借助文本框里的光标，上下进行移动，以便查看在短暂的瞬间，框里列出了多少坐标结果。

图 7-41

7.4.3　与键盘有关的事件

"键盘"是人们再熟悉不过的一种输入工具了，在它的上面布满了很多的按键，大致可以分为字母键、功能键、组合键等几种。按下单个按键可以产生事件，按下组合键（例如 Ctrl+Z），也会产生事件。键盘事件的处理方式和步骤完全类似于上面已介绍过的鼠标事件，表 7-17 列出了两个与键盘有关的 Python 事件。

表 7-17　Python 的两个键盘常用事件

事件触发者	解释
\<KeyPress\>	按下键盘上的某键，例如\<KeyPresss-A\>（按下大写字母键 A）
\<KeyRelease\>	释放键盘上的某键

例 7-13　编写一个程序，在顶层窗口里放一个多行文本框，当在键盘上按下 F2 键、按下英文大写字母 B 键、按下英文小写字母 m 键、释放英文小写字母 m 键等时，进行适当处理。下面是编写的程序：

```
1   import tkinter as tk
2   top=tk.Tk()
3   top.title('python GUI')
4   top.geometry('300x150+10+10')

5   txt1=tk.Text(top,font=('Arial',10,'italic','bold'),fg='Red',
    width=34,height=10,relief='ridge',bd=2)
6   txt1.pack(padx=10,pady=20)
7   txt1.focus_set() #让文本框获得焦点

8   def showkey(event):
9     if event.keysym=='F2':
        txt1.insert('end',event.keysym+':是 Windows 操作系统的帮助和支持键！'+'\n')
10    if (event.keysym=='B'):
        txt1.insert('end','你按的英文大写字母!'+'\n')
11    if (event.keysym=='m'):
        txt1.insert('end',str(event.keycode)+':是你按的英文字母的 ASCII。'+'\n')

12  def releas(event):
      if (event.keysym=='m'):
        txt1.insert('end',':是你释放的英文小写字母!'+'\n')

13  txt1.bind('<KeyRelease>',releas)
14  txt1.bind('<KeyPress>',showkey)

15  top.mainloop()
```

（1）第 1~4 行的功能不必多说。

（2）第 5~7 行通过调用多行文本框类 Text，在顶层窗口创建一个文本框控件 txt1，并让其获得输入焦点。

（3）第 8~11 行编写捕获键盘输入事件后，做出处理反应的回调函数 showkey()。该函数由 3 条 if 语句组成，一是通过询问 event.keysym 是否等于 F2，以决定在文本框里显示的内容；二是通过询问 event.keysym 是否等于大写英文字母 B，以决定在文本框里显示的内容；三是通过询问

event.keysym 是否等于小写英文字母 m，以决定在文本框里显示的内容。

（4）第 12 行编写捕获键盘释放按键事件后，做出处理反应的回调函数 releas()。它由一条 if 语句组成，如果 event.keysym 等于 m，那么就在文本框里显示出相应信息。

（5）第 13 行把键盘的<KeyRelease>事件与回调函数 releas()捆绑在一起。

（6）第 14 行把键盘的<KeyPress>事件与回调函数 showkey()捆绑在一起。

（7）第 15 行由顶层窗口 top 调用函数 mainloop()，使其总是处于不断循环、不断监视是否有事件发生的状态。只要出现事件，窗口就会去响应该事件，进而处理该事件。

图 7-42 所示是先按下 F2 键，再连续两次按下小写英文字母 m 后，文本框里的显示内容。

图 7-42

例7-14 编写一个程序，在顶层窗口里安放一个标签和两个按钮。初始时，标签内显示文字"请加载图片！"。单击"换图片"按钮，就往标签里加载图片。连续单击 6 次，标签里出现 6 张不同的图片，第 7 次单击时，又为第 1 张图片，周而复始；单击"退出"按钮，整个程序停止运行。整个程序编写如下：

```
1    import tkinter as tk
2    top=tk.Tk()
3    top.title('python GUI')
4    top.geometry('200x200+10+10')

5    tup1=tk.PhotoImage(file = "E:\python 图片夹\A.png")
6    tup2=tk.PhotoImage(file = "E:\python 图片夹\B.png")
7    tup3=tk.PhotoImage(file = "E:\python 图片夹\C.png")
8    tup4=tk.PhotoImage(file = "E:\python 图片夹\D.png")
9    tup5=tk.PhotoImage(file = "E:\python 图片夹\E.png")
10   tup6=tk.PhotoImage(file = "E:\python 图片夹\F.png")

11   lab1=tk.Label(top,text='请加载图片！ ',font=('Verdana',16,'italic', 'bold'),fg='red',relief='ridge')
12   lab1.pack(pady=15)
13   i=1        #定义全局变量

14   def change():
     global i
         lab1.config(image=tup1)
         if i==1:
            i+=1
            lab1.config(image=tup2)
         elif i==2:
            i+=1
            lab1.config(image=tup3)
         elif i==3:
            i+=1
            lab1.config(image=tup4)
         elif i==4:
            i+=1
            lab1.config(image=tup5)
         elif i==5:
            i+=1
            lab1.config(image=tup6)
         else:
            i=1

15   button1=tk.Button(top,text='换图片',font=('楷体',13,'bold'),fg='red', command=change)
16   button1.pack(side='left',padx=20)
17   button2=tk.Button(top, text='退出',font=('楷体',13,'bold'),fg='red', command=quit)
18   button2.pack(side='left',padx=5)

19   top.mainloop()
```

（1）第1～4行的功能不必多说。

（2）第5～10行通过窗口tk调用PhotoImage控件，创建6个图片对象tup1～tup6。当然，在创建前，一定要在所定路径里安排好6张图片。书中是从网上截取的6张图片，如图7-43所示。

（3）第11、12行通过标签控件Label，创建对象lab1。运行开始时标签上显示文字"请加载图片！"，如图7-44所示。单击窗口上的"换图片"按钮后，图片将一张张地出现在该标签上。

（a）　　　　（b）　　　　（c）

（d）　　　　（e）　　　　（f）

图7-43

图7-44

（4）第13行定义了一个全局变量i，将由它来控制单击"换图片"按钮时，应该显示哪一张图片。

（5）第14行编写了单击"换图片"按钮时的回调函数change()。进入该函数时，先用语句"global i"标明程序中所使用的变量i是全局变量，这是很重要的，否则Python就会将其视为局部变量。

第14行先通过lab1调用函数config()，并传递参数image=tup1，使标签里显示出第1张图片tup1，如图7-45（a）所示。然后全局变量i开始工作：在判断它的取值后，让标签显示出不同的图片；直到判定i里面的取值不是1～5时，重新设置全局变量i，让它等于1，以便开始下一轮图片的显示。这个回调函数在程序运行中所起的作用是非常重要的。

（6）第15～18行定义了两个按钮控件Button的对象：button1和button2。前者通过调用回调函数change()，实现图片的不断更新显示；后者则是调用方法quit()，让整个程序退出运行。

（7）第19行由顶层窗口top调用函数mainloop()，使其总是处于不断循环、不断监视是否有事件发生的状态。只要出现事件，窗口就会去响应该事件，进而处理该事件。图7-45（b）所示是第3次单击"换图片"按钮时显示出来的图片。

例7-15　"猜猜看"是一个简单的小游戏，可通过Python提供的GUI，设计出图7-46所示的顶层窗口。窗口上方安排两个标签，一个告知使用者只有3次猜的机会，另一个告知使用者本标签里将随时显示游戏的进展情况。窗口的下方是两个按钮，即"游戏开始"和"游戏结束"，单击它们时所要完成的任务是明确的。编写的程序如下：

```
import random,time
import tkinter.simpledialog
import tkinter as tk
top=tk.Tk()
top.title('Python GUI')
top.geometry('400x200+125+100')

word='----------猜猜看----------'+'\n'+'只有3次猜的机会，要动脑筋噢！'
lab1=tk.Label(top,text=word,font=('Verdana',16,'italic','bold'),fg='red',relief='ridge')
lab1.pack(pady=15)
lab2=tk.Label(top,font=('Verdana',16,'italic','bold'),fg='red',relief='ridge')
lab2.pack(pady=15)

class Guess():
    def __init__(self):
```

```
        self.name='这是一个小游戏，这里显示可猜的次数！'
        lab2.config(text=self.name)

    def guwhat(self):
        gus_key=random.randint(1,10)
        gus_stat=1
        looptime=1
        gus_count=3
        lab2.config('   ')
        while looptime<=3:
            gus_count-=1
            inkey=tk.simpledialog.askinteger(title='请输入猜的数字',prompt= '你的输入是：')
            if inkey==gus_key:
                gus_stat=0
                break
            if inkey>gus_key:
                lab2.config(text='输入的数大了！你还有'+str(gus_count)+'次机会！')
            if inkey<gus_key:
                lab2.config(text='输入的数小了！你还有'+str(gus_count)+'次机会！')
            looptime+=1
        if gus_stat==0:
            lab2.config(text='恭喜你，你猜对了！继续？结束？')
        else:
            lab2.config(text='这次你输了！继续？结束？')

gues=Guess()

btn1=tk.Button(top,text='游戏开始',width=10,
    fg='red',font=('Verdana',14,'bold','italic'),command=gues.guwhat)
btn1.pack(side='left',padx=35)
btn2=tk.Button(top,text='游戏结束',width=10,
    fg='red',font=('Verdana',14,'bold','italic'),command=quit)
btn2.pack(side='left',padx=8)
top.mainloop()
```

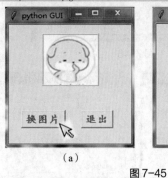
（a）

（b）

图 7-45

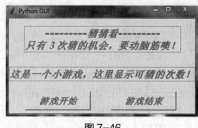

图 7-46

注意以下几点：

（1）程序中，lab1 是第 1 个标签的名字。在创建它时，除了用到标签的很多属性外，还要用到属性 text，将它的取值先在前面通过变量 word 给出，即：

```
word='----------猜猜看----------'+'\n'+'只有 3 次猜的机会，要动脑筋噢！'
```

这样的处理可以缩短创建该标签时的语句长度。另外，在标签中如果希望能够显示出若干行内容，就需要通过添加 "\n" 来实现，如 word 中所做的那样。

（2）在类 Guess 里，除初始化函数 "__init__(self)" 外，还给出函数 "guwhat(self)"。这是类中最重要的函数，"游戏开始" 按钮就是通过它来完成自己的功能的。

（3）函数 guwhat(self)的主体是一个 while 循环。循环开始前，先做如下一些变量的初始化工作：
- gus_key=random.randint(1,10)

通过 random 调用函数 randint()，产生一个 1~10 的随机整数，成为让用户猜测的数字，产生的随机数被存放在变量 gus_key 里。

- gus_stat=1

该变量只有两种取值：1 和 0。初始时取值设置为 1，表示游戏在进行中；取值 0，表示游戏正常结束。程序最终将通过判别它是否等于 0，来确定游戏是否顺利结束。

- looptime=1

由于只给 3 次猜的机会，程序中就由该变量来控制循环执行 3 次。

- gus_count=3

由于只给 3 次猜的机会，程序中就由该变量来控制还可以猜几次的次数，每循环一次，它就被减 1，以供标签 lab2 里显示。

- lab2.config('   ')

程序初启时，标签 lab2 不显示任何内容，这条语句用来设置 lab2 取的初值：3 个空格。

while 循环有两个停止条件，一是"looptime>3"；二是在 3 次之内猜中，于是通过语句"break"强制退出循环。

（4）用鼠标单击"游戏开始"按钮，会通过"simpledialog.askinteger"语句弹出"请输入猜的数字"对话框，如图 7-47 所示。

窗口中输入的数字被存放在变量 inkey 里，程序通过判断 inkey 与 gus_key 之间的大小关系，在标签 lab2 里显示这次猜测的正确与否。例如，在弹出的快捷窗口里输入 5 后，判断该数字比 gus_key 里的随机数大，那么结果就如图 7-48 所示，显示"输入的数大了！你还有 2 次机会！"。

图 7-47

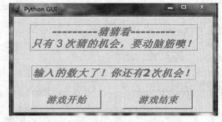

图 7-48

你可以在猜测一次以后，通过单击"游戏开始"按钮，开始下一次游戏；也可以通过单击"游戏结束"按钮退出游戏。图 7-49 所示的左图是猜对后窗口显示的内容，右图是 3 次都没有猜中时窗口显示的内容。

图 7-49

（5）语句"gues=Guess()"创建了一个类 Guess 的对象（实例）gues。正是这个对象在按钮 btn1 里调用了类中的方法 guwhat()，游戏才可以玩。

（6）整个玩游戏的过程中，只要单击一次"游戏开始"按钮，方法 guwhat()就会对各变量进行一次初始化，从而保证了游戏的正常进行。这一点是非常重要的。

思考与练习七

第8章
异常处理及程序调试

有人曾说过，编写程序是一个 10% 灵感加上 90% 调试的工作过程。哪怕是一段很小的程序，在编写和执行的过程中，都很不容易做到"一帆风顺"，总可能会遇到这样或者那样的问题。因此，一个编程者在产品交付使用之前，肯定也是一个程序的调试者，必须学会使用编程语言提供的各种调试程序的工具和方法，必须善于发现和清除程序里出现的各种问题和错误，这样才能够编写出正确和高质量的程序。

8.1 编程中的两种"异常"

什么是编程中的"异常"？"异常"即程序执行过程中产生的非预期的结果，或是引发的错误。笼统地说，有两种可能引发的错误：一是编写程序时，由于违背了 Python 的语法规则，书写上出现了纰漏，于是程序被迫终止运行，输出了有关的错误信息，这就是所谓的"语法错误"；二是程序顺利地通过了运行考验，并得出了结果，但它并不是编写程序时人们所设想的结果，这就是所谓的"逻辑错误"。

不难理解，发现"语法错误"，输出错误信息，应该属于 Python 的职责范围；而发现"逻辑错误"，则应该属于编程者自己的职责范围。逻辑错误往往是由于编程人员"词不达意"造成的，没有用 Python 语言正确地描述出程序的执行路径，因此语法虽然是对的，也能够正常执行，但结果不是自己所希望的。所以，发现和清除程序中出现的"逻辑错误"，任务只能落在编程人员自己的肩上，Python 是无法担当这一重任的。程序中无论出现了语法错误还是出现了逻辑错误，最终都需要去排除它。

8.1.1 异常之一：语法错误

从接触 Python、开始编写程序起，违背它语法规则的情况肯定时有发生。

例如，不经意间把某程序中第 11 行所定义的函数 zhj() 写成了：

```
def zhj(event)
    if (event.keysym=='a'):
        txt1.insert('end','；你释放的是小写字母'+event.keysym+'\n')
```

即丢失了函数头中必需的"："（冒号）。当程序投入运行时，Python 会很快输出出错信息，如图 8-1（a）所示。这是一个句法错误，表明为无效语法：

```
SyntaxError: invalid syntax
```

又如，不经意间把某程序第 8 行中的变量 txt1 误写为：

```
tet1.pack(padx=10,pady=20)
```

当程序投入运行时，Python 会很快输出出错信息，如图 8-1（b）所示。这是一个试图访问一个不存在的变量而出现的名字错误"NameError"。

再如，不经意间把某程序第 1 行中的 import tkinter 误写为以下语句：

```
Import Tkinter
```

即把小写的"t"写成了大写，于是会输出图 8-1（c）所示的情况，表示没有名为"Tkinter"的模块存在。

比较一下这些输出信息，可以发现它们的共性是：都提示了出错的地方（哪个文件的哪一行），出错的类型（句法错误、名字错误等）。当程序编写者面对这些信息时，即使输出的信息很长，哪怕其中还有很多内容根本看不明白，也没有什么关系，我们只需从这些信息中挑选出"程序的第几行出了问题""出了什么类型的问题"。挑选出了这两方面的内容，就可以回到程序中去，对程序进行检查，做出所需要的修改。

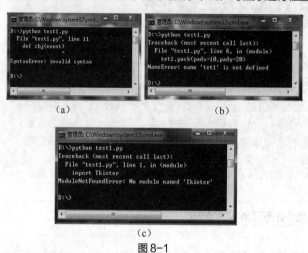

图8-1

8.1.2 异常之二：逻辑错误

例8-1 编写一个程序，从键盘接收一个数据 x，根据给出的分段函数，计算出相应的 y 值。

$$y = \begin{cases} 0 & (x<-1) \\ 1 & (-1 \leqslant x \leqslant 1) \\ 10 & (x>1) \end{cases}$$

我们将程序编写如下：

```
x=int(input('请输入数据: '))
if (x<-1):
        y=0
if (x>=-1 and x<=1):
        y=1
else:
        y=10
print('x=%d, y=%d'%(x,y))
```

让其运行 4 次，如图 8-2（a）所示，表示第 4 次运行出错。按照设想，输入-2后，输出的结果应该是 0，结果却是 10。

回过头认真检查程序，应该能够发现是 if 语句配对出了问题：在输入数据-2后，首先经过条件"x<-1"的检查，变量 y 的取值应该为 0。程序再往下运行，-2 不会落在区间"x>=-1 and x<=1"里，那么程序运行到哪里去了？这时我们会发现，原来最后的 else 不是与第 1 个 if 配对，而是与第 2 个 if 配对，于是变量 y 被赋值为 10。果真是这样的吗？在程序里添加一条输出语句：

```
print('第 1 次做!x=%d, y=%d'%(x,y))
```

这时程序改为：

```
x=int(input('请输入数据: '))
if (x<-1):
y=0
        print('第 1 次做!x=%d, y=%d'%(x,y))
if (x>=-1 and x<=1):
```

```
        y=1
    else:
        y=10
print('x=%d, y=%d'%(x,y))
```

执行后的结果如图 8-2（b）所示，原来变量 y 确实被两次赋了值，先是被赋予 0，后被赋予 10。这条输出语句证实了我们的分析：if 配对出了问题。把程序修改如下：

```
x=int(input('请输入数据: '))
if (x<-1):
    y=0
elif (x>=-1 and x<=1):
    y=1
else:
    y=10
print('x=%d, y=%d'%(x,y))
```

这样修改后再运行，结果就完全正确了，如图 8-2（c）所示。

这样的错误就是一个所谓的"逻辑错误"，它是 if 语句使用不当导致的，Python 的语法检查根本查不出来，它不会知道编程者的真正心思。

往程序里添加一条与程序原来功能无关的语句，以便检查到底哪里出现了问题，这就是调试程序的一种办法。

图 8-2

例 8-2 编写一个程序，从键盘接收一个字符串 x 和整数 num，功能是显示由 x 中的字符所组成的三角形：第 1 行显示一个字符，第 2 行显示两个字符，……，第 n 行显示 n 个字符。程序编写如下所示：

```
x=str(input('请输入输出字符: '))
num=int(input('请输入循环次数:'))
for i in range(1,num):
    for j in range(1,i):
        print(x+'',end='')          #保证在同一行显示字符
    print('\r')
print('end')
```

假定输入的字符是"&"，整数值为"11"。考虑到函数 range() 的特性，所以预期输出的三角形应该为 10 行。但程序运行后，输出的结果却如图 8-3 所示：比预期少输出了一行。

仔细想想，问题肯定出在循环上，肯定是它们给弄丢了。仍如前面的做法，在程序的外循环里添加一条测试循环次数的语句 print('i=%d\t'%i)，把程序修改成：

```
x=str(input('请输入输出字符: '))
num=int(input('请输入循环次数:'))
for i in range(1,num):
```

```
        print('i=%d\t'%i)
        for j in range(1,i):
            print(x+'',end='')
        print('\n')
    print('end')
```

运行添加了测试语句的程序。为了说明问题，字符还是用"&"，次数减成"5"。它的输出结果如图 8-4 所示。对照程序分析，可以看出第 1 次外循环时，应该输出一个"&"，结果什么也没有输出；第 2 次外循环时，应该输出两个"&"，结果只输出了一个……

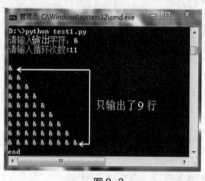

图 8-3

图 8-4

内循环是管输出字符的，第 1 次时它居然一个字符也没有输出，为什么？原来函数 range(1,i) 在第 1 次运行时，实际运行的是 range(1,1)，所以它什么也不做。问题原来就出在内循环上。为了让内循环第 1 次就能够输出字符，将内循环改成：

```
for j in range(1,i+1)
```

把程序修改成：

```
x=str(input('请输入输出字符: '))
num=int(input('请输入循环次数:'))
for i in range(1,num):
    for j in range(1,i+1):
        print(x+'',end='')
    print('\r')
print('end')
```

再运行程序，一切都正常了，如图 8-5 所示。

这又是一个"逻辑错误"的例子。可见，编写程序的人员，必须学会各种调试程序的办法，只有这样才能够编写出正确无误的程序来。

图 8-5

从上面的两个例子可以看出，为了调试程序，最简单常用的办法，就是在程序里安排一些附加语句，以便在执行过程中，从它们给出的中间结果和相关信息里，分析产生错误的原因及位置。具体的做法可以有：

● 为了知道输入数据时出现错误的可能原因，以及数据是否存放到了预定的变量里，可以在输入（如 input()）语句之后，安排一条输出（如 print()）语句。

● 为了检查函数调用过程中参数传递是否正确，可以在调用某函数之前及刚进入被调函数时，分别安排输出语句，进行传递内容是否正确的核对工作。

● 为了了解循环嵌套结构中，当前处于第几重循环、是第几次进入循环体，可以在循环结构里，适当安排计数语句，统计出有用的数据信息。

● 为了了解条件判定和程序走向，可以在 if 语句等分支结构中，针对每个分支设置输出内容不同的语句，以弄清楚程序执行时，到底走了哪一条路，有没有按照要求运行。

总之，当程序中出现错误时，可通过往它的里面添加一些"调试"语句，从它们那里得到某些信息，以帮助程序设计人员进行分析、排除疑点，从而确定错误所在的范围。这是一种简单易行的办法。

8.1.3 Python 对"异常"的处理

Python 不同于 C 或 Java，它是一种解释型的程序设计语言，因此只有在程序运行时，它才会对程序的语句进行语法检查，才会发现程序中违反语法规则的地方，才会捕捉到打断程序执行的各种异常现象，才会知道程序不能正常运行下去的原因。表 8-1 给出了 Python 程序运行时常见的、可以捕捉到的各种异常事件的类型。

表 8-1　Python 中常见的语法异常名称

异常类名称	描述
NameError	试图访问一个没有定义的变量引发的错误
IndexError	索引超出序列允许范围引发的错误
IndentationError	缩进错误
ValueError	传递的值出现错误
KeyError	请求一个不存在的字典关键字引发的错误
IOError	输入输出错误（例如读取的文件不存在）
ImportError	Import 无法找到模块
AttributeError	试图访问未知的对象属性引发的错误
TypeError	类型不符合要求引发的错误
MemoryError	内存不足引发的错误
ZeroDivisionError	除数为 0 引发的错误
SyntaxError	Python 代码非法，语法错

如何发现程序中存在异常？发现异常后要如何处理？Python 提供了有用的"异常处理机制"，如下所示。

- try-except：捕捉程序代码中可能引发的错误。
- try-else：有条件地处理程序中出现的异常。
- try-finally：不管是否发生异常，最终都去执行清理操作。

这将是后面要讨论的问题。

8.2　捕捉异常：try-except 语句

在程序运行中出现异常、对其也没有采取什么处理措施时，Python 只会终止程序的运行，给出一个"traceback"（追溯、回溯），里面包含该异常的有关信息。正如在接触 Python 时已经见到过的，traceback 里面虽然提供了表 8-1 所示的异常类型信息，但让人感到比较晦涩，有时 Python 给出的信息会多得让初学者感到不知所措。能不能利用在 traceback 里捕捉到的异常信息，对其进行处理？为此，Python 提供了捕捉异常的语言机制：try-except。

8.2.1　try-except 语句的基本语法

为了能够捕捉到程序中的异常，编写程序时把可能产生异常的语句块放在 try 子句后面的语句块里，把捕捉到异常后需要做的处理事情放在 except 子句后面的语句块里。这样，若 try 后面的语句块运行时出错，就会去执行 except 后面的语句块；如果 try 后面的数据块执行没有错误，那么就会跳过 except 后面的语句块。其语法格式为：

```
try:
    <block1>
except[ <异常类名>[as <别名>]]:
    <block2>
```

其中，<block1>：有可能出现错误的语句块。

<异常类名>：指定要捕捉的异常类名称（见表 8-1）。

as <别名>：为当前的异常起一个"别名"，通过它可以记录该异常的简要内容。

<block2>：出现异常后要进行的处理，例如可以输出提示信息，通过别名输出该异常简要的内容。

要注意的是：

- 在 try 子句和 except 子句头部的结尾处，必须要有"："（冒号）。
- except 的作用是捕捉 try 后面的缩进语句块中的具体异常。
- 在 except 后如果没有指定异常名（即没有给出方括号），则表示捕捉全部异常。

为了说明 try-except 的用法，编写程序如下：

```
1   num1=int(input('请输入被除数: '))
2   try:
3       num2=int(input('请输入除数: '))
4       result=num1/num2
5   except ZeroDivisionError :
6       print('出错了，除数不能为 0！')
```

该程序的基本思想很简单，在键盘上输入被除数和除数，以求做除法后的结果（程序中暂时没有给出输出结果的语句）。图 8-6（a）所示是输入 12 和 4 后的屏幕情况。不难看出，这时程序的执行线路是：1→2→3→4。图 8-6（b）所示是输入 12 和 0 后的屏幕情况。不难看出，这时程序的执行线路是：1→2→3→4→5→6。后者为什么会是这样的一个执行路线？因为在 try 后的语句块里，语句 4 出现了异常：把 0 当作了除数，这是不能允许的事情。

把程序稍做修改，在 except 里增加 as，并添加语句 7 和语句 8：

```
1   num1=int(input('请输入被除数: '))
2   try:
3       num2=int(input('请输入除数: '))
4       result=num1/num2
5   except ZeroDivisionError as w:
6       print('出错了，除数不能为 0！')
7       print('输入错误:',w)
8       print('结果是: %f'%result)
```

再运行程序，图 8-7 所示是输入 12 和 0 后的屏幕情况，这时的执行路线是 1→2→3→4→5→6→7，由于 w 的作用，在第 7 行语句执行后，输出了关于捕捉到异常 ZeroDivisionError 时简要的内容说明：division by zero。

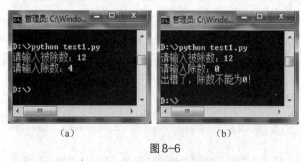

图 8-6

图 8-7

8.2.2 try-except-else 语句

try-except-else 也是一种捕捉异常的 Python 语句，其语法格式为：

```
try:
    <block1>
except[ <异常类名>[as <别名>]]:
    <block2>
else:
    <block3>
```

<block1>：可能出现错误的语句块。

<异常类名>：指定要捕捉的异常类名称（见表 8-1）。

as <别名>：为当前的异常起一个"别名"，通过它可以记录该异常的简要内容。

<block2>：出现异常后要进行的处理，例如可以输出提示信息，通过别名输出该异常简要的内容。

<block3>：当 try 块中没有发现异常时执行该语句块，发现异常时则不执行该语句块。

例如，将上面的程序稍做修改，主要是增加了 else 子句和后面的输出结果语句：

```
1    num1=int(input('请输入被除数：'))
2    try:
3    num2=int(input('请输入除数：'))
4    result=num1/num2

5    except ZeroDivisionError as w:
6    print('出错了，除数不能为 0！')
7    print('输入错误:',w)
8    else:
9    print('结果是：%f'%result)
```

这时图 8-8 所示的上半部分的执行线路是：1→2→3→4→8→9。图 8-8 所示的下半部分的执行路线是：1→2→3→4→5→6→7。后者为什么会是这样的一个执行路线呢？因为在 try 后的语句块里，语句 4 出现了异常：把 0 当作了除数，这是不允许的事情。这个异常被第 5 行的 except 捕捉到，于是执行第 6、7 行，不执行第 8、9 行。

图 8-9 所示是 try-except-else 语句的执行流程图。

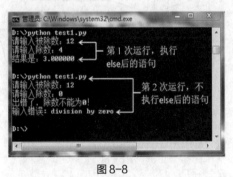

图 8-8

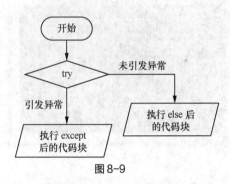

图 8-9

8.2.3 try-except-finally 语句

完整的异常处理，不仅应该包括 try、except、else 等子句，还应该包括 finally 子句。它的作用是无论程序中有无异常发生，finally 子句后面跟随的语句块都会被执行。finally 子句大都用来做一些清理工作，例如收回 try 子句中申请的资源、保证文件的正常关闭等。这时完整的语法格式是：

```
try:
    <block1>
except[ <异常类名>[as <别名>]]:
    <block2>
else:
    <block3>
finally:
    <block4>
```

<block1>：可能出现错误的语句块。

<异常类名>：指定要捕捉的异常类名称（见表 8-1）。

as <别名>：为当前的异常起一个"别名"，通过它可以记录该异常的简要内容。

<block2>：出现异常后要进行的处理，例如可以输出提示信息，通过别名输出该异常简要的内容。

<block3>：当 try 块中没有发现异常时执行该语句块，发现异常时则不执行该语句块。

<block4>：无论 try 子句中是否发现异常，该语句块最后都会被执行。

例如，将程序稍做修改，主要是增加了 finally 子句和后面的输出语句：

```
1    num1=int(input('请输入被除数：'))
2    try:
3        num2=int(input('请输入除数：'))
4        result=num1/num2

5    except ZeroDivisionError as we:
6        print('出错了，除数不能为0！')
7        print('输入错误:',we)
8    else:
9        print('一切正常，结果是：%f'%result)
10   finally:
11       print('最后总是要归结到我这里！')
```

图 8-10 所示的上半部分，由于输入的是 12 和 4，一切正常，try 语句块中没有发生异常，因此执行路线是：1→2→3→4→8→9→10→11。图 8-11 所示的下半部分由于输入的是 12 和 0，try 语句块中发生异常，因此执行路线是：1→2→3→5→6→7→10→11。

图 8-11 所示是处理异常时，完整的 try 结构执行流程图。

图 8-10

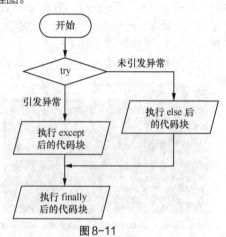

图 8-11

8.2.4 多个 except 子句

如果运行时先输入 12，后输入 y，那么前面的程序肯定捕捉不到程序中列出的异常 ZeroDivisionError。此时它捕捉到了什么呢？运行结果如图 8-12 所示，它最终捕捉到的异常是 ValueError。

这里列出了一大堆信息。能不能不列出这些让人迷茫的信息呢？下面有两种办法。

图 8-12

1. except 后面不指定异常名

由前面知道，except 子句后面如果直接跟随冒号，不指定任何异常名，那么表示的是捕捉全部异常。这种做法就可以达到避免出错信息出现的目的。

例如，将程序改写为：

```
1   num1=int(input('请输入被除数：'))
2   try:
3       num2=int(input('请输入除数：'))
4       result=num1/num2

5   except :          #直接跟随冒号
6       print('出错了!')
7   else:
8       print('一切正常，结果是：%f'%result)
9   finally:
10      print('最后总是要归结到我这里！')
```

修改后投入运行，结果如图8-13上半部分所示，它的执行路线是：1→2→3→4→5→6→9→10。

这是一种"一网打尽"异常的办法。看起来似乎不错，但有的人建议还是尽量做"精准"捕捉。因为在实际的应用开发中，很难会用同一段代码去处理所有类型的异常，那样有时候反而会让使用者不知所措。

2. 安排多个 except 子句

为了在程序中既能捕捉到 ZeroDivisionError 异常，又能够捕捉到 ValueError 异常，可在程序里增加一条 except 子句，以达到程序运行时不出现出错信息的目的。

例如，将程序修改如下：

```
1   num1=int(input('请输入被除数：'))
2   try:
3       num2=int(input('请输入除数：'))
4       result=num1/num2

5   except ZeroDivisionError as we:
6       print('出错了,除数不能为 0!')
7       print('输入错误:',we)
8   except ValueError as wx:
9       print('你在分母处输入了什么? ',wx)
10  else:
11      print('一切正常，结果是：%f'%result)
12  finally:
13      print('最后总是要归结到我这里！')
```

上面修改的程序里，有两条 except 子句（即所谓的"多个 except 子句"），如果 try 块中引发了 ZeroDivisionError 异常，那么就由前一条 except 子句捕捉；如果 try 块中引发了 ValueError 异常，那么就由后一条 except 子句捕捉。图8-13所示的下半部分，由于输入的是数字12和字母 y，于是引发了 ValueError 类的异常，它的执行路线为：1→2→3→4→8→9→12→13。

图 8-13

有人会认为这种捕捉异常的办法，与本章前面给出的用 if 语句的办法不是"如出一辙"吗？其实并不是一样的。在简单的情况下，用 if 语句是可行的。但设想一下，如果涉及的除法运算很多，每一个除法都要一条 if 语句来判断，这时程序就会很长。而使用 try-except，仅需配备一个错误处理程序就可以了。添加大量的 if 语句来检查各种可能出现的错误，势必会降低程序的可读性。

　　例 8-3　在上述程序的基础上，编写一个允许连续做 4 次除法，并能够捕捉到输入出错时可能出现的异常的程序。编写的程序如下：

```
i=1
while i<=4:
    try:
        num1=int(input('请输入被除数：'))
        num2=int(input('请输入除数：'))
        result=num1/num2

    except ZeroDivisionError as we:
        print('出错了,除数不能为 0!',we,'\n')
    except ValueError as wx:
        print('分母输入了什么? ',wx,'\n')
    else:
        print('一切正常，结果是：%f'%result,'\n')
    finally:
        i+=1

print('只能有 4 次机会！再见！')
```

　　让修改过的程序运行，图 8-14 所示是一次运行的全过程，标有①的位置是输入 12 和 6 时的正常情况；标有②的位置是输入 18 和字母 G 的出错情况；标有③的位置是输入 18 和 0 的出错情况；标有④的位置是输入 18 和 26 的正常情况。

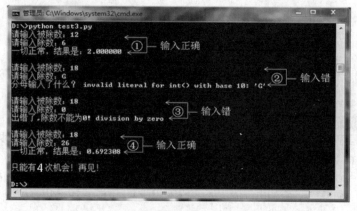

图 8-14

　　程序中，用变量 i 控制循环的进行。由于 finally 子句的特性，i 的修改（i+=1）放在该子句的后面，不需要在 except、else 子句的里面都安排一条 i 加 1 的语句。最后的输出语句：

```
print('只能有 4 次机会！再见！')
```

　　位置很重要，必须安排在循环之外，否则不可能达到最后才输出的目的。

　　3. 用异常名组成一个元组

　　用一个元组把要捕捉的异常类名括起来，紧随 except 子句安放，Python 就可以捕捉到元组内列出的异常，并由 as 输出简要的异常信息。

　　例如，将程序修改如下：

```
1  i=1
2  while i<=4:
3  try:
4      num1=int(input('请输入被除数：'))
```

```
5      num2=int(input('请输入除数: '))
6      result=num1/num2

7   except (ZeroDivisionError, ValueError)   as we:#利用元组
8        print(',除数输入出错!',we,'\n')
9    else:
10    print('一切正常，结果是: %f'%result,'\n')
11    finally:
12    i+=1

13  print('只能有 4 次机会！再见！')
```

图 8-15 所示是运行一次程序时的输出结果。图中，第 1 次输入时分母为 0，出错产生异常，于是第 7 行捕捉到了 ZeroDivisionError 异常，第 8 行由 we 输出简要的出错信息："division by zero"。由于第 2 次输入时分母为 r，出错产生异常，在第 7 行捕捉到了 ValueError 异常，第 8 行由 we 输出简要的出错信息："invalidliteral for int() with hase 10：'r"。

图 8-15

至此，我们可以看到，对程序中出现异常的处理并不是很复杂。如果知道代码在执行过程中有可能会引发某类异常，或不希望在出现异常时被突然中止运行，去面对很多输出的 Python 跟踪信息，那么就应该在程序中添加 try-except 或 try-except-finally 语句等，以便捕捉到异常并进行处理。

8.3 用 IDLE 进行程序调试

程序中的异常有语法方面的，也有逻辑方面的。语法方面的异常大都是由于程序中的语句违反了 Python 规定的语法规则（例如忘记了冒号、括号不配对、缩进距离有误等），迫使 Python 给出出错信息，程序直接被终止运行。如上所述，可以用不同的 try 语句捕捉这些异常，然后在程序里对其进行适当修改。语句符合语法要求了，异常也就消除，程序立即可以顺利地通过运行。

但是要想发现程序中存在的逻辑错误就比较困难了，因为它们能够正常地一直运行到结束，得到运行结果。但由于编程人员在逻辑上"粗心大意"，没有用对 Python 语句（例如 if-else 没有正确配对、循环计数有误、该缩进的地方没有缩进、不该缩进的地方却缩进了等），于是得出了不是人们所期望的结果。这种逻辑错误，发现起来困难，必须对程序进行调试，才能够一步一步地找到症结所在，逐一地排除隐患，然后对程序做出正确的修改，保证得到人们所需要的结果。

8.3.1　利用 IDLE 调试程序

进入 IDLE 主窗口——"Python 3.6.4 Shell"窗口，主菜单里有一个"Debug"菜单项，它与程序的调试是紧密相连的。单击它，出现 4 个子菜单项："Go to File/Line""Debugger""Stack Viewer""Auto-open Stack Viewer"，如图 8-16 所示。

第 1 步：让 IDLE 处于程序调试状态。

用鼠标单击"Debug"菜单中的"Debugger"，弹出名为"Debug Control"的调试控制对话框，如图 8-17 所示。这意味着要正式开始对程序进行调试了。这时调试控制对话框里没有任何内容，是空白的（None），真正起变化的是"Python 3.6.4 Shell"主窗口，它会在">>>"后显示出"[DEBUG ON]"字样，表明 IDLE 进入程序调试状态。

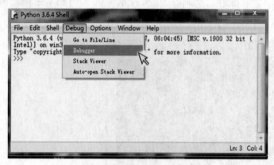

图 8-16

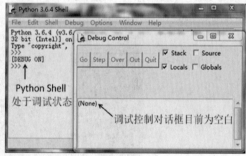

图 8-17

请关注对话框上侧的 5 个按钮，它们是"调试工具"按钮，各自的功能如下。

- Go：单击它，立即跳转到程序中所设的"断点"去操作。
- Step：单击它，立即进入要执行的函数。
- Over：单击它，进入"单条执行"状态。
- Out：单击它，立即跳出所在的函数。
- Quit：单击它，跳出"调试"状态。

第 2 步：打开调试程序对话框。

在处于[DEBUG ON]状态的"Python 3.6.4 Shell"主窗口里，单击"File"菜单中的"Open"（Ctrl+O）菜单项，寻找到所要调试的 Python 文件，并将其打开。例如这里选中的是 D 盘根目录下的 Python 文件"test2.py"，打开后就出现图 8-18 所示的调试程序对话框。

第 3 步：断点的设置与清除。

所谓"断点"（Break），就是能够使程序执行时暂时停下来的位置。当调试一个较长程序时，若能在它的里面安排几个断点，以使编者能够一段一段地检查程序，逐步缩小查找错误的范围，这无疑是一个很好的办法。

在程序中添加一个断点的办法是，把光标移动到需要设置断点的地方，这时单击鼠标右键，就会弹出一个快捷菜单，如图 8-19 所示。单击菜单中的"Set Breakpoint"，该行立即会变为黄色，表示这是一个断点所在的位置，如图 8-20 所示。这样，在程序调试时执行到此处，就会暂时停止执行。

在程序中，可以根据需要设置多个断点，图 8-20 里就设置了两个断点。

若要取消某个断点，只需将光标移至该断点处，单击鼠标右键，在弹出的快捷菜单里选择"Clear Breakpoint"，该行上的黄色立即消失，表示此处不再是断点了。

第 4 步：运行程序。

断点设置后，单击"Run"菜单中的菜单项"Run Module"或按"F5"键，该程序就投入运行，如图 8-21 所示。

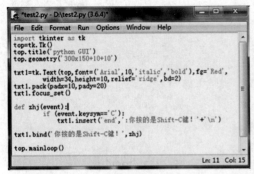

图 8-18

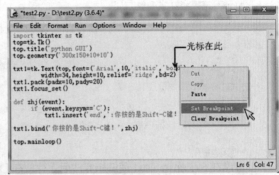

图 8-19

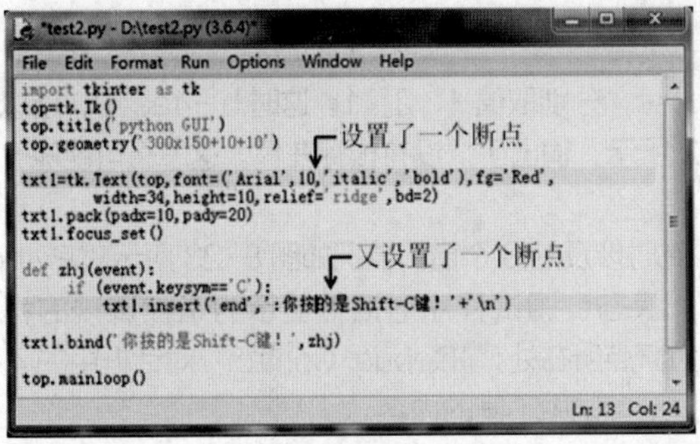

图 8-20

图 8-21

程序投入运行时，"Debug Control"对话框中"调试工具"按钮的右边有 4 个复选框，上面标明了"Stack""Locals""Source""Globals"。它们表明调试时会在"Debug Control"对话框里显示哪些信息。通常开始调试后，对话框里只显示前两项信息，对于初学者来说，不必去关心前面 3 项。如果勾选了里面的"Globals"复选框，表示调试时会显示出全局变量的变化情况，默认时只显示局部变量。

第 5 步：结束调试。

单击"Debug Control"对话框里"调试工具"按钮中的"Quit"按钮，整个调试工作宣告结束。

从上面的描述可以知道，在整个程序的调试过程中，会涉及以下 3 个窗口。

（1）IDLE 主窗口：即"Python 3.6.4 Shell"窗口，由它随时记录调试过程中 IDLE 窗口所处的状态，给出调试过程中出现的中间结果。

（2）调试控制对话框：即"Debug Control"对话框，从它那里发出各种调试命令，如设置断点、单条执行、退出调试等；给出调试过程中局部变量、全局变量等当前的取值变化情况。

（3）调试程序对话框：在该对话框里存放着被调试的程序，从中可以看到断点的设置等具体情况。

整个调试进行过程中，调试者要随时关注这 3 个窗口里内容的变化，获得所要监视的信息，以便做出判断，找出程序中逻辑异常出现的原因，并进行排除。

8.3.2 利用断点调试的例子

例 8-4 从键盘接收 3 个整数 a、b、c，由它们组成一个一元二次方程 $ax^2+bx+c=0$。编写程序，求所构成的一元二次方程的解。

程序编写如下：

```
import math

a=int(input('请输入第一个整数！'))
b=int(input('请输入第二个整数！'))
c=int(input('请输入第三个整数！'))

d=b*b-4*a*b
if d>=0:
    p=-b/(2*a)
    q=math.sqrt(d)/(2*a)
    x1=p+q
    x2=p-q
    print('第一个根：x1=%d；第二个根：x2=%d\n'%(x1,x2))
else:
    print('没有根存在！')
```

此程序在 Sublime Text 里编辑完成后，存放在 D 盘根目录下，保存为 "test1.py"。

考虑到只有在 $b^2-4ac>=0$ 时，整个方程才会有实数根，因此程序设计成满足此条件时才去求根，不然就输出信息：

没有根存在！

让该程序投入运行，输入方程的 3 个系数 a、b、c，分别取值 1、2、1。这时 $b^2-4ac=0$，所以程序应该计算出有两个相等的根。但结果却如图 8-22 所示，输出了 "没有根存在！"。这怎么可能呢？这只能表明程序中存在逻辑错误。

为此，进入 IDLE，开始对该程序进行调试工作。此时涉及的 3 个窗口情况如图 8-23 所示："Python 3.6.4 Shell" 窗口呈现为[DEBUG ON]（调试）状态；调试程序对话框显示的是被调试的程序 "D:\test1.py"，程序中的 d=b*b-4*a*b 行被设置为断点所在处；"Debug Control" 对话框中的 4 个复选按钮当前全部选中，它被分为 3 个区域，分别显示调试中不同的内容。

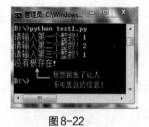

图 8-22

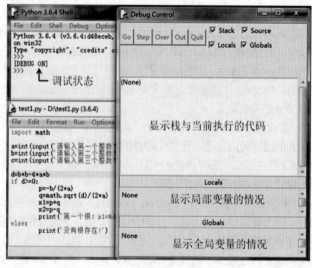

图 8-23

单击调试程序对话框中 "Run" 菜单里的 "Run Module"，让程序开始运行。比较图 8-23 和图 8-24，可以看出调试程序的 3 个窗口都发生了一些变化："Python 3.6.4 Shell" 窗口里增加了分隔线 "===="，表示这是第 1 次投入调试运行；调试程序对话框里的第 1 条语句可能变色，表示它已开始运行；"Debug Control" 对话框里的上面有了信息，下面的 "Globals" 显示区中有了信息等。由于要调试的程序很小，也不涉及全局变量等，为了节省篇幅，开始正式调试时，将只选中 "Locals" 复选框，只关心局部变量在执行中的变化，不再去关注别的事情。

准备工作完成后，用鼠标单击"Debug Control"对话框里的"Over"按钮，这时的"Python 3.6.4 Shell"窗口里，出现了图 8-25 所示的提示信息："请输入第一个整数！"，在那里输入整数 1。再单击两次"Over"按钮，到"Python 3.6.4 Shell"窗口里输入 2 和 1。注意，这时是"Debug Control"对话框与"Python 3.6.4 Shell"窗口互动，以完成数据的输入。

图 8-24

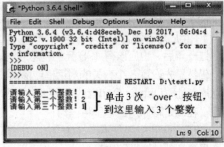

图 8-25

在往"Python 3.6.4 Shell"窗口里输入整数时，密切关注"Debug Control"对话框里"Locals"显示区中的变化，如图 8-26 圆圈中所示：输入第 1 个数后，那里会出现一个变量和它的取值，输入完 3 个数后，就会有 a—1、b—2、c—1 的关系出现。再单击一次"Over"按钮后，就执行断点处语句。这时计算出的变量 d 的值是"-4"。这怎么可能呢？原来要找的逻辑错误就出现在这里。回过头再认真看一下这个表达式，才发现是把 d=b*b-4*a*c 误写为了 d=b*b-4*a*b。正因为这个原因，程序才出现了异常。

原因找到了，返回调试程序对话框，取消设置的断点，修改程序，再投入运行，得出了正确的答案，一切回归正常，如图 8-27 所示。

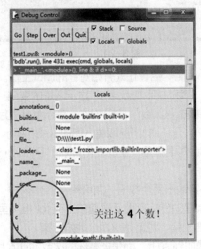

图 8-26

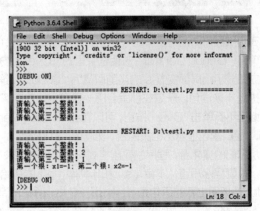

图 8-27

例 8-5 编写如下的一个程序，希望用它计算本金为 10000 元、年利率为 1.98%、每年复利一次，10 年后的本利和。程序编写如下：

```
s=10000.0
p=0.0198

i=1
k=0
while i<=10 :
    t=s*p
    s=s+i
    print('%d: Total=%7.2f\t'%(i,s),end='')
    k=k+1
    i=i+1
    if (k%2==0):
        print('\n')
```

程序投入运行后，能够顺利得到结果，如图 8-28 所示。但稍动脑筋就会产生怀疑，程序肯定有问题：10 年后连本带息怎么才只有 10055.00 元呢？要知道，既然年利率为 1.98%，那么本金 10000 元经过一年后，也应该有 198 元的利息才对。我们仍用设置断点的方法来对它进行调试。

仍然是先设置 3 个有关的对话框或窗口，如图 8-29 所示。让"Python 3.6.4 Shell"窗口处于调试状态。让"Debug Control"对话框中的复选框只选中"Locals"复选框，调试时只显示局部变量的信息。在调试程序对话框里将语句：

```
print('%d: Total=%7.2f\t'%(i,s),end='')
```

设置为断点所在的位置。

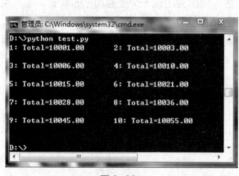

图 8-28

图 8-29

在调试程序对话框里单击"Run"菜单里的"Run Module"后，正式开始对它的调试工作。

单击"Debug Control"对话框中里的"Over"按钮，密切注视"Locals"显示区里的变化：在那里会立即显示出局部变量 s 的当前取值为 10000.0；连续单击"Over"按钮 4 次，表示是从程序开始连续执行 4 条语句，于是在那里会逐一显示出局部变量 s、p、k、i 的当前取值，如图 8-30 所示。

继续不断单击"Over"按钮，可以看到"Debug Control"对话框里发生的变化，同时"Python 3.6.4 Shell"窗口里也显示出相关内容，如图 8-31 所示。

从它们的变化看，程序的输出格式符合我们的要求：每行输出两个数据，中间隔一个制表符（"\t"）。另外，检查程序知道，本金（s）和年利率（p）的初始值都是对的。因此问题应该出在 for 循环里。

for 循环里主要的语句是"t=s*p"和"s=s+i"，因此要出错，也就是这两个地方出错。

问题出在 s 上。原来，编程者不是把计算出来的 t 值累加到 s 上，而是把循环的次数 i 加了上去，这当然是不对的。修改程序中的语句。原为：

```
s=s+ i
```
改为：
```
s=s+t
```

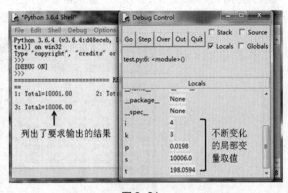

图 8-30   图 8-31

这样一来，程序就完全正确了。修改完程序并保存，再运行，结果如图 8-32 所示。

> **注意** 设置断点后，现在的程序调试路线是：先单击"Run"菜单里的"Run Module"，再一次一次地单击"Debug Control"对话框里的"Over"按钮。

也可以这样来操作调试的过程：先单击"Run"菜单里的"Run Module"，然后单击"Debug Control"对话框里的"Go"按钮。这样，执行不是一步一步地单条走，而是一下就执行到断点才停下来。这就是"Go"按钮和"Over"按钮的区别。

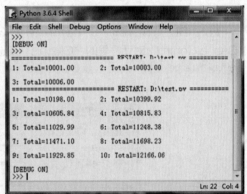

图 8-32

例 8-6 编写自定义函数 nums()，功能是进入函数时，输出全局变量 m 和 n 的值，然后修改 m、n 的值（在 m 上加 4，在 n 上加 7），再输出全局变量 m、n 的值。随后通过 return 语句将 n%m 的结果返回给调用者。希望这个过程重复 10 次。程序如下：

```
        #定义全局变量
m=0;n=0
#函数 nums()的定义
def nums():
    global m,n                       #标明 m、n 是全局变量
    print('m=%-4dn=%-4d'%(m,n),end="")   #输出进入函数 nums()时 m 和 n 的值
    m=m+4
    n=n+7
    print('m=%-4dn=%-4d'%(m,n),end="")   #输出这次对 m 和 n 加工的结果
    return(n%m)
#程序主体
for k in range(1,10):
    if k<=8:
        print("%d     "%(k+1),end="")
    else:
        print("%d    "%(k+1),end="")     #输出调用的次数
    print('n%%m=%-4d'%nums(),end="")     #在此调用函数 nums()10 次
    print('\r')
print('End')
```

程序里调用无参函数 nums()，并希望调用函数 nums()10 次（即输出 10 个 n%m 的计算结果）。

"global m,n"语句只是明确地表示：函数内出现的变量 m 和 n 是全局变量。这样一来，Python 就不会"困惑"了。

运行程序，结果如图 8-33 所示：原来希望显示出 10 组数据，现在只显示出 9 组，且行标没有从 1 开始显示。这些现象表明程序里面有问题存在。下面就来对它进行调试，发现里面的问题。

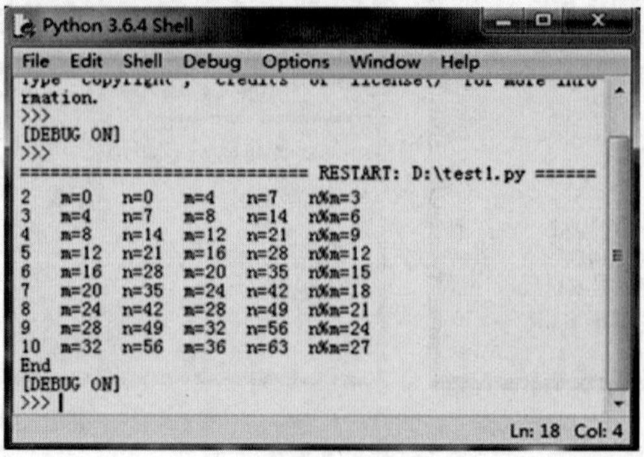

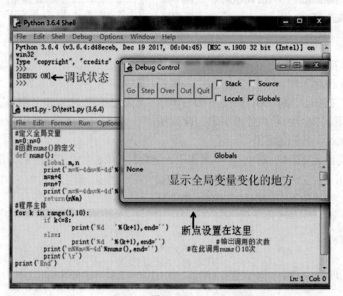

图 8-33

进入 IDLE 开始调试，3 个窗口如图 8-34 所示。因为程序中只涉及全局变量，所以这里就勾选 "Debug Control" 对话框里的 "Globals" 复选框。调试程序对话框里，把断点设置在以下语句处：

```
for k in range(1,10)
```

图 8-34

单击 "Run" 菜单里的 "Run Module"，让程序在调试状态下运行。

单击 "Debug Control" 对话框里的 "Over" 按钮，并观察里面 "Globals" 显示区的变化和 "Python 3.6.4 Shell" 窗口里的变化。一边观察变化，一边琢磨是否有问题。

在 "Debug Control" 对话框里显示的 k 是 1，但 "Python 3.6.4 Shell" 窗口里显示的却是行标 2，这表明问题就在这里。回头看程序，修改语句。原为：

```
print('%d     '%(k+1),end=")
```

应改为：

```
print('%d     '%(k),end=")
```

修改完成后保存并再次运行，行标就从 1 开始了，但只输出了从 1 到 9 的结果，也就是程序里还有问题。

再次检查，修改语句。原为：

```
for k in range(1,10)
```

应该修改为：

```
for k in range(1,11)
```

如图 8-35 所示。

这次修改完成后，再运行，就完全正确了。如图 8-36 最下面所示。

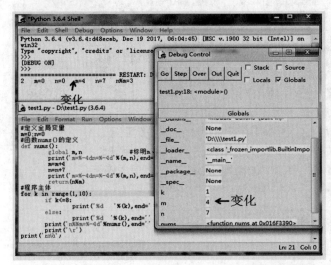

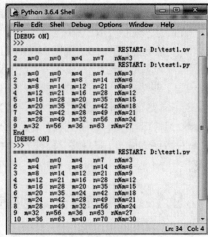

图 8-35   图 8-36

思考与练习八

第9章
文件与目录操作

在此之前，程序中数据的输入和输出，都是通过输入设备（键盘）和输出设备（显示器）来完成的。熟知的函数有 input ()、print ()。但是，利用这些函数的操作，数据的流向只能是从键盘输入至内存，经过计算机的加工处理后，产生的结果只能被存放在变量、元组、字典等相应的内存存储区里，只能在显示器上加以显示。一旦退出了系统或者关机，辛苦加工出来的结果就会立刻荡然无存。也就是说，"白忙活了一场"，运行的结果根本得不到长期（永久）的保存。

为了能够长期保存各种数据，以便日后可以重复使用、修改和共享，就必须让已获得的数据以文件的形式存储到外部存储介质（如磁盘）中去。Python 提供了对路径、目录、文件进行操作的内置模块，可以很方便地将数据保存到各式文件中，以达到长时间保存数据的目的。本章将介绍在 Python 中，如何对路径、目录和文件进行有关操作。

9.1 文件的打开、创建和关闭

9.1.1 文件概述

所谓"文件"，是指存储在外部设备上的、以名字作为标识的数据集合。如今大都把文件存储在磁盘上，因此有时也统称其为磁盘文件。

磁盘上的任何存储内容，都是以字节为单位进行的。根据存储形式的不同，可以把普通的磁盘文件分成两大类型：文本文件（即 ASCII 文件）和二进制文件。所谓"文本文件"，即存储的是我们所熟悉的字符串，整个文件由若干文本行组成，每行以"\n"（换行符）结尾。存储这种文件时，要把内存中的数据先转变成相应的 ASCII 值形式（键盘上的每一个按键，都对应有一个 ASCII 值），然后存放在磁盘上。因此，这时磁盘上的每个字节存放的内容代表的是 ASCII 值，它表示一个字符。所谓"二进制文件"，即把存储内容以字节串的方式原样进行存放，也就是把内存中的信息数据，直接按其在内存中的存储形式存储到磁盘上去。因此，二进制文件不能用记事本或文本编辑器进行编辑，否则无法被人们直接阅读和理解，只有使用专门的软件（如图形图像文件、音频视频文件等）对它们进行解码，然后才能够进行读取、显示、修改或执行。

例如有一个整数 $2019 = 2^0 + 2^1 + 2^5 + 2^6 + 2^7 + 2^8 + 2^9 + 2^{10}$，它的值在内存中需要用 2 个字节存放，如图 9-1（a）所示。那么，如果把它以文本形式存储到磁盘上，就要把 2019 这 4 个数字拆开视为 4 个字符，将它们对应的 ASCII 值存放在 4 个字节里，字符 2 的 ASCII 值是"0011 0010"，字符 0 的 ASCII 值是"0011 0000"，字符 1 的 ASCII 值是"0011 0001"，字符 9 的 ASCII 值是"0011 1001"，因此在磁盘里存放的是它的 4 个字节形式，如图 9-1（b）所示；如果把它以二进制值的形式存储到磁盘上，那就是用 2 个字节存放，如图 9-1（c）所示。

不难看出，数据按文本形式存储在磁盘上，所要占用的存储空间较多，而且往磁盘上存储时要花费转换的时间（即要将图 9-1（a）转换成图 9-1（b）的形式）。但是以这种形式存储，一个字节代表一个字符，便于对字符进行逐个处理，也便于输出显示。

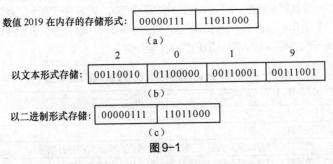

图 9-1

当数据按二进制形式存储在磁盘上时，无须花费转换时间，占用空间也少。但字节不与字符对应，因此不能直接输出显示。通常，把计算机产生的中间结果数据按二进制文件的形式存储，因为它们只是暂时保存在磁盘上，以后还需要进入内存对它们加以处理。

每个磁盘文件都有一个名字。在 Python 中使用文件名时，应该包含它存放的路径信息，即该文件所在的目录（或文件夹）。如果在对磁盘文件进行操作时，给出的文件名不带有路径，那么根据默认规则，该文件就存放在当前的工作目录中。

路径中的目录名是用反斜杠隔开的。下面简单地介绍一下磁盘上文件名的组成。

磁盘文件名的一般格式为：

`<盘符>:<路径>\<文件名>.<扩展名>`

● `<盘符>`：磁盘各分区取的名字，通常是 C、D、E 等，由它指明文件是存放在磁盘的哪个分区里面。

● `<路径>`：由目录（文件夹）名组成，每个目录名间用反斜杠"\"分隔。顺着路径中列出的目录，可以得到文件最终所在的目录。`<路径>`与`<盘符>`间由冒号"："隔开。

● `<文件名>`：用户为文件起的名字，它是由字母开头的、字母数字等字符组成的标识符，最多可以有 8 个字符。

● `<扩展名>`：表示该文件性质的标识符，由字母开头、字母数字等字符组成，最多可以有 3 个字符。`<扩展名>`和`<文件名>`之间用点号"．"分隔。Python 文件的扩展名是"．py"。

例如：

`D:\zong\prog\test.py`

表示 test.py 文件是一个 Python 的文件，它位于 D 盘根目录下 zong 的子目录 prog 里。对于初学者来说，涉及的主要是文本文件，所以下面的讨论主要涉及文本文件，偶尔会牵扯到二进制文件。

9.1.2　创建和打开文件：函数 open()

在 Python 中，文件都被视为一个个对象，有自己的属性及可调用的方法。因此，无论是文本文件还是二进制文件，其操作流程都是一样的，即先打开或创建文件对象，然后通过该文件对象，对其内容进行读取、写入、删除、修改等操作，最后保存并关闭文件。Python 会通过调用函数 open()，按各种模式打开指定的文件，创建出文件对象。所以，对于文件操作，函数 open()在这个方面起到了至关重要的作用。

函数 open()的语法格式是：

`file=open（<文件名>[，<存取模式>][，<缓冲模式>]]）`

● file：由函数 open()创建或打开的一个文件对象，它将与函数调用中指定要创建或打开的具体`<文件名>`之间建立起"绑定"关系，在以后所编写的程序中，就以 file 作为该具体文件的标识，用它来对这个文件进行各种操作，直到该文件被关闭或删除。

● `<文件名>`：要创建或打开的具体文件名称，使用时必须用单引号或双引号将其括起。文件名必须是一个完整的路径名称，但如果它与当前的文件在同一个目录下时，就不必写出具体的路径。

- <存取模式>：这是可选参数，用于指定文件的存取模式，如表9-1所示，默认时取值为'r'（只读）。
- <缓冲模式>：这是可选参数，用于指定文件的缓冲模式，取值为1表示要缓存，为0表示不要缓存，取值大于1表示缓冲区大小，默认取值为1（要缓冲）。

表9-1 函数open()存取模式参数的最常见取值

取值	描述
'r'	只读模式打开文件，文件指针放在文件的开头，这是打开文件的默认模式
'w'	只写模式打开文件
'a'	追加模式，若文件已存在，文件指针将放在末尾；否则创建新文件并开始写入
'rb'	二进制的只读模式，文件指针放在文件的起始位置，用于非文本文件
'wb'	二进制的只写模式，用于非文本文件
'+'	读写模式（可与其他模式结合使用）

注意以下内容。

打开文件时指定文件的存取模式为"r"（只读），与根本不指定打开文件模式的效果是一样的，也就是说"r"是打开文件默认的模式取值。使用这种打开模式的前提是欲打开的文件必须事先存在，否则会显示出错信息。

- "r+"的含义是打开文件后，可用于读写，文件指针在文件开头。写入时新内容从头覆盖掉原来的内容。使用这种打开模式的前提是打开的文件必须事先存在，否则会出错。
- "w"的含义是只往文件中写入内容，从文件头开始编辑。若原来有内容，则原来内容被覆盖；若打开时文件不存在，那就创建一个新的文件对象，然后进行写入。
- "w+"的含义是打开文件后先清空原有内容，成为一个空文件，然后对该文件进行读写操作。如果打开时文件不存在，那么就先创建一个新的文件对象，然后进行写入。
- "a"的含义是以追加模式打开一个文件，若文件存在，打开时指针位于文件末尾，是在文件末尾进行内容追加；若文件不存在，则是创建一个新的文件对象，并进行写入操作。
- "a+"的含义是以读写模式打开文件，若该文件已存在，新内容将写入文件末尾；若文件不存在，则是创建一个新的文件对象，并进行写入操作。
- "rb+"的含义是以二进制的读写模式打开文件，文件指针放在文件的开头，用于非文本文件，如图片、声音等。
- "wb+"的含义是以二进制的读写模式打开文件，用于非文本文件，如图片、声音等。

表9-2给出了文件对象常用的属性或方法。

表9-2 文件对象常用的属性或方法

属性或方法	功能描述
close()	把缓冲区里的内容写入文件，同时关闭文件，释放文件对象
read([size])	读取size个字符的内容作为结果返回；若省略size，则一次性读取所有内容
readline()	从文本文件中读取一行内容后返回
readlines()	把文本文件中的每行作为字符串存入列表，返回该列表
seek(offset[,whence])	移动文件指针到新位置，offset是相对于whence的位置。whence为0表示从文件头开始算；为1表示从当前位置开始算；为2表示从文件尾开始算。whence默认为0
tell()	返回文件指针的当前位置
truncate([size])	删除从当前指针位置到文件末尾的内容。若指定了size，则不论指针在何位置，都只留下前size个字节，其余都删除
write(s)	把字符串s的内容写入文件
writelines(s)	把字符串列表写入文本文件，不添加换行符

这里提及了所谓的"指针"。对于 Python 而言，在创建一个新的文件时，必须在内部为它设置很多的管理变量，以方便对文件进行各项操作。例如需要有记录文件所用缓冲区位置的变量，需要有随时记录文件使用状态的变量，需要有记录文件读写位置的变量等。记录文件读写位置的变量就是所谓的"指针"。对于 read()、write()或其他读写方法，当读写操作完成之后，都会自动移动文件指针。如果需要对文件指针进行随机定位，可以使用 seek()方法；如果需要获得文件指针当前所在的位置，可以使用 tell()方法等。

例如，程序中出现一条语句：

```
fp=open('D:\test10.py','r')
```

它表示要调用函数 open()，以只读的方式（"r"）打开 test10.py 文件，打开后的文件对象是 fp。如果文件不存在，那么要以只读方式打开一个不存在的文件时，Python 只能宣告打开失败，同时输出很多的出错信息，如图 9-2 所示。

常用 3 种不同的办法来处理文件的打开问题。

第 1 种办法：在程序中安排捕捉异常的语句"try-except"。例如：

```
try:
    fp=open('D:\test10.py','r')
except :
    print ('出错了！')
```

不过，这样处理并不能够避免中断程序执行的尴尬局面的发生，从而让人感到不舒服。

第 2 种办法：在当前目录（即与所执行文件相同的目录）下，手动创建一个名为 test2 的文件，既然事先该文件已经存在，在打开它的时候就不会突然被中断执行了。

第 3 种办法：在调用函数 open()时，不以"r"（只读）模式打开文件，而是指定用"w""w+""a""a+"模式打开文件。这 4 种打开模式的优点是如果文件不存在，不会产生错误，不会中断程序的运行，而是自动创建一个新的文件。例如程序中的语句是：

```
fp=open('D:messg.txt','a')
```

执行后，就会在 D 盘根目录下创建一个 messg.txt 的文本文件。这时去计算机 D 盘中观察一下，就会发现情况果真如此，如图 9-3 所示。

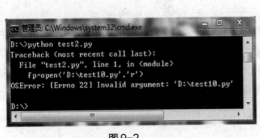

图9-2

图9-3

由此记住，通常情况下，要打开一个文件时，最好用前面介绍的第 3 种办法，以避免打开文件时出现错误。

9.1.3 关闭文件：方法 close()

程序中，在使用一个文件之前，必须先将它打开，目的是为该文件创建一个对象，通过这个对象，就可以使用其属性和方法了。文件使用完毕，应该及时关闭，一方面是避免对文件造成不必要的破坏；

另一方面是及时释放该文件工作时所占用的计算机资源（例如缓冲区等），以便系统对资源做出新的分配，提高利用率。

文件对象中的方法 close()，用于关闭打开的文件。其语法格式为：

```
file.close()
```

其中，file 是由函数 open()创建或打开的文件对象。

在程序中执行了方法 close()后，该文件对象与文件名之间的绑定关系就解除了，后面不能再接着使用（即不能再用它进行文件的读或写等操作）。如果还需要再次使用该文件，那么就必须重新通过函数 open()将它打开。

其实，通常情况下，程序退出时都会自动关闭文件对象，如果打开的文件是用于读取，那么文件的关闭显得不那么重要。但是如果打开的文件主要用于写入，那么程序退出时就一定要记住及时关闭文件。这是因为 Python 在写时可能会"缓冲"写入的数据，即先把要存入磁盘的数据暂时存放在内存的某个缓冲区里，等到适当时机（例如缓冲区存放满了）再一次性地将缓冲区里的数据写入磁盘，以提高工作效率。因此，如果文件使用完了却不及时关闭文件，不及时将存在缓冲区里的数据输出到磁盘，就可能会造成数据在缓冲区里没有能够写到磁盘里去的现象。

这种对数据输入/输出处理时的"缓冲"过程如图 9-4 所示。系统在内存为每个要进行输入/输出的文件开辟一个内存缓冲区。这个内存缓冲区的作用是：输出时，不是把数据直接存入磁盘，而是先将数据送到内存缓冲区，等到缓冲区装满后，才将整个缓冲区的内容一次性写入磁盘；输入时，也是先把磁盘中的一块数据读入内存缓冲区，然后再从缓冲区中把需要的数据挑出来，送到程序规定的数据区（例如元组或变量）中。很明显，对于读取

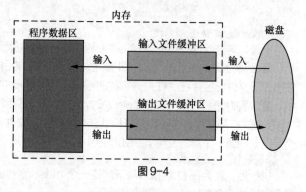

图 9-4

数据来说，文件关闭时，即便没有将输入文件缓冲区里的内容读入，其原始数据仍然在磁盘中，不会造成丢失；但对于写而言，如果不及时将输出文件缓冲区里的内容输出，一退出文件，就会丢失缓冲区里的数据。

9.2　文件的写入/读取

打开一个磁盘文件不是操作的目的，目的是对它进行读或写操作。有了文件的概念后，用户在程序中就可以把数据写入文件，也可以从文件里读取数据，还可以对文件进行既读又写的操作。Python 把文件分为文本文件和二进制文件两种，因此通常的做法是用什么方式保存（写）文件，就用什么方式读取文件。

对文件的读/写，都是通过所创建的文件对象去调用各种方法（函数）来完成的，表 9-2 列出了它们中的常用部分。

9.2.1　写入文件

在 Python 里，把数据写入文件的方法有两个：write(s)和 writelines(s)。

1. 方法 write()的基本使用格式

```
file.write(s)
```

其中：
- file 是由函数 open()创建或打开的文件对象；
- s 是要写入的与 file 绑定的具体文件的字符串。

2. 方法 writelines() 的基本使用格式

```
file.writelines(s)
```

其中：
- file 是由函数 open() 创建或打开的文件对象；
- s 是要写入的与 file 绑定的具体文件的字符串列表。

例如，在 Sublime .Text 里，编写程序如下：

```
fp=open('D:messg.txt','w')
fp.write('Good morning, Mr.Python!')
fp.close()
```

程序执行后，方法 write() 是否把所要写入文件 messg.txt
的内容 "Good morning, Mr. Python!" 写进了文件里呢？

为此，进到 D 盘根目录下，找到文件 messg.txt。双击它
将其打开，在弹出的记事本窗口里可以明显地看到，该内容确
实被写入了，如图 9-5 所示。

图 9-5

例如，在 Sublime .Text 里，编写程序如下：

```
fp=open('D:messg1.txt','w')
fp.write(['Good morning, Mr.Python!','Good afternoon Mr.Python','Good bye Mr.Python!'])
fp.close()
```

执行后，记事本里的显示如图 9-6（a）所示。可以看出，写入文件的内容是按照列表里元素的顺
序排列的。如果要让列表中的元素一个为一行地存入文件，那么就应该在每个元素的后面增加 "\n"，这
样记事本里显示的内容就是一个元素一行了，如图 9-6（b）所示。

（a）

（b）

图 9-6

要注意的是，调用方法 write() 前，应该以 "w" 或 "a" 模式打开文件 messg.txt。

3. "w" 模式与 "a" 模式的区别

"w" 模式是写入模式，"a" 模式是追加模式。打开文件时，若文件存在，那么它们都能够往文件里
写入数据；若文件不存在，那么它们都是先创建一个新的文件对象，然后再往打开的文件中写入数据。
它们的写入功能到底有什么不同？下面给出几个例子来说明。

例 9-1 讨论 "w" 模式与 "a" 模式的区别。

编写程序 1，名为 messg1，以 "a" 模式打开，如下：

```
fp=open('D:messg1.txt','a')
fp.write('Good morning, Mr.Python!')
fp.write（"Good bye, Mr.Python!')
fp.close()
```

编写程序2，名为 messg2，以"w"模式打开，如下：

```
fp=open('D:messg2.txt','w')
fp.write('Good morning, Mr.Python!')
fp.write('Good bye, Mr.Python!')
fp.close()
```

这两个程序几乎相同，动作都是：打开→写入→写入→关闭，即程序中都是连续两次调用方法write()，只是打开文件时所用的模式不一样，一个是以"a"模式打开，一个是以"w"模式打开。它们的运行结果在记事本中的表现是完全相同的：第2个写入的内容，紧接着放在了第1个内容的后面，如图9-7（a）和图9-7（b）所示。

现在删去 D 盘里的文件 test1.txt 及 test2.txt，改写程序1和2如下所示。

编写程序1，名为 messg1，以"a"模式打开，如下：

```
fp=open('D:messg1.txt','a')
fp.write('Good morning, Mr.Python!')
fp.close()
fp=open('D:messg1.txt','a')
fp.write('Good bye, Mr.Python!')
fp.close()
```

编写程序2，名为 messg2，以"w"模式打开，如下：

```
fp=open('D:messg2.txt','w')
fp.write('Good morning, Mr.Python!')
fp.close()
fp=open('D:messg2.txt','w')
fp.write('Good bye, Mr.Python!')
fp.close()
```

这时，两个程序的动作都是：打开→写入→关闭→再打开→再写入→再关闭。分别运行这两个程序，结果如图9-8所示。

（a）"a"模式	（a）"a"模式
（b）"w"模式	（b）"w"模式
图9-7	图9-8

"a"模式与"w"模式的区别："a"模式是所谓的"追加"模式，第1次打开写入后关闭，第2次打开时，第1次打开时写入的内容还存在，第2次写入的内容是紧接着第1次内容的，如图9-8（a）所示；"w"模式是所谓的"写入"模式，它总是先清空原文件中的内容，然后写入第2次的内容，也就是说，第2次写入的内容覆盖了第1次写入的内容，它总是从头开始往文件里写入，而不是接着原有内容往后写，如图9-8（b）所示。

9.2.2 读取文件

在 Python 里，用来从文件中读取数据的方法有3个：read([size])、readline()、readlines()。它们各自的语法规则如下所列。

1. 方法 read([size])的基本使用格式

file.read([size])

其中：

● file 是由函数 open()创建或打开的文件对象；

● size 是可选参数，返回从文件指针处往尾部方向的 size 个字符；若省略，则读取从文件指针处到尾部的所有内容。

2. 方法 readline()的基本使用格式

file.readline()

其中，file 是由函数 open()创建或打开的文件对象。

该方法是一个无参函数，每次读取与 file 绑定的文件中的一行内容，并加以返回，读取完成后文件指针自动移到下一行。

3. 方法 readlines()的基本使用格式

file.readlines()

其中，file 是由函数 open()创建或打开的文件对象。

该方法是一个无参函数，每次读取与 file 绑定的文件中的一行字符串，并作为列表的一个元素返回，读取完成后指针自动移到文件中的下一行，以读取下一个列表元素。

例 9-2 借助 GUI，编写一个程序，在顶层窗口下边放 "Show" 和 "Return" 两个按钮，上边放一个多行文本框。单击 "Show" 按钮，在文本框里显示从磁盘文件中读取的内容；单击 "Return" 按钮，关闭顶层窗口，结束程序运行。程序如下：

```
import tkinter as tk
top=tk.Tk()
top.title('python GUI')
top.geometry('310x200+10+10')

txt1=tk.Text(top,bd=2,fg='Red',relief='sunken',
    width=26,height=5,font=('隶书',14))
txt1.pack(side='top',pady=20)
txt1.insert('end','在此显示文件 messg1 里的内容\n')

def callback(): #回调函数
    fp=open('D:messg1.txt','w')
    fp.write('Good morning, Mr.Python!    Good afternoon, Mr.Python! ')
    fp=open('D:messg1.txt','r')
    str1=fp.read()
    txt1.insert('end',str1)
    fp.close()

btn1=tk.Button(top,text='Show',width=8,
    fg='red',font=('Verdana',14,'bold','italic'),command=callback)
btn1.pack(side='left',padx=23)
btn2=tk.Button(top,text='Return',width=8,
    fg='red',font=('Verdana',14,'bold','italic'),command=quit)
btn2.pack(side='left',padx=5)

top.mainloop()
```

程序中最主要的是回调函数 callback()里的前 4 条语句，前两条为写，后两条为读，通过它们的配合，完成了将内容写入磁盘文件和从文件中读取内容的操作。

现在，可以通过打开磁盘文件，在记事本里看写入磁盘文件后的内容。在这里，利用文本框把从磁盘文件里读取的文件内容显示出来。于是，我们就可以看到存入磁盘文件的内容了；我们也有办法看见从磁盘文件里读取的内容了。图9-9（a）所示是程序投入运行时的样子；图9-9（b）所示是单击"Show"按钮后，顶层窗口里文本框的显示情形。

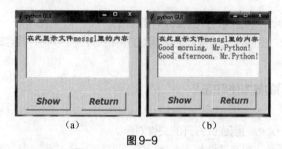

（a）　　　　　　　　（b）

图9-9

例9-3 编写一个程序，借助 GUI 在顶层窗口下边放"按行读出"和"退出"两个按钮，上边安放一个多行文本框。单击"按行读出"按钮，在文本框里以一行一行的样式显示从磁盘文件中读取的内容；单击"退出"按钮，关闭顶层窗口，结束程序运行。体会如何使用读取方法 readline()。运行结果如图9-10所示。程序如下：

```python
import tkinter as tk
top=tk.Tk()
top.title('python GUI')
top.geometry('320x200+10+10')

txt1=tk.Text(top,bd=2,fg='Red',relief='sunken',
    width=30,height=6,font=('隶书',14))
txt1.pack(side='top',pady=10)
txt1.insert('end','在此逐行显示文件 messg1 里的内容\n')

fp=open('D:messg1.txt','w')
fp.write('Good morning, Mr.Python!\n')
fp.write('Good afternoon, Mr.Python!\n')
fp.write('Good evening, Mr.Python!\n')
fp.write('Good bye, Mr.Python!\n')
fp.close()

i=0
def reado():
    global i
    fp=open('D:messg1.txt','r')
    while True:
        i+=1
        line=fp.readline()
        if line=='':
            break
        else:
            txt1.insert('end',str(i)+'. '+line)
    fp.close()

btn1=tk.Button(top,text='按行读出',width=8,
    fg='red',font=('Verdana',14,'bold','italic'),command=reado)
btn1.pack(side='left',padx=23)
btn2=tk.Button(top,text='退出',width=8,
    fg='red',font=('Verdana',14,'bold','italic'),command=quit)
btn2.pack(side='left',padx=5)

top.mainloop()
```

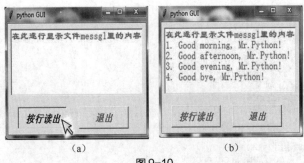

图 9-10

该程序的整体结构与上例相同。要注意，由于是按行读入磁盘文件的内容，所以文件存入磁盘时，必须以"\n"为一行的结束标志，方法 write()不会在写入文本时，自动在一行的末尾添加换行符。正因如此，程序中用方法 write()写入时，就要保证写入的每一行是以"\n"结尾的。这样，用方法 readline()从文件中读取数据时，才能够保证按行读入数据。

另外，在回调函数 reado()里，设置了一个全局变量来控制循环读入操作的进行。读完一行后，如果读入的内容为空（if line==' '），那么就表示已经没有内容可以读入了，循环就立即停止。

例 9-4　编写一个程序，借助 GUI 在顶层窗口左边放两个多行文本框，用来显示写入的数据和读取的数据；右边放 3 个按钮，分别是"写入数据""读取数据""退出"，完成写入、读取和退出的操作。体会如何使用写入方法 writelines()、读取方法 readlines()。程序如下：

```python
import tkinter.simpledialog
import tkinter as tk
top=tk.Tk()
top.title('python GUI')
top.geometry('480x180+10+10')

txt1=tk.Text(top,bd=2,fg='Red',relief='sunken',
    width=15,height=7,font=('隶书',14))
txt1.pack(side='left',padx=15,pady=1)
txt1.insert('end','显示写入数据'+'\n')
txt2=tk.Text(top,bd=2,fg='Red',relief='sunken',
    width=15,height=7,font=('隶书',14))
txt2.pack(side='left',padx=5,pady=1)
txt2.insert('end','显示读取数据'+'\n')

def xrsj():
    score=[]
    count=0
    while True:
        name=tk.simpledialog.askstring(title='请输入名称',prompt='name:')
        txt1.insert('end','动物名称:'+name+'\n')
        score.append(name+'\n')
        count+=1
        if count==5:
            break
    fp=open('D:messg1.txt','w')
    fp.writelines(score)
    fp.close()

def dqsj():
    fp=open('D:messg1.txt','r')
    str1=fp.read()
    txt2.insert('end',str1)

def dqsj():
    lb=[]
    fp=open('D:messg1.txt','r')
```

```
        lb=fp.readlines()
        for j in range(0,5):
            txt2.insert('end',str(j+1)+'. '+lb[j])
        fp.close()

btn1=tk.Button(top,text='写入数据',width=8,
    fg='red',font=('隶书',14,'bold','italic'),command=xrsj)
btn1.pack(side='top',pady=15,padx=14)
btn2=tk.Button(top,text='读取数据',width=8,
    fg='red',font=('隶书',14,'bold','italic'),command=dqsj)
btn2.pack(side='top',pady=10,padx=3)
btn3=tk.Button(top,text='退出',width=8,
    fg='red',font=('隶书',14,'bold','italic'),command=quit)
btn3.pack(side='top',pady=10,padx=3)

top.mainloop()
```

　　程序开始运行时，顶层窗口的情况如图 9-11 所示。单击"写入数据"按钮，运行回调函数 xrsj()，它借助前面介绍的简易对话框，在键盘上输入数据，并将数据存入磁盘文件 messg1.txt，如图 9-12（a）所示。数据从键盘上输入时，先是存放在一个列表 score 里。输入完成后（限制只能输入 5 个数据），再通过调用方法 writelines()，把列表 score 写入磁盘文件 messg1.txt。

　　数据写入完成后，单击"读取数据"按钮，运行回调函数 dqsj()。打开磁盘文件后，先是通过方法 readlines()，把里面的数据读到列表 lb 中，然后通过 for 循环，将列表中的元素一个一个地在文本框里显示出来。图 9-12（b）所示是写入数据及读取数据后顶层窗口的情况。

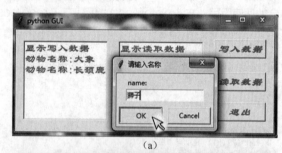

（a）

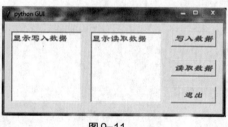

图 9-11

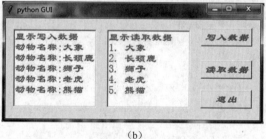

（b）

图 9-12

9.2.3　文件的随机定位

　　对文件来说，不能总是从文件的开头进行读、写操作，Python 设置了文件内部有关的管理指针，由它对读/写位置做出必要的调整，以满足读/写时的各种需要，这就是所谓的"文件的随机定位"。表 9-2 给出的文件对象属性和方法中，涉及定位的有 3 个方法：seek()、tell()和 truncate()。

1. 方法 seek()

　　方法 seek()的基本使用格式为：

```
file.seek(offset[,whence])
```

参数解释如下。

- file 是由函数 open()创建或打开的文件对象。

- offset 是相对于 whence 的位移量。

- whence 取值为 0，表示 offset 从文件头开始计算位移；取值为 1，表示 offset 从指针当前所在位置开始计算位移；取值为 2，表示 offset 从文件尾开始计算位移。默认取值为 0。

这里要注意，当 whence 取值为 0 时，打开文件的模式不受任何限制；但 whence 取值为 1 或 2 时，文件只能以带有 "b"（二进制）的模式打开，否则会出错。当 whence 取值为 2 时，offset 是从文件尾倒序计数，因此位移量要用负数表示。

2. 方法 tell()

方法 tell()的基本使用格式为：

```
file.tell()
```

其中，file 是由函数 open()创建或打开的文件对象。

该方法是一个无参函数，它将返回调用它的文件对象指针当前所在的位置。

3. 方法 truncate()

方法 truncate()的基本使用格式为：

```
file.truncate([size])
```

参数解释如下。

- file 是由函数 open()创建或打开的文件对象。

- size 是可省略的参数。若省略，则删除从当前指针所在位置到文件末尾的所有内容；若给出 size 取值，则只留下文件中的前 size 个字节内容，其余全部删除。

 注意 无论有无参数 size 出现，该方法都会对文件的内容做删除工作，所以事先只能以 "w"（写）的模式打开文件；若以 "r"（读）模式打开文件，是不能调用该方法的。

下面用几个例子来说明这 3 个方法的使用。

编写如下程序：

```
fp=open('D:messg3.txt','w')
fp.write('ABCDEFGHIJKLMNOPQRSTUVWXYZ')
fp.close()
fp=open('D:messg3.txt','r') #以只读模式打开文件
for str1 in fp:
    print(str1)
fp.seek(3)      #将指针从头后移 3 个位置
str1=fp.read()
print(str1)
fp.close()
```

由于文件原本不存在，所以该例先通过 "w" 模式打开欲创建的文件 messg3.txt，得到与之关联的文件对象 fp。随之调用方法 write()，往文件中写入内容：

```
ABCDEFGHIJKLMNOPQRSTUVWXYZ
```

关闭文件后，又以 "r" 模式打开文件，通过 for 循环将文件内容读入变量 str1，然后将其输出。随后调用方法 seek()。注意，调用时只给出 offset 的取值 3，略去了 whence，因此是从文件开头将指针向尾部移动 3 个位置。再调用方法 read()时，由于没有给出 size 参数，因此是读取从文件指针处直至末尾的全部文件内容。程序的执行结果如图 9-13 所示。

编写如下程序：

```
fp=open('D:messg4.txt','w')
fp.write('ABCDEFGHIJKLMNOPQRSTUVWXYZ')
```

```
fp.close()
fp=open('D:messg4.txt','rb+')    #以"rb+"模式打开，输出用引号括起的字符串
for str1 in fp:
    print(str1)
fp.seek(-8,2)  #从尾开始，往前移动8个位置
str1=fp.read()
print(str1)
fp.close()
```

如前例，通过"w"模式打开欲创建的文件 messg4.txt，得到与之关联的文件对象 fp。随之调用方法 write()，往文件中写入相同的内容。

接着以"rb+"模式打开文件 messg4.txt，因为只有这样，方法 seek()中的 whence 才能够取值 1 或者 2，否则会报错。这时，可以从尾部调用方法 seek()：

```
fp.seek(-8,2)
```

它表示从尾部往头部移动文件指针 8 个位置，输出的结果如图 9-13 所示。注意，图 9-14 所示的输出信息前标有字母"b"，后面是用引号括起的字符串。

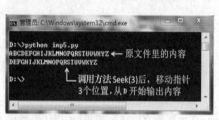

图 9-13

图 9-14

编写如下程序：

```
fp=open('D:messg5.txt','w')
fp.write('ABCDEFGHIJKLMNOPQRSTUVWXYZ')
fp.close()
fp=open('D:messg5.txt','rb+')
#以"rb+"模式打开，输出字符串，前面有 b；如果以"r"模式打开，则输出文本
for str1 in fp:
    print(str1)
fp.seek(4,0)
str1=fp.read()
print(str1)
fp.close()
```

本例以"rb+"模式打开创建的新文件 messg5.txt。在用 for 循环语句显示文件的所有内容后，调用方法 seek(4,0)，这表示 whence 取值为 0，是从文件的开头往末尾方向移动 4 个位置的指针，然后将文件内容输出。程序的执行结果如图 9-15 所示。注意，由于打开文件时，包含有"b"，所以输出是按二进制的方式，即在"b"的标识下，跟随一个字符串。

编写如下程序：

```
fp=open('D:messg6.txt','w')
fp.write('ABCDEFGHIJKLMNOPQRSTUVWXYZ')
fp.close()
fp=open('D:messg6.txt','rb')
for str1 in fp:
    print(str1)
fp.seek(3)
fp.seek(4,1)
print(fp.tell())
str1=fp.read()
print(str1)
print(fp.tell())
fp.close()
```

本例以"rb"模式打开创建的新文件 messg6.txt。在用 for 循环语句显示文件的所有内容后，两次调用方法 seek()，一次是从文件头开始往文件尾处移动指针 3 个位置，另一次是从指针当前所在位置往文件尾处移动 4 个位置，所以第 1 条输出测试指针位置的语句：

```
print(fp.tell())
```

该语句应该输出 7。在这个位置开始读入文件内容后，指针会停留在文件尾，所以第 2 条输出测试指针位置的语句：

```
print(fp.tell())
```

该语句应该输出 26。程序运行的结果如图 9-16 所示。

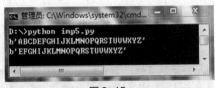
图 9-15

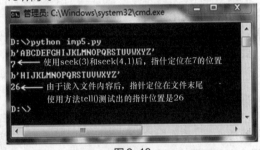
图 9-16

编写如下程序：

```
fp=open('D:messg7.txt','w')
fp.write('ABCDEFGHIJKLMNOPQRSTUVWXYZ')
fp.seek(12)
fp.truncate()
fp=open('D:messg7.txt','r')
for str1 in fp:
    print(str1)
fp.close()
fp=open('D:messg7.txt','w')
fp.write('ABCDEFGHIJKLMNOPQRSTUVWXYZ')
fp.truncate(18)
fp=open('D:messg7.txt','r')
for str1 in fp:
    print(str1)
fp.close()
```

本例以"w"模式打开创建的新文件 messg7.txt。随之通过方法 seek(12)，将文件指针移至位置 12，然后调用不带参数的方法 truncate()，这意味着会删除位置 12 以后文件的所有内容。正因如此，程序执行结果中，先输出的是"ABCDEFGHIJKL"，如图 9-17 所示。

图 9-17

下一步是重新创建文件 messg7.txt，调用带参的方法 truncate(18)，这意味着是将文件中从位置 19 开始的内容全部删除。从图 9-17 的第 2 条输出可以看出，确实是这样的。

注意

每次循环输出文件的内容前，必须先用"r"模式打开文件，否则是无法完成输出的。

9.3 路径、目录、文件

本章开始的文件概述中，已提及过文件的路径问题。使用过计算机的人，对文件、目录（文件夹）、路

229

径等概念不会感到陌生，由它们组成的各种路径，是提供给人们分门别类、分层管理各式文件的好办法。

　　Python 中，建立对文件分层管理的路径，必须通过 os、os.path 及 shutil 这 3 个模块才能实现。由于这些模块与操作系统的关系比较密切，所以在不同的操作系统上做这些工作时，可能会得到一些不尽相同的结果。我们这里讲述的方法都是基于 Windows 操作系统的。

9.3.1　os、os.path 及 shutil 模块

　　从第 5 章知道，模块是一个个独立包装好的文件，其内可以包括可执行的语句和定义好的函数。当程序中打算用到整个模块中的内容，或用到它们中的一部分内容时，必须先将所需要的模块"import"（导入）程序中，这样当前运行的程序才能够使用模块中的有关函数。

　　要注意，当往程序里导入 os 及 os.path 模块时，必须书写为：

```
import os  或  import os.path
```

　　而不能书写为：

```
import OS  或  import OS.path
```

　　也就是说，两处的 os 只能写成英文小写，不能写成大写，否则就会给出相同的出错信息，如图 9-18 所示（上面是关于 OS 的，下面是关于 OS.path 的）。

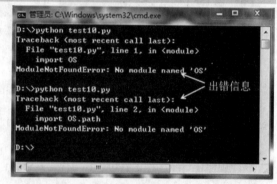

图 9-18

　　os、os.path 及 shutil 这 3 个模块，都提供了与路径、文件夹（目录）、文件等有关的很多函数和方法，os 模块里的一些变量，还给出了与操作系统有关的一些信息。由于模块中涉及的内容很多，在此不可能系统地讲述它们，只能在遇到有关路径、目录、文件的操作时，随时介绍较为常用的函数和方法。因此，在学习下面的内容时，必须随时注意所要涉及的函数或方法是在哪个模块里面，绝不能够盲目地加以调用，否则肯定会出错。

　　如果要知道 3 个模块各自提供的方法（函数）等详尽列表，可以在">>>"下键入以下内容进行寻找和查看：

```
dir(os)、dir(os.path)或 dir(shutil)
```

9.3.2　文件目录的层次结构

1. 一级目录结构

　　如果把文件的管理信息（文件名、尺寸、存取模式、存储位置等）登记在一个目录中，那么通过文件名查找文件目录，就直接可以找到所需要的文件，这种文件目录结构被称为"一级目录结构"。例如，现在有 4 个用户 ZONG、WANG、LING 和 FANG，如图 9-19 所示。ZONG 为自己的 3 个文件起名为 test、count 和 wait；WANG 为自己的 2 个文件起名为 help 和 robit；LING 为自己的 1 个文件起名为 food；FANG 为自己的 3 个文件起名为 class、group 和 data。在图中，方框代表一个文件的目录项。把它们汇集在一起，就形成系统的目录（这就是根目录），圆圈代表文件本身。目录项到文件之间有一个箭头，表示该文件在磁盘中的位置。

　　可以看出，一级目录结构是最简单的目录结构。新建一个文件时，就在文件目录中增加一个目录项，把该文件的有关信息填入其中，系统就可以感知到这个文件的存在了；删除一个文件时，就从系统目录中删去这一目录项。

一级文件目录有以下缺点。

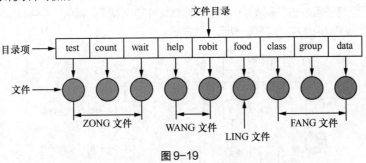

图 9-19

（1）如果系统中的文件很多，整个文件目录就会很大。可以想象，按文件名去查找一个文件时，平均需要搜索半个文件目录，会耗费很多时间。

（2）系统里面的文件绝对不能重名。即便是不同的用户，也不能给他们的文件起相同的名字，否则就有可能找不到指定的文件。

总之，一级文件目录结构不能满足用户多方面的需求，缺乏灵活性，现在已经很少在操作系统中采用了。

2. 二级目录结构

为了克服一级目录结构的缺点，有了二级目录结构，如图 9-20 所示。

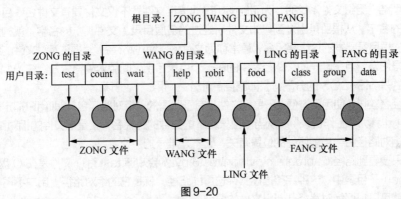

图 9-20

二级目录结构由"根目录"与"用户目录"两级构成。在根目录（也称主目录）中，每个目录项的内容只是给出用户目录名及它的目录所在的磁盘位置。用户目录，才是真正的文件目录。因此，这里的用户目录实际上就是上面所述的一级目录。

在二级目录结构下，每个用户拥有自己的目录，因此按名查找一个文件的时间会减少。另外，在这样的结构下，不同的用户可以给文件取相同的名字，文件重名已经不再是问题。

但是，如果一个用户拥有很多的文件，那么在他的目录中进行查找所花费的时间仍然会很长。另外，在二级目录结构中，用户无法对自己的文件进行分类安排。所以，这种目录结构还是难以使用户感到满意。为此，又引入了树型目录结构。

3. 树型目录结构

树型目录结构即目录的层次结构。在这种结构中，允许每个用户拥有多个目录，即在用户目录的下面，可以再分子目录，子目录的下面还可以有子目录。通常，也把目录称为"文件夹"。例如在图 9-21 中，用户 C 的子目录就有 3 层之多（注意，在图 9-21 中，只是用字母表示文件或目录的所有者，并没有分别给它们取名字）。

在这一棵倒置的树中，第 1 层为根目录，第 2 层为用户目录，再往下是用户的子目录。另外，每一层目录中，既可以有子目录的目录项，也可以有具体文件的目录项。利用这种目录结构，用户可以根据需要，组织起自己的目录层次，这样既灵活、又方便。

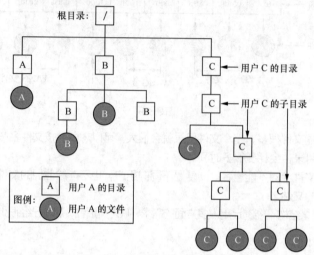

图 9-21

在用树型结构组织文件系统时，为了能够明确地指定文件，不仅文件要有文件名，目录和子目录也都要有自己的名字。从根目录出发到具体文件所经过的各层目录（文件夹）的名字，就构成了该文件的"路径名"。从根目录出发的这个路径名，通常称为文件的"绝对路径名"。要注意，文件的绝对路径名必须是从根目录出发，且是唯一的，路径名中的每一个目录名字之间用分隔符分开。在 Windows 操作系统中，沿用的是 MS-DOS 的分隔符，即路径各部分之间用 "\" 分隔。

绝对路径名较长，使用不方便。于是，文件又有了所谓的"相对路径名"。即用户指定一个目录作为"当前目录"（也称为"工作目录"）。从当前目录往下的文件的路径名，就是该文件的相对路径名。因此，一个文件的相对路径名与当前所处的位置有关，它不是唯一的。

例如，只要看到路径 C:\program\python\test3.py,就会知道 test3.py 文件是在 C 盘 program 目录下的 python 子目录中。这种完整描述文件位置的路径，就是它的绝对路径。用户不再需要知道其他任何信息，就可以根据绝对路径判断出文件的位置。

如果现在已经切换到了 program 目录，那么要定位文件 test3.py，完全不用通过它的绝对路径，只需要从 program 目录出发往下走,经过子目录 python，就可以找到文件 test3.py。如果已经切换到了 python 子目录，那么直接从那里出发即可找到文件 test3.py。可见，对于一个文件来说，其相对路径不是唯一的，它与当前位置有关。

要查看一个具体文件在磁盘上存放的位置，可以分为如下的 4 个步骤：

第 1 步，将鼠标指针移动到该文件的上面（是移动到文件的"上面"，而不是去打开它）。

第 2 步，单击鼠标右键，在弹出的对话框中，选择"属性"选项。

第 3 步，单击"属性"选项，打开属性窗口。

第 4 步，属性窗口中显示的"位置"就是该文件在磁

图 9-22

盘的路径，如图 9-22 所示。

9.3.3 有关目录的操作命令

1. 创建目录的方法：mkdir()

方法 mkdir() 的基本使用格式是：

```
os.mkdir(path)
```

其中：

- os 是已经导入的 os 模块；
- path 是指定要创建的目录路径名，要求用引号括起。

例如，E 盘下原本没有名为 program 的文件夹，执行以下命令：

```
>>>import os
>>>os.mkdir('E:\program')
```

那么就会在 E 盘根目录下创建一个名为"program"的文件夹（目录），如图 9-23 所示。

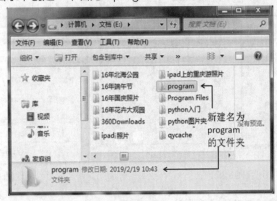

图 9-23

这里要注意两点，一是命令中的路径名必须用引号括起，否则就会报错；二是该命令一次只能创建一级目录，不能用它连续创建两级或多级目录。例如，E 盘下原本没有名为 program1 和 program2 的文件夹，执行以下命令：

```
>>>import os
>>>os.mkdir('E:\program1\program2')
```

那么不可能在 E 盘根目录下创建一个名为"program1"的文件夹（目录），接着在 program1 下再创建子目录 program2，系统会输出出错信息，如图 9-24 所示。

图 9-24

2. 创建多级目录的方法：makedirs()

方法 makedirs() 的基本使用格式是：

```
os.makedirs(path)
```

其中：

- os 是已经导入的 os 模块。
- path 是指定要创建的目录路径名，要求用引号括起。

例如，在 E 盘根目录下已有文件夹 program。现要在该目录往下创建 3 级目录 program1、program2、program3。为此，执行命令：

```
>>>import os
>>>os.makedirs('E:\program\program1\program2\program3')
```

执行后，按照前面所述的查看文件路径步骤，在 E 盘根目录下找到已有的文件夹 program，如图9-25（a）所示。将鼠标指针移到该文件夹的上面。单击鼠标右键，在弹出的快捷菜单中，选择"属性"选项，如图 9-25（b）所示。单击"属性"选项，打开"program 属性"对话框，如图 9-26 所示。在"program"属性对话框中显示的"位置"及"包含"里可以得知所要创建的多级目录的信息，即 program文件夹的下面，目前虽然没有具体的文件，但有 3 个文件夹。

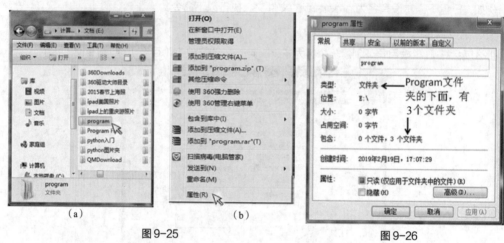

（a） （b）
图 9-25 图 9-26

3. 判断目录是否存在的函数：exists()

判断目录是否存在的函数 exists()，其基本使用格式是：

```
os.path.exists(path)
```

其中：

- os.path 是已经导入的 os.path 模块。
- path 是指定目录路径名，要求用引号括起。

创建目录时，如果目录已经存在，则会给出出错信息。同样地，如果要删除的目录并不存在，也会给出出错信息。为了避免程序执行过程中出现这种尴尬情况，可以利用 os.path 模块中提供的函数exists()，事先对路径的存在性进行判断。例如，判断一个目录是否存在时，可编写如下例子所示程序。

编写如下程序：

```
import os.path
pname='E:\program'
if os.path.exists(pname):          #判断一个目录是否存在
        print('该目录已存在！')
else:
        print('该目录可以创建！')
        os.mkdir(pname)           #对该目录进行创建
print('end')
```

4. 删除目录函数：rmdir()

函数 rmdir()的基本使用格式是：

```
os.rmdir(path)
```

其中:

- os 是已经导入的 os 模块;
- path 是指定要删除的目录路径名,要求用引号括起。

要删除某个目录时,可编写如下程序:

```
import os.path
pname='E:\program'
if os.path.exists(pname):          #判断一个目录是否存在
        print('该目录存在,可以删除! ')
        os.rmdir(pname)            #删除指定的目录
else:
        print('该目录不存在! ')
print('end')
```

 注意 调用函数 **rmdir(path)** 只能删除空的文件夹,即如果该文件夹里包含具体的文件,或它的下面还有子目录等,那么该目录是不能被删除的,否则会给出出错信息。

5. 删除非空目录函数: rmtree()

函数 rmtree()的基本使用格式是:

```
shutil.rmtree(path)
```

其中:

- shutil 是已经导入的 shutil 模块。
- path 是指定要删除的目录路径名,要求用引号括起。

为了删除非空目录,需要用到 Python 中 shutil 模块里的函数 rmtree()。例如,E 盘根目录下原有文件夹 program,在它的下面有子目录 program1,再往下还有 program2、program3、program4。现在要删除自 program2 往下的所有内容。很明显,文件夹 program2 为非空,因为它的下面还有文件夹存在。如果执行命令 "os.rmdir('E:\program1\program2')",是不可能达到删除文件的目的的。但通过 shutil 模块中的函数 rmtree(),就可以达到这一目的。

编写如下程序:

```
import os.path
import shutil    #导入 shutil 模块
pname='E:\program\program1\program2'
if os.path.exists(pname):
    print('该目录存在,可以删除! ')
    shutil.rmtree(pname)          #删除自文件夹 program2 往下路径上的所有内容
else:
    print('该目录不存在! ')
print('end')
```

执行该程序就能够把自 program2 往下的所有文件夹或文件夹里的文件全部删除。

6. 更改当前目录的函数: chdir()

函数 chdir()的基本使用格式是:

```
os.chdir(path)
```

其中:

- os 是已经导入的 os 模块。
- path 是指定要更改成当前目录的路径名,要求用引号括起。

调用它后,将返回新的当前目录名。

7. 获得当前目录名函数: getcwd()

函数 getcwd()的基本使用格式是:

```
os.getcwd()
```

其中，os 是已经导入的 os 模块。

编写如下程序：

```
import os
import os.path
dqml=os.getcwd()
print('现在的当前目录是: ',dqml)
pname='E:\program\program1'
if os.path.exists(pname):
    print('所给目录存在，可以成为当前目录! ')
    os.chdir(pname)
    dqml=os.getcwd()
    print('新的当前目录是: ',dqml)
else:
    print('该目录不存在! ')
print('end')
```

运行该小程序，由于在"E:\program"下确实有文件夹 program1 存在，所有可以把它作为新的当前目录，运行结果如图 9-27 所示。

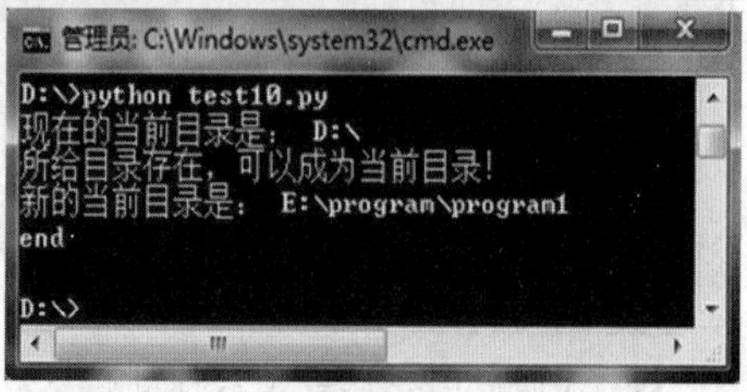

图 9-27

9.3.4 有关文件的操作命令

1. 重新命名文件的方法：rename()

重新命名文件的方法 rename() 的基本使用格式是：

```
os.rename(cur,new)
```

其中：

- os 是已经导入的 os 模块。
- cur 是文件的原有名，要求用引号括起。
- new 是文件的新名，要求用引号括起。

2. 判断路径是否为文件的函数：isfile()

判断路径是否为文件的函数 isfile() 的基本使用格式是：

```
os.path.isfile(path)
```

其中：

- os.path 是已经导入的 os.path 模块。
- path 是文件的路径名，要求用引号括起。

编写如下程序：

```
import os.path
pname='D:\messg5.txt'
if os.path.isfile(pname):      #判断是否是文件名
    print('所给路径是文件名，可以改名字! ')
    os.rename(pname,'D:\动物名称.txt')  #是文件名，可以改名字
    print('文件名改为: ','D:\动物名称.txt')
else:
    print('是路径，不是文件名! ')
print('end')
```

运行该小程序。由于在 D 盘根目录下确实有文件 messg5.txt 存在，以下条件取值为 True：

```
os.path.isfile(pname)
```

因此可以将文件改名为"动物名称"，如图 9-28 所示。程序运行结果如图 9-29 所示。

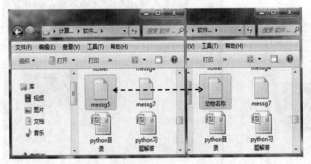

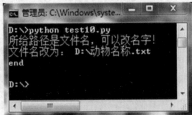

图 9-28　　　　　　　　　　　　　　　图 9-29

3. 删除指定文件的函数：remove()

删除指定文件的函数 remove() 的基本使用格式是：

```
os.remove(path)
```

其中：

- os 是已经导入的 os 模块；
- path 是文件的名称，要求用引号括起。

由前面的讨论知道，在 D 盘根目录下有一个刚改了名字的文件动物名称.txt。现在执行命令"os.remove('D:\动物名称.txt')"，就会立即把该文件删除。

4. 复制指定文件的方法：copyfile()

复制指定文件的方法 copyfile() 的基本使用格式是：

```
shutil.copyfile(cur,new)
```

其中：

- shutil 是已经导入的 shutil 模块；
- cur 是文件的原有名，要求用引号括起；
- new 是文件的新名，要求用引号括起。

其功能是将由 cur 指定的原文件，复制到由 new 指定的地方，成为那里的一个新文件。

例如，在 E 盘根目录下有一个"图片 2.png"文件，如图 9-30 所示。现在要将它复制到 E 盘 program 文件夹下面的 program2 文件夹里。

编写如下程序：

```
import shutil
fname1='E:\图片 2.png'
fp=open(fname1,'rb')
fname2='E:\program\program1\program2\猪年吉祥.png'
shutil.copyfile(fname1,fname2)
fp.close()
```

执行小程序后，观察"E:\program\program1\program2"，可知原来 program2 里只有一个文件夹 program3，现在则有两个文件了，一个是文件夹 program3，另一个是刚才复制过来的文件猪年吉祥.png，如图 9-31 所示。

这里要注意，由于是将原来的文件复制到新的地方去，也就是要对原来的文件进行"读取"操作，所以在调用方法 copyfile() 之前，必须将该文件打开，否则是无法进行复制的，即：

```
fp=open(fname1,'rb')
```

另一点要注意的是，打开一个文件后，必须及时将其关闭。

237

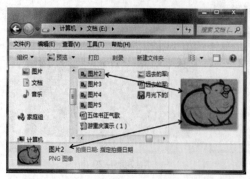

图 9-30

图 9-31

5. 压缩指定文件的方法：make_archive()

压缩指定文件的方法 make_archive()的基本使用格式是：

```
shutil. make_archive(cur,'zip', new)
```

其中：

- shutil 是已经导入的 shutil 模块。
- cur 是欲压缩的文件（文件夹）原有名，要求用引号括起。
- zip 是压缩标志，要求用引号括起。
- new 是压缩后的文件新名，要求用引号括起。

6. 解压指定文件的方法：unpack_archive()

解压指定文件的方法 unpack_archive()的基本使用格式是：

```
shutil. unpack_archive(cur,new)
```

其中：

- shutil 是已经导入的 shutil 模块。
- cur 是已压缩的文件原有名，要求用引号括起。
- new 是解压后的文件新名，要求用引号括起。

编写如下程序：

```
import shutil
shutil.make_archive('E:\COMP','zip','E:\program')
shutil.unpack_archive('E:\COMP.zip','D:\DECOMP')
print('end')
```

由前面已经知道，在 E 盘根目录下，有文件夹 program，在它的下面，还有子文件夹 program1、program2、program3、program4，其中 program2 里，通过调用方法 copyfile()，复制了一个"猪年吉祥.png"文件。

现在给出的小程序中，打算把 program 往下的所有内容都压缩成一个压缩文件 COMP，把它存放在 E 盘根目录下。于是，程序执行语句：

```
shutil.make_archive('E:\COMP','zip','E:\program')
```

执行了这条语句后，在 E 盘根目录下就可以看到压缩文件 COMP.zip 的图标，如图 9-32 所示。

程序接着执行语句：

```
shutil.unpack_archive('E:\COMP.zip','D:\DECOMP')
```

它的功能是调用解压方法 unpack_archive()，把存放在 E 盘根目录下的压缩文件 COMP.zip 解压后存放到 D 盘根目录下的文件夹 DECOMP。执行后，能够立即在 D 盘根目录下见到该文件夹的存在，如图 9-33 所示。

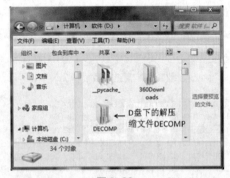

图 9-32   图 9-33

这里要注意两点，一是压缩方法中的第 2 个参数是用引号括起的"zip"，它是不能丢掉的；二是方法中的各个参数都要用引号括起，否则就会出错。

例 9-5 编写程序，在顶层窗口里利用菜单控件，实现创建新文件、复制文件、写/读文件等功能。
程序编写如下：

```python
import tkinter.simpledialog
import tkinter as tk
top=tk.Tk()
top.title('python GUI')
top.geometry('400x200+125+100')

menubar = tk.Menu(top)          #在顶层窗口 top 上创建菜单条控件

txt1=tk.Text(top,bd=2,fg='Red',relief='sunken',width=26,height=6,font=('隶书',14))
txt1.pack(side='top',pady=20)

def doj_1():    #创建新文件时的回调函数
    name=tk.simpledialog.askstring('请输入新文件名',prompt='New File:')
    txt1.insert('end','你输入的文件名是： '+name+'\n')
    fp=open(name,'w')
    fp.close()

def doj_2():    #复制文件时的回调函数
    import shutil
    me1=tk.simpledialog.askstring('请输入源文件名',prompt='source:')
    txt1.insert('end','你输入的源文件名是： '+me1+'\n')
    me2=tk.simpledialog.askstring('请输入目标文件名',prompt='arm:')
    txt1.insert('end','你输入的目标文件名是:'+me2+'\n')
    fp=open(me1,'rb')
    shutil.copyfile(me1,me2)
    fp.close()

def doj_3():    #写入/读出时的回调函数
    txt1.insert('end','在此显示的是你往文件里写入的内容： '+'\n')
    fp=open('D:messg1.txt','w')
    fp.write('春来早，玉兰先知晓！白色紫色竞相艳，没有绿色也争俏。也争俏，都争俏，几度春秋知多少？ ')
#写入文件 messg1 的内容
    fp=open('D:messg1.txt','r')
    str1=fp.read()   #读出写入的内容
    txt1.insert('end',str1)          #在文本框 txt1 中显示出来
    fp.close()

def doj_4():    #下面是 5 个没有做具体工作的回调函数
    txt1.insert('end','删除文件功能! '+'\n')
def doj_5():
    txt1.insert('end','压缩文件功能! '+'\n')
```

239

```
def doj_6():
    txt1.insert('end','解压缩文件功能！ '+'\n')
def doj_7():
    txt1.insert('end','向前查找功能！ '+'\n')
def doj_8():
    txt1.insert('end','向后查找功能！ '+'\n')

filemenu1=tk.Menu(menubar, tearoff=0)
filemenu2=tk.Menu(menubar, tearoff=0)
#下面是主菜单 File 的 6 个子菜单项（filemenu1）
filemenu1.add_command(label='New File',command=doj_1)      #子菜单项 New File
filemenu1.add_command(label='Copy',command = doj_2)        #子菜单项 Copy
filemenu1.add_command(label ='W/R',command = doj_3)        #子菜单项 W/R
filemenu1.add_command(label ='Delete',command = doj_4)     #子菜单项 Delete
filemenu1.add_separator()#子菜单 filemenu 间的分隔线
filemenu1.add_command(label = 'Comp',command = doj_5)      #子菜单项 Comp
filemenu1.add_command(label = 'DeComp',command = doj_6)    #子菜单项 DeComp
#下面是主菜单 Look 的两个子菜单项（filemenu2）
filemenu2.add_command(label ='Flast',command = doj_7)      #子菜单项 Flast
filemenu2.add_command(label ='Fnext',command = doj_8)      #子菜单项 Fnext
#两个主菜单项绑定各自的子菜单
menubar.add_cascade(label='File', menu=filemenu1)          #主菜单项 File
menubar.add_cascade(label='Look', menu=filemenu2)          #主菜单项 Look
#设置顶层窗口 top 的菜单属性，使菜单 menubar 与其绑定
top['menu'] = menubar
top.mainloop()
```

注意以下几点。

（1）本程序在顶层窗口上安排了菜单条和一个文本框，主菜单项是"File"及"Look"。

（2）"File"主菜单项下有 6 个子菜单项："New File""Copy""W/R" "Delete""Comp""DeComp"。在前 4 项与后两项之间有一条分隔线，它们都属于子菜单控件 filemen1。图 9-34 所示是当用鼠标单击"File"主菜单时顶层窗口的情形。

（3）"Look"主菜单项下有两个子菜单项："Flast"和"Fnext"。它们属于子菜单控件 filemenu2。

（4）程序中只给出了"New File""Copy""W/R"的较为具体的回调函数，其他子菜单只给出了抽象的回调函数，它们可以使文本框里显示出"xxx 功能！"的字样，如图 9-35 所示。

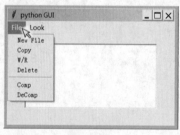

图 9-34

图 9-35

（5）程序中对语句做了较为详细的注释，从中可以了解利用 GUI 设计整个菜单时，应该如何安排主菜单控件和子菜单控件、主菜单控件与子菜单控件之间的关系，在此就不做其他更多的解释。

思考与练习九

第10章
基本数据结构的扩展

在应用开发中，除了 Python 所提供的元组、列表、字典等基本数据结构外，有时还会用到一些较为复杂或特殊的数据结构，例如二叉树、堆、队列、栈等。这些数据结构，大都是在 Python 已有的数据结构基础上，加以某些条件的限制或改造，以满足实际问题的需要而得来的。因此，本节的内容既可以看作是对 Python 基本数据结构的一种扩展，也可以看作是对 Python 基本数据结构的再次开发。

慕课视频

第 10 章

10.1 Python 中二叉树的递归遍历

10.1.1 二叉树的基本概念

计算机中，数据元素在不同的场合还可以被称作"结点""顶点""记录"等。在二叉树这种数据结构中，把数据元素统称为"结点"。

"二叉树"是一个由结点组成的有限集合。这个集合或者为空，或者由一个称为"根"的结点及两棵不相交的二叉树组成，这两棵二叉树分别称为这个根结点的"左子树"和"右子树"。

当二叉树非空时，是通过结点之间想象中的一条线来表示从一个结点到它的两个子树结点（如果有的话）间的联系的，这个上层的结点称为"父结点"，两个子结点就称为父结点的"孩子结点"或"叶结点"。

由二叉树的定义可以知道，它其实是一个递归式的定义，因为在定义一棵二叉树时，又用到了二叉树这个术语：一个结点的左、右子树也是二叉树。如果子树是空的，那么这时就说该结点没有"左孩子"或者没有"右孩子"。

综上所述，二叉树有如下的特征：
- 二叉树可以是空的，空二叉树没有任何结点。
- 二叉树上的每个结点最多可以有两棵子树，这两棵子树是不相交的。
- 二叉树上一个结点的两棵子树有左、右之分，次序是不能颠倒的。

例 10-1 图 10-1 所示的是二叉树的几种图形表示。

图 10-1（a）所示为一棵空二叉树，我们用符号"Φ"来表示；图 10-1（b）所示为一棵只有一个结点的二叉树，这个结点就是这棵二叉树的根结点，由于该二叉树只有一个根结点，所以也可以说这是一棵左、右子树都为空的二叉树；图 10-1（c）所示为由一个根结点、左子树的根结点 B、右子树的根结点 C 组成的一棵二叉树；图 10-1（d）所示为一棵只含左子树的二叉树（当然，也可以有只含右子树的二叉树，这里没有给出）；图 10-1（e）所示为一棵普通的二叉树，其左子树只有根结点 B，右子树则由若干个结点组成，整棵二叉树可以划分为 4 层，分别是第 0 层～第 3 层。

二叉树是一种非线性结构，人们无法使用熟悉的顺序（也就是线性）方法知道一个结点的"下一个"是谁，只有人为地做出限定，才能去访问某结点中的数据。

所谓"遍历"二叉树，是指按照规定的路线对二叉树进行搜索，以保证里面的每个结点被访问一次，而且只被访问一次。

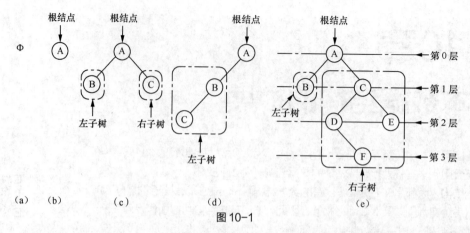

Φ

根结点 根结点 根结点 根结点

左子树 右子树 左子树 左子树

第0层 第1层 第2层 第3层

右子树

(a) (b) (c) (d) (e)

图 10-1

由于一棵非空二叉树是由根结点及两棵不相交的左、右子树 3 个部分组成的，因此如果人为规定一种顺序，在到达每一个结点时，都按照这个规定去访问与该结点有关的 3 个部分，那么就可以访问二叉树上的所有结点，且每个结点只被访问一次。

若用 T、L 和 R 分别表示二叉树的根结点、左子树和右子树，那么在到达每一个结点时，访问结点的顺序可以有以下 6 种不同的组合形式：

- TLR——先访问根结点，再访问左子树，最后访问右子树。
- LTR——先访问左子树，再访问根结点，最后访问右子树。
- LRT——先访问左子树，再访问右子树，最后访问根结点。
- TRL——先访问根结点，再访问右子树，最后访问左子树。
- RTL——先访问右子树，再访问根结点，最后访问左子树。
- RLT——先访问右子树，再访问左子树，最后访问根结点。

前 3 个规定的特点是到达一个结点后，对左、右子树来说，总是"先访左、后访右"；后 3 个规定的特点是到达一个结点后，对左、右子树来说，总是"先访右、后访左"。如果对左、右子树，我们约定总是"先访左、后访右"，那么访问结点的 6 种顺序就只剩下 3 种不同的组合形式：TLR、LTR、LRT。通常，称 TLR 为二叉树的先根遍历或先序遍历（因为 T 在最前面），称 LTR 为中根遍历或中序遍历（因为 T 在中间），称 LRT 为后根遍历或后序遍历（因为 T 在最后面）。

例 10-2 以先根遍历（TLR）的顺序访问图 10-2 所示的二叉树，并给出遍历后的结点访问序列。

先根遍历的总体规定是每到达二叉树的一个结点后，就先访问根结点，然后访问它的左子树上的所有结点，最后访问右子树上的所有结点。现在从图 10-2 所示的二叉树根结点 A 开始出发遍历。在访问了根结点 A 之后，由于它有左子树，因此根据规定应该前进到它的左子树去。到达左子树后，根据规定先访问该二叉树的根结点 B，再去访问 B 的左子树。由于 B 有左子树，因此前进到它的左子树。到达左子树后，仍先访问它的根结点 D，再去访问 D 的左子树。这时左子树为空，因此根据规定去访问它的右子树。但 D 的右子树也为空，至此，结点 B 的左子树上的所有结点都已访问完毕，根据规定就应该去访问它的右子树上的结点了。结点 B 的右子树是以结点 E 为根的二叉树。到达结点 E 后，按照先根遍历的规定，先访问根结点 E，然后访问它的左子树。在访问了左子树的根结点 H 后，由于 H 的左、右子树都为空，因此结点 E 的左子树上的所有结点都访问完毕，转去访问它的右子树。由于结点 E 的右子树为空，于是结点 B 的右子树上的所有结点都已访问完毕。至此，结点 A

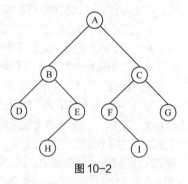

图 10-2

左子树上的所有结点都已访问完毕，按先根遍历的规定，应该转去访问它的右子树上的所有结点了。

　　结点 A 的右子树的根结点是 C。先访问结点 C，然后去访问它的左子树。这时左子树的根结点为 F，于是访问 F，然后去访问 F 的左子树。由于左子树为空，因此去访问它的右子树。结点 F 的右子树的根结点是 I，于是访问结点 I。由于 I 的左、右子树均为空，至此，结点 C 的左子树上结点全部访问完毕，转去访问它的右子树。结点 C 的右子树的根结点是 G，于是访问结点 G。由于结点 G 的左、右子树都为空，至此，结点 A 的右子树上的所有结点都访问完毕，对该二叉树的先根遍历也就到此结束。

　　归纳对该二叉树结点的"访问"次序，可以得到对图 10-2 所示的二叉树的先根遍历序列：

$$A→B→D→E→H→C→F→I→G$$

　　通过此例可以知道，求一个二叉树的某种遍历序列，最重要的是在到达每一个结点时都必须坚持该遍历的原则，只有这样才能得出正确的结点遍历序列，确保每个结点都只被访问一次。

　　例 10-3　以中根遍历（LTR）的顺序访问图 10-2 所示的二叉树，并给出遍历后的结点序列。

　　中根遍历规定，在到达二叉树的一个结点后，不是先访问该结点，而是先去访问该结点的左子树，只有在访问完左子树后，才去访问该结点，最后访问该结点的右子树。现在从图 10-2 所示的二叉树的根结点 A 开始遍历。

　　到达 A 后，先不能访问它，而是要去访问它的左子树，于是进到左子树的根结点 B。到达 B 后，根据中根遍历规定，不能访问 B，而是要先去访问它的左子树，于是又进到结点 D。到达 D 后，仍然不能访问 D，而是要先访问它的左子树。但 D 的左子树为空，因此访问 D 的左子树的任务完成。由于访问完 D 的左子树，根据中根遍历规定，这时才能访问结点 D。可见，中根遍历二叉树时，最先访问的结点是该二叉树最左边的那个结点。

　　访问完结点 D 之后，应该访问 D 的右子树。由于 D 的右子树为空，于是，以 D 为根的二叉树的遍历结束，也就是以结点 B 为根的二叉树的左子树的遍历结束，因此根据中根遍历规定，这时才访问结点 B，然后去访问以 B 为根结点的右子树。

　　到达右子树的根结点 E 后，根据中根遍历规定，不能访问 E，而是要先访问它的左子树，于是进到结点 H。H 的左子树为空，因此这时才访问结点 H。由于 H 的右子树为空，至此，对以结点 B 为根的右子树遍历完毕，即以结点 A 为根的左子树遍历完毕。到这个时候，才可以访问结点 A。可见，中根遍历二叉树时，左子树上的结点都先于二叉树的根结点得到访问，因此在遍历序列里它们都位于根结点的左边，而右子树上的结点都位于根结点的右边。

　　访问完二叉树的根结点 A 之后，根据中根遍历规定，将对二叉树的右子树进行遍历。到达右子树根结点 C 后，不能访问它，应该先去访问它的左子树，于是进到结点 F。进到结点 F 后，不能访问它，应该先去访问它的左子树。由于它的左子树为空，因此才访问结点 F。访问完结点 F，应该访问它的右子树，于是进到结点 I。I 的左子树为空，所以访问结点 I，然后访问它的右子树。因为 I 的右子树为空，故以结点 C 为根的二叉树的左子树已遍历完毕，所以访问结点 C，然后进到右子树的结点 G。结点 G 的左子树为空，因此访问结点 G，然后访问 G 的右子树。因为 G 的右子树为空，至此，以结点 A 为根的右子树全部遍历完毕，也就是对整个二叉树遍历完毕。可见，中根遍历二叉树时，最后访问的结点应该是二叉树上最右边的那个结点。

　　综上所述，对图 10-2 所示的二叉树进行中根遍历时，遍历的结点序列是：

$$D→B→H→E→A→F→I→C→G$$

　　不难总结出其规律：对于任何一棵二叉树，先根遍历时整棵树的根结点总是处于遍历序列之首；中根遍历时整棵树的根结点的位置总是"居中"，它的左子树的所有结点都在其左边，右子树的所有结点都在其右边；后根遍历时整棵树的根结点的位置总是在最后，其所有结点都在它的左边。

这个总结，对整棵二叉树成立，对各子二叉树也成立。

10.1.2 递归的概念

前面提及："由二叉树的定义可以知道，它其实是一个递归式的定义，因为在定义一棵二叉树时，又用到了二叉树这个术语。"什么是"递归"呢？在程序设计中，递归其实应该属于函数调用的范畴。我们知道，一个函数是可以调用另一个函数的。在特定的条件下，一个函数也可以调用它自己。这就是所谓函数的"递归"调用。

看一个简单的例子。计算整数 n 的阶乘：$n! = 1 \times 2 \times \ldots \times (n-1) \times n$，严格的数学定义如下。

$$n! = \begin{cases} 1 & n=0 \\ n \times (n-1)! & n>0 \end{cases}$$

也就是说：当 $n=0$ 时，其阶乘就是 1；当 $n>0$ 时，其阶乘等于 $n-1$ 的阶乘的 n 倍。不难看出，在这个阶乘定义的右边，用到了正在定义的阶乘的定义，这就是"递归"一词的含义。这样的定义不会产生不合理的死循环，因为这里对 $n=0$ 的特殊情况直接给出了定义；而对一般情况，是把一个数的阶乘归结到比它小 1 的数的阶乘。于是，任何大于 0 的整数 n 的阶乘是基于 $n-1$ 的阶乘定义的，而 $n-1$ 的阶乘又基于 $n-2$ 的阶乘定义……这样，n 的阶乘最终将归结到 0 的阶乘。Python 语言支持递归计算方式。

例如，可以用如下的 Python 函数 fact() 来实现整数 n 的递归调用：

```
def fact(n):
    if n==0:
        return 1
    else:
        return n*fact(n-1)
```

为了验证它的正确性，编写程序如下：

```
def fact(n):
    if n==0:
        return 1
    else:
        return n*fact(n-1)
#主程序
print(fact(3))
```

执行后，输出结果为 6，完全正确。程序里没有循环，很少的几条语句显得简洁、清晰。但它的执行路线却不简单，图 10-3 描述了 fact(3) 的计算调用过程：求 fact(3) 时，需要调用 fact(2)，而求 fact(2) 时又要调用 fact(1)，直至到达求 fact(0)。根据函数定义，它直接返回结果 1。这样一来，前面的一系列调用都能够得到应有的结果，从而按顺序一级一级返回，最终得到 fact(3) 的计算结果 6。

例 10-4 数学中有一个所谓的 Fibonacci（斐波那契）数列：

1, 1, 2, 3, 5, 8, 13, 21, 34, 55, 89, ...

它是通过如下的递归方式来定义的：

$F_0=1$, $F_1=1$, $F_2=F_0+F_1$, ..., $F_n=F_{n-1}+F_{n-2}(n>1)$

即除第 1、2 项外，从第 3 项开始，数列中的各项的值是它前两项之和。该数列项值的增长速度是很快的。很明显，求 Fibonacci 数列各项的值是一个递归过程。编写程序，以递归方式处理 Fibonacci 数列：

```
def fibon(x):
    if x<=1:
        return x
    else:
        return fibon(x-1)+fibon(x-2)

    #主程序
outn=[]#定义一个空列表
```

```
for item in range(12 ):
    outn.append(fibon(itrm))
    print('Fibonacci 数列:',outn)
```

运行该程序,结果如图 10-4 所示。程序中,考虑到 Fibonacci 数列从 0 或 1 开始,因此通过 if 语句返回 0 或 1 来终止整个递归过程。整个递归过程是由 else 语句来处理的,当 Fibonacci 数列大于或等于 2 时,就将前面的两项数值相加,得出新的项,并由 return 语句将该项取值返回。究竟要递归多少次,每次输出 Fibonacci 数列列表中的什么内容,将由 for 循环中的函数 range() 及调用函数 fibon() 时传递的参数 item 来决定。

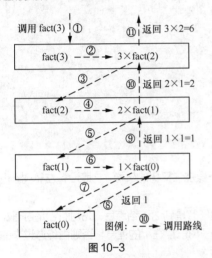

图 10-3

图 10-4

10.1.3 二叉树遍历的 Python 算法

对二叉树进行先根、中根、后根遍历时,都是从根结点开始、根结点结束,经由的路线也都一样,其差别体现在对结点访问时机的选择上。按约定,遍历时总是先沿着左子树一直深入下去,在到达二叉树的最左端无法再往下深入时,就往上逐一返回,进入刚才深入时曾遇到的结点的右子树,进行同样的深入和返回,直到最后从根结点的右子树返回到根结点。遍历时要返回结点的顺序与深入结点的顺序正好是相反的。

为了对二叉树进行 3 种不同的遍历,先要创建一棵二叉树,然后再考虑递归遍历的问题。这一切都可以由如下定义的二叉树类 BinaryTree 来实现。程序编写如下:

```
#定义二叉树类 BinaryTree
class BinaryTree:
    def __init__(self,value):
        self.left=None
        self.right=None
        self.data=value
    #创建左子树函数
    def insertLeftChild(self,value):
        if self.left:
            print('Left child tree already exists.')
        else:
            self.left=BinaryTree(value)
            return self.left
    #创建右子树函数
    def insertRightChild(self,value):
        if self.right:
            print('Right child tree already exists.')
        else:
            self.right=BinaryTree(value)
            return self.right
```

```
#先根遍历函数
def preOrder(self):
    print(self.data)        #输出根结点的值
    if self.left:
        self.left.preOrder()  #遍历左子树
    if self.right:
        self.right.preOrder() #遍历右子树
#后根遍历函数
def postOrder(self):
    if self.left:
        self.left.postOrder()  #遍历左子树
    if self.right:
        self.right.postOrder() #遍历右子树
    print(self.data)        #输出根结点的值
#中根遍历函数
def inOrder(self):
    if self.left:
        self.left.inOrder()   #遍历左子树
    print(self.data)        #输出根结点的值
    if self.right:
        self.right.inOrder() #遍历右子树
```

该类由以下 6 个函数组成。

一是初始化函数__init__(self,value)。它的任务是给出一棵空二叉树的架构，它既没有左子树，也没有右子树，参数 value 是根结点的取值。

二是创建左子树函数 insertLeftChild(self,value)。它的任务是到达该结点后，先判断它是否有左子树，如果有，则输出"Left child tree already exists."（左子树已存在）的信息；否则由传递过来的参数 value 建立该结点左子树的根结点。

三是创建右子树函数 insertRightChild(self,value)。它的任务是到达该结点后，先判断它是否有右子树，如果有，则输出"right child tree already exists."（右子树已存在）的信息；否则由传递过来的参数 value 建立该结点右子树的根结点。

四是先根遍历函数 preOrder(self)。它的任务是完成对二叉树的先根遍历，具体是到达一个结点后，先是输出该结点的值（体现了先根遍历的特点）；然后如果有左子树，则通过递归方式完成对左子树的遍历；如果有右子树，则通过递归方式完成对右子树的遍历，从而完成对整个二叉树的先根遍历。

五是后根遍历函数 postOrder(self)。它的任务是完成对二叉树的后根遍历，具体是到达一个结点后，如果有左子树，则通过递归方式完成对左子树的遍历；如果有右子树，则通过递归方式完成对右子树的遍历；最后输出该结点的值（体现了后根遍历的特点），从而完成对整个二叉树的后根遍历。

六是中根遍历函数 inOrder(self)。它的任务是完成对二叉树的中根遍历，具体是到达一个结点后，如果有左子树，则通过递归方式完成对左子树的遍历；然后输出该结点的值（体现了中根遍历的特点）；最后如果有右子树，则通过递归方式完成对右子树的遍历，从而完成对整个二叉树的中根遍历。

把这一段代码保存成"Tree10.py"文件，例如保存在 D 盘根目录下，这样谁想使用它，都可以通过"import Tree10"将模块导入。

例 10-5 试编写主程序，创建图 10-2 所示的二叉树，并对其进行中根遍历、先根遍历、后根遍历。要注意，图 10-2 中二叉树根结点的取值是 A，而这里主程序中根结点的取值则是"root"。程序编写如下：

```
import Tree10   #导入二叉树模块
root=Tree10.BinaryTree('root')        #创建该二叉树的根结点 root
b=root.insertLeftChild('B')
c=root.insertRightChild('C')
d=b.insertLeftChild('D')
e=b.insertRightChild('E')
h=e.insertLeftChild('H')
f=c.insertLeftChild('F')
i=f.insertRightChild('I')
```

```
g=c.insertRightChild('G')
print('中根遍历序列是：')
root.inOrder()
print('先根遍历序列是：')
root.preOrder()
print('后根遍历序列是：')
root.postOrder()
print('从 B 结点开始的中根遍历序列是：')
b.inOrder()
```

运行该程序，图 10-5 中只显示了先根、后根及从 B 结点开始的中根遍历序列结果。

图 10-5

10.2 Python 中的堆排序

所谓"排序"，是指把一系列杂乱无章的无序数据排列成有序序列的过程。给定一组结点 r_1、r_2、…、r_n，对应的关键字分别为 k_1、k_2、…、k_n。将这些结点重新排列成 r_{s1}、r_{s2}、…、r_{sn}，使得对应的关键字满足 $k_{s1} \leq k_{s2} \leq … \leq k_{sn}$ 的升序条件。这种重排一组结点、使其关键字值具有非递减顺序的过程就称为"排序"。当然，让关键字排序后表现出一种非递增关系也是可以的，这也是"排序"。

排序时依据的关键字类型，可以是字符、字符串、数字等，只要存在一种能够比较关键字之间顺序的办法即可。我们讨论时关注的是决定结点顺序的关键字，而不是它的内容。

10.2.1 堆的定义

二叉树中有一种所谓的"完全二叉树"，是指该二叉树除最后一层外，其余各层的结点都是满的，且最后一层的结点都集中在左边，右边可以连续缺少若干个结点。

图 10-6 所示的两棵二叉树都是完全二叉树。对图 10-6（a）来说，虽然最后一层少了 3 个结点，但这 3 个结点是最右边的连续 3 个结点，符合完全二叉树的定义；对图 10-6（b）来说，虽然最后一层只有最左边的一个结点，但少的是右边连续的 7 个结点，符合完全二叉树的定义。

"堆"是一棵完全二叉树，且各结点的关键字值满足如下条件：从根结点到任何一个孩子结点的路径上的关键字值都是非递减的，也就是说，根结点和任何分支结点的关键字值均小于或等于其左、右孩子结点（如果有的话）的关键字值。

形式上，可以这样来定义堆。有 n 个结点的关键字序列 k_1、k_2、…、k_n，若它们之间满足条件：

247

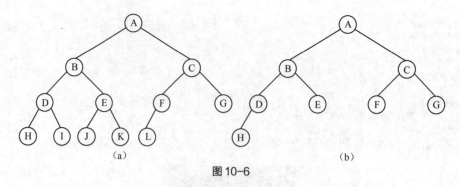

图 10-6

$k_i \leqslant k_{2i}$，并且 $k_i \leqslant k_{2i+1}$（$i=1, 2, \ldots, n/2$，且 $2i+1 \leqslant n$）

那么该序列被称为一个"堆"。可以把关键字序列的每个 k_i 看作是这棵有 n 个结点的完全二叉树的第 i 个结点，其中 k_1 是该完全二叉树的根结点。

例 10-6 有关键字序列 10、23、18、68、94、72、71、83，由它构成的图 10-7 所示的完全二叉树是一个堆，因为该完全二叉树上结点的关键字之间满足堆的条件，即有：

$$10 \leqslant 23 \leqslant 68 \leqslant 83, \quad 10 \leqslant 23 \leqslant 94, \quad 10 \leqslant 18 \leqslant 71, \quad 10 \leqslant 18 \leqslant 72$$

对于堆，要注意如下 3 点：

- 在一个堆里，k_1（即完全二叉树的根结点）是堆中所有结点里关键字值最小的记录。
- 堆的任何一棵子树本身也是一个堆。
- 堆中任一结点的关键字值都不大于左、右两个孩子结点的关键字值（如果有的话），但是左、右孩子结点的关键字值之间没有大小关系存在。

例如，图 10-7 所示的堆，其根结点的关键字值 10 是堆中所有关键字值里最小的；例如，以 23 为根结点的子树，也满足堆的条件，是一个堆；例如，10 的左孩子结点的关键字 23 大于其右孩子结点的关键字 18，但 18 的左孩子结点的关键字 71 却小于右孩子结点的关键字 72。

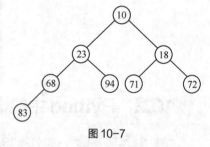

图 10-7

10.2.2 对堆排序过程的描述

由堆的定义知道，堆里根结点的关键字值 k_1 是堆中最小的。在利用堆进行排序时，首先可以输出根结点 k_1，然后通过一定的规则对余下的结点进行调整，使它们之间又成为一个堆，这样再输出新的根结点。如此下去，最终由输出的结果可以得到一个由小到大的序列。这就是堆排序的基本思想。

例 10-7 关键字序列 10、23、18、68、94、72、71、83 是一个堆，相应的完全二叉树如图 10-8（a）所示，对它进行堆排序，得出一个递增的序列。

堆排序不可能一蹴而就，而是一个"不断输出根结点→调整剩余结点→形成一个新堆"的过程，如图 10-8（b）～图 10-8（q）所示。具体地，基于图 10-8（a）所示的堆，按照堆的性质，其堆顶元素（也就是根结点）肯定是当前的最小者，输出堆顶元素 10，并以堆中最后一个元素（即 83）代替，如图 10-8（b）所示。实施这种代替之后，除了堆顶元素与其左、右孩子结点之间可能会不满足堆的性质外，其他结点都符合堆的条件。为了满足堆的性质，必须按照各关键字进行自上而下的适当调整，这种调整的结果，就是将那个不满足堆性质的完全二叉树的根结点调整到其适当的位置上，以便使余下的结点成为一个新的堆。

具体做法是：将这时的根结点关键字 83 与其左、右孩子结点间的较小者 18 进行交换，结果如图 10-8（c）所示；交换后，由于 83 仍破坏所在子树的堆性质，因此继续与其左、右孩子结点间的较小者 71 进行交换，结果如图 10-8（d）所示。这时，83 到达孩子结点的位置，整个完全二叉树又成了一个堆。

这样，又一次输出堆顶元素 18，并以堆中最后一个元素（即 72）代替堆顶元素，如图 10-8（e）所示。又进行下一次的调整，过程如图 10-8（f）～图 10-8（g）所示。图 10-8（g）所示的完全二叉树又是一个堆，于是输出堆顶元素 23，并以现在堆中的最后一个元素（即 83）代替，如图 10-8（h）所示。

不断重复地去做这样的工作：输出堆顶元素、用当时堆中最后一个元素代替堆顶元素、以使完全二叉树上的结点满足堆的定义，直到堆中元素全部输出为止。输出的结点就是对初始堆的排序结果，即：10、18、23、68、71、72、83、94。

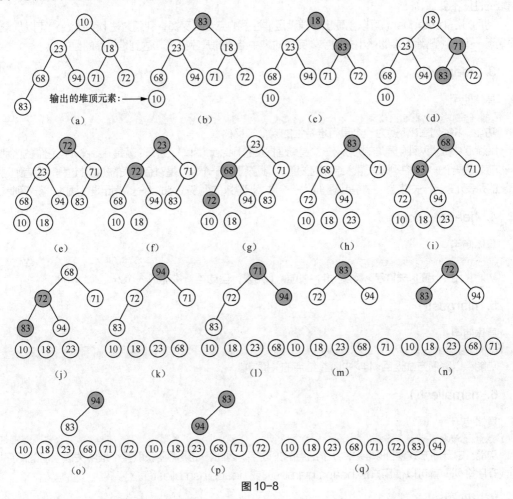

图 10-8

10.2.3 Python 中的堆排序方法

Python 中提供了一个标准库模块——heapq，该模块给出了一些方法，能够很容易地实现上述复杂的堆排序过程。不过程序中要使用它时，必须先将其导入（import）。

1. heappush()

具体使用：

```
heapq.heappush(<堆>,<关键字>)
```

其中<堆>是要创建的堆的堆名，它必须是一个列表；<关键字>是要插入堆里的结点的关键字。

功能：往<堆>里插入<关键字>，并自动调整剩余的结点，使其又成为一棵具有堆性质的完全二叉树。

2. heappop()

具体使用：

```
heapq.heappop(<堆>)
```

其中<堆>是已存在的堆名，它必须是一个列表。

功能：从<堆>里弹出（即删除）顶元素并返回，随之自动调整堆中的剩余关键字，以保持完全二叉树堆的性质不变。

利用方法 heappush()可以创建出一棵满足堆性质的完全二叉树；利用方法 heappop()可以从堆的顶端逐一弹出（删除）堆的最小关键字，完成对堆中结点的升序排列，达到堆排序的目的。

3. heapify()

具体使用：

```
heapq.heapify(<列表>)
```

功能：将<列表>转换为一个具有堆特性的完全二叉树。

heapq 中提供两种创建堆的方法，一个是前面提及的 heappush()，另一个就是 heapify()。它们的区别在于：前者是一个一个地往列表里插入结点的关键字，逐渐形成一个堆，是对空列表的初始化过程；后者则是把给出的列表元素当作关键字，并将其调整成为一个堆，把原来的列表改造成为一个满足堆性质的"新"列表。

4. heapreplace()

具体使用：

```
heapq.heapreplace(<堆>,<关键字>)
```

功能：用给出的<关键字>替换<堆>中的最小元素，自动重新构建成一个堆。

5. nlargest()

具体使用：

```
heapq.nlargest(n,<堆>)
```

功能：以降序方式返回<堆>中 n 个结点的关键字。

6. nsmallest()

具体使用：

```
heapq.nsmallest(n,<堆>)
```

功能：由升序方式返回<堆>中 n 个结点的关键字。因此，如果需要获取整个堆中关键字值的降序排列或升序排列，就可以使用方法 heapq.nlargest()或 heapq.nsmallest()。

7. <堆>[0]

功能：查看<堆>中的最小关键字值，元素不弹出。如果只是想获取而不是弹出（删除）最小关键字值，则可使用此方法。

下面举几个例子，说明 Python 中堆的各种方法的应用。

例 10-8 了解方法 heappush()和 heappop()的功能。

```
import heapq
#创建一个堆
heap1=[]
nums=[75,79,71,68,94,16,11,28]
for i in nums:
    heapq.heappush(heap1,i)
    print('堆中已有元素: ',heap1)
print('\n')
```

```
#从堆中弹出关键字完成排序
lis=[]
for i in range(len(nums)):
    x=heapq.heappop(heap1)
    lis.append(x)
    print('出堆元素: '+str(x),end='')
    print('  堆中剩余元素: ',heap1)
#输出堆排序结果
print('\n')
print('堆排序的结果: ',lis)
```

该程序分为 3 个部分，第 1 部分是给出一个列表：

nums=[75,79,71,68,94,16,11,28]

通过 for 循环，调用方法 heappush()，不断把列表 nums 中的关键字插入堆 heap1 中，最终形成一个待排序的堆 heap1。图 10-9 所示的第 1 部分展现了利用完全二叉树创建该堆的过程。这其实就是借助完全二叉树实现建堆的过程。

图 10-9

图 10-9 所示的第 1 部分输出 8 组数据，被标注了（1）～（8），它们对应图 10-10 和图 10-11 中给出的（1）～（8）。图 10-10（a）表明完全二叉树只有一个根结点。图 10-10（b）是按照完全二叉树的组成方式，把关键字 79 安排在根结点 75 的左子树上。图 10-10（c）和（d）是按照完全二叉树的组成方式，把关键字 71 安排在根结点 75 的右子树上。这时为了满足堆的性质，必须把结点 75 和 71 对调，所以图 10-9 所示的第 1 部分第（3）行输出的完全二叉树是 71,79,75。进到第 4 次循环时，把关键字 68 插入结点 79 的左子树，如图 10-10（e）所示，它破坏了堆的性质，因此要将 68 与 79 对调，再将 68 与 71 对调，这时的完全二叉树如图 10-10（g）所示。这样一次次地在完全二叉树上做插入工作，插入后可能会引起结点间位置的调整，因此，为满足堆的性质，就有了图 10-11，直到图 10-11（f），便完成了整个堆的创建。

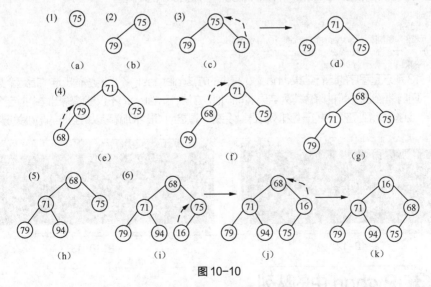

图 10-10

程序的第 2 部分，是从堆中弹出（删除）关键字完成排序的过程。为此，设置一个空列表 lis，利用方法 heappop() 不断从堆 heap1 里弹出完全二叉树的根结点，并存入列表 lis 中。for 循环要进行 8 次，每次

251

都是从堆中删除根结点，然后对剩余结点进行调整。图 10-9 所示的中间 8 行输出，记录了 8 次调整过程。

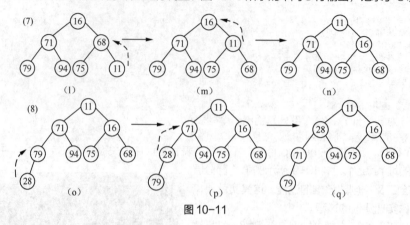

图 10-11

程序的最后是输出列表 lis 中记录的对堆 heap1 的升序排序结果。

例 10-9 了解方法 heapify()和 heapreplace()的功能：

```
import heapq
mls=[25,2,33,5,7,18,1,4,10,242]
print('列表 mls 的元素是：',mls,'\n')
heapq.heapify(mls)
print('堆 mls 的元素是：',mls,'\n')
heapq.heapreplace(mls,80)
print('用 80 替换最小堆元素后，新堆是：',mls,'\n')
```

程序中给出的 mls 是一个列表，作为参数传递给 heapq 的方法 heapify()，实现将 mls 改造成堆的过程，因此在图 10-12 的前两行输出的内容就不一样了，第 1 行输出的是列表 mls 的内容，第 2 行输出的则是将 mls 转换成堆以后堆中的关键字内容。

图 10-12 最后一行输出的是用 80 代替堆 mls 中的最小关键字 1 后，重新组成的堆的内容，这时原来的最小值 1 没有了，80 调整到了它应该在的位置上。

例 10-10 了解方法 nlargest()、nsmallest()、heap[0]的功能：

```
import heapq
mls=[25,2,33,5,7,18,1,4,10,242]
print('堆元素的降序排列是:',heapq.nlargest(10,mls),'\n')
print('堆前 4 个元素的升序排列是：',heapq.nsmallest(4,mls),'\n')
print('堆中的最小元素是:',mls[0])
```

图 10-13 所示是程序的运行结果，heapq 提供的方法 nlargest()不仅能够输出堆中指定个数的降序排列关键字，还能够得到整个堆的降序排列结果。同样地，方法 nsmallest()不仅能够输出堆中指定个数的升序排列关键字，还能够得到整个堆的升序排列结果。另外，直接用<堆>[0]就可以得到堆的最小关键字的值。

图 10-12

图 10-13

10.3 Python 中的队列

Python 中有 3 种队列：先进先出队列、后进先出队列（又名"栈"），以及优先级队列。它们在数据结构课程中都有讨论，在操作系统设计中有着广泛的应用。

10.3.1　3 种队列的概念

1. 先进先出队列——FIFO

若对 Python 中的有序可变数据结构（例如列表）加以限定，使得对其的插入操作在一端进行，删除操作在另一端进行，那么这种被限定的有序可变数据结构就称为"队列"，有时也称为"排队"。

由此定义可以得知：

- 队列是一种有序可变的数据结构，队列中的各个数据元素之间呈线性关系；
- 进入队列（即插入）被限制在队列的一端进行，退出队列（即删除）被限制在队列的另一端进行，进队和出队的操作位置是不能随意改变的。

在计算机操作系统中，经常要把它所管理的各种资源（例如 CPU、存储器、设备）分配给申请者使用，这时采用的分配策略，大多是让申请者排成一个队列进行等候，也就是采用队列管理的办法。

在队列中，被允许进入队列的一端常称为"队尾"，退出队列的一端常称为"队首"。当一个元素从队列的队尾插入时，称为"进队"，进入的元素成为新的队尾元素；从当前的队首删除一个元素时，称为"出队"，这时队列中被删除元素的下一个元素即成为新的队首。可见，在队列的运行过程中，随着数据元素的不断进队、出队，队尾、队首元素都在不停地变化着。

当队列里不含有任何数据元素时，称其为"空队列"。对于一个空队列，因为它已经没有了元素，所以不能再对它进行出队操作了，否则就会出错。

假设有队列 $Q=[a_1, a_2, a_3, \cdots, a_{n-1}, a_n]$，如图 10-14 所示。那么意味着该队列中的元素是以 a_1、a_2、a_3、...、a_{n-1}、a_n 的顺序一个接一个进入队列的。如果要出队，第 1 个出去的肯定是元素 a_1，第 2 个出去的肯定是元素 a_2，依次类推，最后一个出去的肯定是元素 a_n，绝对不可能出现 a_i 先于 a_{i-1} $(1 \leq i \leq n)$ 出队的情形。

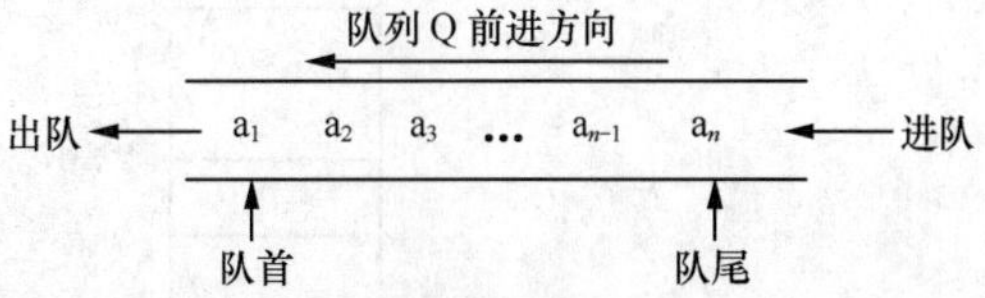

由此不难理解，最先进入队列的那个元素肯定是最先从队列中出去的。因此把队列称作具有"先进先出（First-In-First-Out，FIFO）"或"后进后出（Last-In-Last-Out，LILO）"逻辑特点的数据结构，意思是元素到达队列的顺序与离开队列的顺序是完全一致的。

图 10-14

图 10-15 描述了进队操作和出队操作对队尾、队首的影响。元素 10 进队时，由于原先队列为空，因此队列上就只有 10 这个元素；元素 8 进队后，队列上就有了两个元素；元素 10 出队，队列上又只有 8 这一个元素了；接着元素 14 和 9 进队，整个队列上有了 3 个元素；最后元素 8 出队，队列上就只剩下 14 和 9 两个元素了。

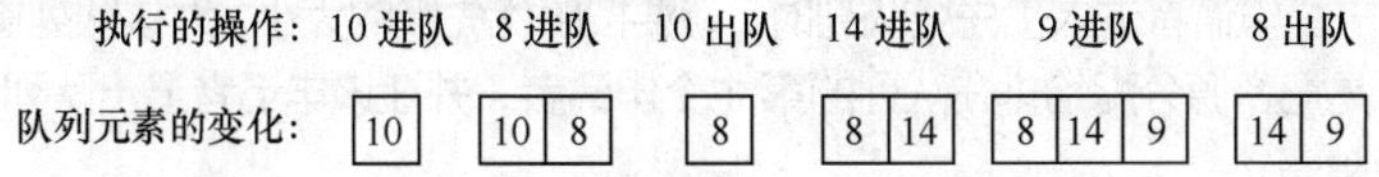

图 10-15

对于队列来说，由于队首和队尾两个方向的元素都在不断地变化着，所以对其操作和管理所要考虑的问题就要多一些，要复杂一些。

2. 后进先出队列——LIFO

在数据结构课程中，后进先出队列常被称为"栈"。若对 Python 中的有序可变数据结构（例如列表）加以限定，使插入和删除操作只能在固定的同一端进行，那么这种有序可变的数据结构就被称为所谓的

"堆栈"，简称为"栈"。

由此定义可以得知：
- 栈是一种有序可变的数据结构，栈中各个数据元素之间呈线性关系；
- 对栈的插入和删除操作被限制在栈的同一端进行，不能任意改变。

子弹夹就是一个栈：往弹夹里压入子弹，就是对栈进行插入操作；扣动扳机进行射击，就是对栈进行删除操作。插入和删除都限定在弹夹口这端进行。

在一个栈中，被允许进行插入和删除的那一端称为"栈顶"，不能进行插入和删除的那一端称为"栈底"。从当前栈顶处插入一个新的元素称为"进栈"，有时也称"入栈""压栈"，插入的这个元素就成为当前新的栈顶；从当前栈顶处删除一个元素称为"出栈"，有时也称"退栈""弹栈"，栈顶元素出栈后下一个元素就成为新的栈顶元素。可见，在栈的工作过程中，随着数据元素的进栈、出栈，只有栈顶元素在不断地发生变化。

当一个栈里不含有任何数据元素时，称其为"空栈"。对于一个空栈，因为它已经没有元素了，所以不能再对它进行出栈操作，否则就会出错。

按照栈的定义，最后被插入栈顶的那个元素肯定最先从栈中移出。因此，常把栈称作具有"后进先出（Last-In-First-Out，LIFO）"或"先进后出（First-In-Last-Out，FILO）"逻辑特点的数据结构，意思是元素到达栈的顺序与元素离开栈的顺序恰好是相反的。

例如，图 10-16（a）所示为一个空栈，栈顶（top）和栈底（bottom）都位于栈的最底部；图 10-16（b）所示为 3 个元素 a_1、a_2、a_3 依次进栈后栈的示意图。从图中看出，a_1 最先进栈，a_2 次之，a_3 最后进栈。如果在栈中的这几个元素要出栈的话，那么应该是 a_3 最先出栈，a_2 次之，a_1 最后出栈。

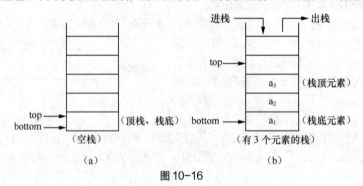

图 10-16

3. 优先级队列——Priority

申请使用系统资源时，为申请者规定一个使用的优先级别，依指定的级别高低，将申请者进行排队，级别高的先获得使用权，级别低的后获得使用权。这样的队列就是一个所谓的"优先级队列"。

不难看出，在一个申请者进入优先级队列时，就要按照优先级的大小，对该队列重新进行一次调整；在资源分配时，总是把资源分配给排在队列的第 1 个申请者，并让该申请者退出队列。通常总是规定优先数越小，优先级越高。

系统中的每一种资源数量总是有限的，因此当一个申请者向系统提出资源申请时，不一定能够立刻得到满足。在申请者得不到所需要的资源时，系统就可能会暂时使它无法运行下去，需要让它等一等。这时就称该申请者处于"阻塞"或"等待"状态。一个处于阻塞状态的申请者，只有在获得了所需要的资源之后，才能够继续运行下去。

例 10-11 设有 6 个元素 a_1、a_2、a_3、a_4、a_5、a_6，它们以此顺序依次进栈（即 a_1 必须最先进栈，然后是 a_2 进栈，最后才是 a_6 进栈）。假定要求它们的出栈顺序是 a_2、a_3、a_4、a_6、a_5、a_1，那么应该如何安排它们的进栈和出栈操作序列呢？这个栈的容量至少要有多大呢？

这 6 个元素以下面的顺序进栈和出栈，就能保证出栈顺序是 a_2、a_3、a_4、a_6、a_5、a_1。

为了保证第 1 个出栈的是 a_2，必须连续做两次进栈操作，使 a_1、a_2 两个元素进栈。然后做一次出栈操作，使当时位于栈顶的 a_2 出栈，这样栈里还剩一个元素 a_1。

为了保证第 2 个出栈的是 a_3，必须做一次进栈操作，使 a_3 进栈。紧接着做一次出栈操作，使当时位于栈顶的 a_3 出栈，这样栈里仍只剩一个元素 a_1。

为了保证第 3 个出栈的是 a_4，必须做一次进栈操作，使 a_4 进栈。紧接着做一次出栈操作，使当时位于栈顶的 a_4 出栈，这样栈里仍只剩一个元素 a_1。

为了保证第 4 个出栈的是 a_6，必须连续做两次进栈操作，使 a_5、a_6 两个元素进栈。然后做两次出栈操作，使当时位于栈顶的 a_6 出栈，再使当时位于栈顶的 a_5 出栈，这样栈里仍只剩一个元素 a_1。

最后做一次出栈操作，使当时位于栈顶的 a_1 出栈，栈由此变为空。

可见，对这个栈的进栈（push）和出栈（pop）操作序列应该是：　进栈、进栈、出栈、进栈、出栈、进栈、出栈、进栈、进栈、出栈、出栈、出栈。

从进、出栈的过程中可以看出，该栈里面最多同时会有 3 个元素存在（例如是 a_6、a_5、a_1），因此该栈至少应该能够同时容纳 3 个元素。

10.3.2　Python 中与队列有关的方法

Python 提供了创建、操作队列的模块，名字是 queue。

该模块能够创建出 3 种不同类型的队列对象：FIFO、LIFO 以及 Priority。

（1）创建 FIFO 队列：

```
import queue
que=queue.Queue(maxsize=0)
```

这两条语句表明通过导入 queue 模块后，创建了一个名为 que 的 FIFO 队列对象（实例），在该对象里可以容纳 maxsize 个数据元素。maxsize 限定队列的容量，若 maxsize<=0，那么创建的队列的尺寸就是无限制的；否则当插入元素的个数达到 maxsize 规定的上限时，就会阻止元素进入队列。

插入 FIFO 这种队列里的第 1 个元素，就是第 1 个退出队列的元素。

（2）创建 LIFO 队列：

```
import queue
que=queue.LifoQueue(maxsize=0)
```

这两条语句表明通过导入 queue 模块后，创建了一个名为 que 的 LIFO 队列对象（实例），在该对象里可以容纳 maxsize 个数据元素。maxsize 的具体含义如上所述。插入这种队列里的最后一个元素，肯定是第 1 个退出队列的元素。

（3）创建 Priority 队列：

```
import queue
que=queue.PriorityQueue(maxsize=0)
```

这两条语句表明通过导入 queue 模块后，创建了一个名为 que 的 Priority 队列对象（实例），在该对象里可以容纳 maxsize 个数据元素。maxsize 的具体含义如上所述。对于这种队列，插入元素后会自动对元素实施堆排序（使用 heapq 模块），堆顶元素（优先级最高，优先数最小）将是第 1 个退出队列的元素。

1. 方法 qsize()

功能：返回队列中当前拥有的元素个数。

用法：

```
<队列名>.qsize()
```

其中<队列名>是欲求该队列中的元素个数的名字。

2. 方法 empty()

功能：如果队列为空，返回 True；否则返回 False。

用法：

```
<队列名>.empty()
```

3. 方法 full()

功能：如果队列已满，则返回 True；否则返回 False。

用法：

```
<队列名>.full()
```

4. 方法 put()

功能：往队列里插入一个元素。

用法：

```
<队列名>.put(item, block, timeout)
```

其中<队列名>是欲进行插入操作的队列名称；item 是要插入的元素；block 及 timeout 通常取默认值，可忽略。

5. 方法 get()

功能：从队列里弹出一个元素。

用法：

```
<队列名>.get(block, timeout)
```

其中<队列名>是欲进行弹出操作的队列名称；block 及 timeout 常取默认值，可忽略。

6. 方法 clear()

功能：清空一个队列。

用法：

```
<队列名>.clear()
```

其中<队列名>是欲清空的队列名称。

例 10-12 在 FIFO 队列里调用方法 qsize()、put()、get()：

```
import queue
q=queue.Queue(maxsize=10)   #q 是一个 FIFO 的队列对象
print('\n','当前队列 q 中的元素个数是：',q.qsize(),'个')
for i in range(10):
    q.put(i)       #往队列里插入 10 个元素
print('\n','当前队列 q 中的元素有：',q.queue)
print('\n','当前队列 q 中的元素个数是：',q.qsize(),'个')
x=q.get()       #从队列 q 里弹出一个元素
print('\n','当前退出队列 q 的元素是：',x)
print('\n','当前队列 q 中还有元素：',q.queue)
print('\n','当前队列 q 中的元素个数是：',q.qsize(),'个')
```

 注意 方法 qsize()给出的是调用它的队列里当前拥有的元素个数，而不是队列的尺寸。图 10-17 所示是该小程序的运行结果，可以看出，FIFO 队列调用方法 put()和 get()后，保证了"先进先出"的特性。

例 10-13 在 LIFO 队列里调用方法 qsize()、put()、get()：

```
import queue
lq=queue.LifoQueue(maxsize=10)
```

```
print('\n','当前栈 lq 中的元素个数是: ',lq.qsize(),'个')
for i in range(10):
    lq.put(i)
print('\n','当前栈 lq 中的元素有: ',lq.queue)
print('\n','当前栈 lq 中的元素个数是: ',lq.qsize(),'个')
x=lq.get()
print('\n','当前出栈 lq 的元素是: ',x)
x=lq.get()
print('\n','当前出栈 lq 的元素是: ',x)
print('\n','当前栈 lq 中还有元素: ',lq.queue)
print('\n','当前栈 lq 中的元素个数是: ',lq.qsize(),'个')
```

> **注意** 该小程序的结构与例 10-10 完全相同，只是在创建 LIFO 队列时，把 Queue 改成了 LifoQueue。

　　小程序中，两次调用了方法 get()。从图 10-18 可以看出，LIFO 队列确实是一种"后进先出"性质的队列，对其操作过程中，栈尾保持不变，栈顶在不断地变化着。

图 10-17　　　　　　　　　　　　　　　　　　图 10-18

例 10-14　在 Priority 队列里调用方法 qsize()、put()、get():

```
import queue
pq=queue.PriorityQueue(maxsize=10)
print('\n','当前优先级队列 pq 中的元素个数是: ',pq.qsize(),'个')
pq.put(4)
pq.put(7)
pq.put(2)
pq.put(9)
pq.put(14)
pq.put(5)
print('\n','当前优先级队列 pq 中的元素有: ',pq.queue)
print('\n','当前优先级队列 pq 中的元素个数是: ',pq.qsize(),'个')
x=pq.get()
print('\n','当前出优先级队列 pq 的元素是: ',x)
x=pq.get()
print('\n','当前出优先级队列 pq 的元素是: ',x)
print('\n','当前优先级队列 pq 中还有元素: ',pq.queue)
print('\n','当前优先级队列 pq 中的元素个数是: ',pq.qsize(),'个')
```

　　图 10-19 所示是该程序运行的结果。前面已提及，在优先级队列里是使用 heapq 模块来对队列中的元素进行排序的。程序中先是用 5 条 put 语句让 4、7、2、9、14、5 这 6 个元素插入队列。插入过程中，Python 不断调整完全二叉树，最终队列中的元素组成一棵图 10-20（a）所示的、排好序的完全二叉树，它对应图 10-19 中标有①的内容。

　　在程序中第 1 次调用方法 get()后，弹出队列的元素是 2。为了保持堆的特性，将余下的元素进行调整，如图 10-20（b）和（c）所示。

　　在程序中第 2 次调用方法 get()后，弹出队列的元素是 4。为了保持堆的特性，再次将余下的元素进行调整，如图 10-20（d）和（e）所示。这棵完全二叉树的输出对应图 10-19 中的②。

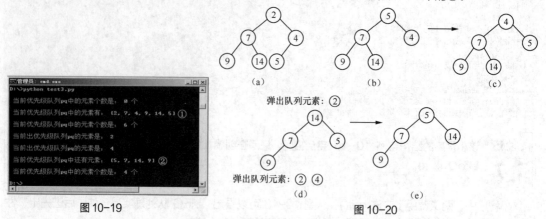

图 10-19   图 10-20

例 10-15　在 FIFO 队列里调用方法 full() 和 empty()。在程序中设置一个能够存放 10 个元素的 FIFO 队列，先往队列里插入 10 个元素 1～10，由于队列满，于是弹出一个元素再插入一个元素，直至队列满。最后将队列中的元素全部弹出。

程序编写如下：

```python
import queue
kq = queue.Queue(10)     #定义一个大小为 10 的队列
count=0
j=0
for i in range(1,19):
    if kq.full():   #如果队列满，就让队首元素出队
        print('\n')
        x = kq.get()
        print("弹出： ", x,",end=")
    kq.put(i)
    print('插入:', i,' ',end=")
    count+=1
    if (count%5==0):
        print('\n')
i =1
count=0
print('\n')
while not kq.empty():
    print('弹出:',kq.get(),' ',end=")
    i += 1
    count+=1
    if (count%5==0):
        print('\n')
```

图 10-21 所示是程序的运行结果。

图 10-21

10.3.3 FIFO、LIFO 队列的自定义实现

优先级队列多用于操作系统的资源管理中，它牵扯到资源的分配与回收，牵扯到申请者在系统中的状态变化（例如申请不到资源时，其状态由运行变为阻塞）等，因此在此不涉及优先级队列，只介绍 FIFO 及 LIFO 两种队列自定义实现的例子，供大家阅读和参考。

例 10-16 FIFO 队列的自定义实现：

```
#定义类 MyQueue
class MyQueue:
    def __init__(self,size=10):
        self.current=0
        self.size=size
        self.content=[]
    #入队函数 put()
    def put(self,v):
        if self.current<self.size:
          self.content.append(v)
          self.current=self.current+1
        else:
          print("The queue is full!")
    #出队函数 get()
    def get(self):
        if self.content:
          self.current=self.current−1
          return self.content.pop(0)
        else:
          print('The queue is empty!')
    #列出队列当前所有元素
    def show(self):
        if self.content:
          print(self.content)
        else:
          print('The queue is empty!')
    #置队列为空
    def empty(self):
        self.content=[]
    #测试队列是否为空
    def isEmpty(self):
        if not self.content:
          return True
        else:
          return False
    #测试队列是否为满
    def isfull(self):
        if self.current==self.size:
          return True
        else:
          return False
    #主程序
q=MyQueue() #创建类 MyQueue 的一个对象 q
q.get()          #①
q.put(5)
q.put(7)
print(q.isfull()) #②
q.put('A')
q.put(3)
q.show()          #③
q.put(10)
```

```
q.put('B')
q.put(6)
q.put('x')
q.show()        #④
q.put('Y')
q.put('Z')
q.put('W')      #⑤
q.show()        #⑥
q.get()
q.get()
q.get()
q.show()        #⑦
```

图 10-22 所示是该程序的运行结果，主程序中的①～⑦
对应图 10-22 中①～⑦的输出内容，表明这个设计基本上是
可以满足 FIFO 队列工作的。

从设计中知道，程序是利用 Python 中的简单数据结构
列表（list）来实现队列的，队列名为 content，其尺寸由变
量 size 控制。初始化时，size 被设定取值为 10。在主程序
中，调用者可以为 size 赋予所需的取值。调用方法 put()，

图 10-22

由变量 current 记录应往列表的哪个位置添加元素（利用函数 append()），同时它也表明当前列表里有
多少个元素。调用方法 get()，借助函数 pop()，从列表头（由 pop(0)体现）弹出队列的队首元素。

例 10-17 LIFO 队列的自定义实现：

```
class Stack:              #定义栈类 Stack
    def __init__(self,size=10):
        self.content=[]
        self.size=size
        self.current=0
    #令栈为空
    def empty(self):
        self.content=[]
        self.current=0
    #测试栈是否为空，空时返回 True，否则返回 False
    def isempty(self):
        if not self.content:
            return True
        else:
            return False
    #如果要缩小栈空间，则可删除指定大小之后的已有元素
    def setSize(self,size):
        if size<self.current:
            for i in range(size,self.current,1):
                del self.content[i]
            self.current=size
        self.size=size
    #测试栈是否为满，满时返回 True，否则返回 False
    def isfull(self):
        if self.current==self.size:
            return True
        else:
            return False
    #若栈有空位，则通过调用方法 append()让元素 v 进栈
    def push(self,v):
        if len(self.content)<self.size:
            self.content.append(v)
            self.current=self.current+1
        else:
```

```
        print('Stack Full!')
    #若栈中有元素，则元素个数减 1，栈顶元素出栈
    def pop(self):
        if self.content:
            self.current=self.current-1
            return self.content.pop()
        else:
            print('Stack is empty!')
    #输出栈中元素
    def show(self):
        print(self.content)
    #输出栈中当前的空位数
    def showRemainderSpace(self):
        print('Stack can still PUSH',self.size-self.current,'elements.')
#主程序
import Stack
s=Stack.Stack()
print(s.isempty())        #①
print(s.isfull())         #②
s.push(5)
s.push(8)
s.push('A')
print(s.pop())            #③
s.push('B')
s.push('C')
s.show()                  #④
s.showRemainderSpace()#⑤
s.setSize(3)
print(s.isfull())         #⑥
s.show()                  #⑦
s.setSize(5)
s.push('D')
s.push('DDDD')
s.push(3)                 #⑧
s.show()                  #⑨
```

　　该程序分为两大部分，一是定义一个栈类 Stack，将其存放在一个后缀为 ".py" 的模块里，以供使用者调用；二是调用该类的主程序，如图 10-23 所示，把它存放在 test1.py 文件里。正因为如此，在主程序的开始处，用了导入语句 "import Stack"，将栈模块导入使用。

　　图 10-23 所示是该程序的运行结果，主程序中的①~⑨
对应图 10-23 中①~⑨的输出内容，表明这个设计基本上可
以满足 LIFO 队列的工作。模块 Stack 中出现的变量 content、
current、size 的含义与前例相同。要解释的是，主程序里明
显可以打印输出的是 print 以及 show，即主程序里的①~⑦
和⑨，至于⑧输出 "Stack Full!"，那是因为在执行语句 "push
（3）" 时，将遇到栈满的情况，不能把元素插入栈中，因此才
输出该信息。

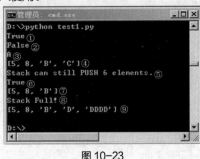

图 10-23

10.3.4　FIFO、LIFO 队列的应用举例

　　例 10-18　约瑟夫问题：n 个人围成一个圈，从 1 开始按顺序报数，报到 k 的人就退出圈，接着从退出圈的那个人下一个人开始再次从 1 顺序报数，报到 k 的人又退出圈，不断地重复这样的工作，直到剩下最后一个人，该人即为获胜者。

　　例如，6 个人围坐成一个圈，如图 10-24 所示。k=8，规定总是按顺时针报数（逆时针同样也是可以的）。

第1轮：2出局，剩余序列为3、4、5、6、1。
第2轮：从3开始数，5出局，剩余序列为6、1、3、4。
第3轮：从6开始数，4出局，剩余序列为6、1、3。
…………

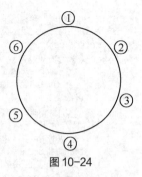

图10-24

如此循环，直到剩余最后一个3，于是退出队列的顺序是2、5、4、1、6、3，3坚持到了最后。

下面，编写一个Python小程序，打算利用队列这种数据结构，模拟约瑟夫问题所描述的这一淘汰过程。基本思想是：如果报的数不是 k，就让此人插入队尾；如果报的数是 k，就让其退出队列。重复这样的报数过程，直至剩下最后一个人。程序如下：

```python
#定义队列类 Queue
class Queue:  #以列表 items 作为队列的初始化
    def __init__(self):
        self.items=[]
    #清空队列
    def empty(self):
        return self.items==[]
    #将元素从索引为 0 处插入列表
    def enqueue(self,item):
        self.items.insert(0,item)
    #将列表尾元素弹出
    def dequeue(self):
        return self.items.pop()
    #计算列表中元素个数
    def size(self):
        return len(self.items)
    #对列表边数数边调整，将数到 k 的元素弹出
    def circle(self,k,namelist):
        for i in range(len(namelist)):
            queue1.enqueue(namelist[i])
        i=1                              #开始数数
        while queue1.size()!=1:
            temp=queue1.dequeue()       #哪个为第 k 个就将其存入临时单元 temp
            if i!=k:
                queue1.enqueue(temp)    #不是第 k 个时就插入队列
            else:
                print('这次出局的元素是：',temp)
                i=0
            i+=1
        return '获胜者是：'+str(queue1.dequeue())
#主程序
queue1=Queue()
namelist=['Bill','David','Susan','Jane','Kent','Brad']
print(queue1.circle(12,namelist))
namelist=[1,2,3,4,5,6]
print(queue1.circle(8,namelist))
```

作为队列，最关键的是要确定哪一端是头，将在这一端进行退出操作；哪一端是尾，将在这一端进行插入操作。

类Queue中，函数enqueue()里通过列表items调用方法insert()，保证把要进入队列的元素插入队头；函数dequeue()里则通过列表items调用方法pop()，保证把要退出队列的元素弹出队尾。所以，类中的队列是从头进入队列、从尾退出队列的。

类Queue中关键的函数是circle()。主程序中调用它时，要传递过来两个参数：一个是决定数到什么数时那个元素应该退出队列的k值；另一个是把队列对象queue1进行初始化的列表namelist（最初

这里存放的是进行报数的人的名字，或其他什么内容）。然后函数 circle() 通过变量 i 数数，如果 i 不等于 k，那么就将临时工作单元 temp 中的内容插入队列中；如果 i 等于 k，那么就舍弃 temp 中的那个元素（将其从队列里弹出），将 i 重新设置为 1，开始下一次数数。

图 10-25

图 10-25 所示是运行的结果，即当 namelist=['Bill','David','Susan','Jane','Kent','Brad']、数的数定为 12 时，每次输出出局者，最终获胜者是 Susan；当 namelist=[1,2,3,4,5,6]、数的数定为 8 时，每次输出出局者，最终获胜者是 3。

例 10-19 利用栈将十进制数转换成二进制数。

Python 有提供数制之间转换的函数，例如一个十进制数调用函数 bin()、oct()、hex()，其返回值就是二进制数、八进制数、十六进制数。要注意的是，这些函数返回的结果都是字符串，且会带有 0b、0o、0o 前缀，如图 10-26 所示。也可以用 Python 语言自定义函数来代替这样的数制之间的转换函数。下面是利用栈编写的十进制数转换成二进制数的自定义函数 divideBy2()：

```python
#定义类 Stack
class Stack:
    def __init__(self):
        self.values = []
    #进栈函数
    def push(self, value):
        self.values.append(value)
    #出栈函数
    def pop(self):
        return self.values.pop()
    #将栈清空
    def is_empty(self):
        return self.size() == 0
    #返回栈的大小
    def size(self):
        return len(self.values)
    #将十进制数转换为二进制数
    def divideBy2(decNumber):
        remstack=Stack()
        while decNumber > 0:
            rem=decNumber%2
            print('rem=',rem,end='')
            # 将余数逐个加入
            remstack.push(rem)
            decNumber=decNumber//2
            print(' ','decNumber=',decNumber)
        binString = ""
        while not remstack.is_empty():
            binString=binString+str(remstack.pop())
        return binString
#主程序
x=int(input('请输入十进制数! '))
print('需要转换的十进制数是: ',x)
print(divideBy2(233))
```

图 10-27 所示是主程序运行的结果，即十进制数 233 转换成的二进制数是 11101001。图 10-28 所示是转换函数 divideBy2() 的工作过程：把十进制数用 2 除后，让余数（0 或 1）进入栈 remstack，然后重复这一过程，直到十进制数为 0 时停止。然后反方向将 remstack 栈中的 0、1 数列弹出栈到 binString 字符串中，该字符串的内容就是转换后的二进制值。

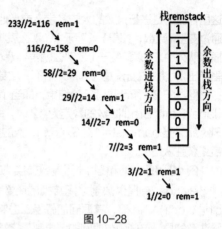

图 10-26　　　　　　图 10-27　　　　　　　　图 10-28

下面给出由十进制数转换成任意进制数的函数 baseC()：

```
#进制转换（十进制数转换成任意进制数）
def baseC(decNumber,base):
    digits="0123456789ABCDEF"
    temp=[]
    while decNumber>0 :
        rem=decNumber % base
        temp.append(rem)
        decNumber=decNumber//base
    result_String = ""
    while len(temp):
        result_String+=digits[temp.pop()]
    return result_String
#主程序
print(baseC(25,2))
print(baseC(25,8))
print(baseC(25,16))
print(baseC(78,16))
```

图 10-29 所示是主程序的执行结果。

例 10-20　判断一个序列是否为另一个入栈序列的出栈序列。

当把序列中的元素依序插入栈时，它们从栈中弹出的次序可以与进入时的次序不同。例如元素进入栈时的次序是 1、2、3、4、5，它们可以以 4、5、3、2、1 的次序弹出，即先让元素 1、2、3、4 进入，然后弹出元素 4，再让元素 5 进入，最后把 5、3、2、1 弹出。于是，这时 5 个元素虽然是以 1、2、3、4、5 的顺序进入的栈，但却是以 4、5、1、2、3 的次序被弹出的栈。但这 5 个元素却不能以 4、3、5、1、2 的次序弹出。

图 10-29

下面编写的小程序可以测试出一个序列是否为另一个入栈序列的出栈序列：

```
#定义函数 IsOrder()
def IsOrder(pushV,popV) :
    temp=[]
    for i in pushV :
        temp.append(i)
        while len(temp) and temp[-1]==popV[0] :
            temp.pop()
            popV.pop(0)
    if len(temp):
        return False
    else :
        return True
```

```
#主程序
pushV=[1,2,3,4,5]
popV=[4,5,3,2,1]
print (IsOrder(pushV,popV))
pushV=[1,2,3,4,5]
popV=[4,3,5,1,2]
print (IsOrder(pushV,popV))
```

图 10-30 所示是小程序的运行结果。为什么是这样？来看看程序中
的 4，3，5，1，2 出栈序列。程序中设置一个临时列表 temp 作为栈，
用方法 append() 将 pushV 中的第 1 个元素放入 temp 中，这里是 1；
然后判断栈顶元素是不是出栈顺序的第 1 个元素（temp[-1]==popV
[0]？）。由于此时 popV[0] 里是 4，显然 1≠4，所以进入 for 循环的下

图 10-30

一轮，继续将 pushV 的下一个元素压入 temp 栈。这样的过程一直进行
到满足 while 循环中的相等条件，然后开始对 popV 做出栈操作。一个元素出栈，就将出栈顺序向后移
动一位，直到不相等，这样的循环与压栈过程结束，如果临时栈 temp 不为空，说明弹出序列不是该栈
的弹出顺序，于是返回 False。

例 10-21 中缀表达式转换为后缀表达式。

在计算机科学里，称"运算符在两个操作数中间"的算术表达式为"中缀表达式"。中缀表达式符合
人们的日常思维习惯，但在计算机中处理时，却要解决和考虑很多的事情，显得较为复杂。于是就引入了
所谓的"后缀表达式"，也就是"逆波兰式"。后缀表达式的特点是没有括号，不用考虑运算符的优先级，
完全按照运算符出现的先后次序进行计算。因此在计算机语言编译系统里，要真正解决算术表达式的求值
问题，总是先把中缀表达式转换为后缀表达式，然后再对后缀表达式进行一遍扫描，求得其结果。

由中缀表达式转换成后缀表达式的基本规则是：

● 如果遇到操作数，直接输出到 result。

● 栈空时遇到运算符，进入栈 stack。

● 遇到左括号，进入栈 stack。

● 遇到右括号，执行出栈 stack 操作，并将出栈的元素输出到 result，直到弹出栈的是左括号，
左括号不输出。

● 遇到其他运算符（如+、-、*、/）时，弹出所有优先级大于或等于该运算符的栈顶元素，然后
将该运算符输入栈 stack。

● 最终将栈中的元素依次弹出栈 stack，输出至 result。

经过上面的步骤，result 中得到的就是转换完成的后缀表达式。

例如，中缀表达式"9+(3-1)×3+8÷2"转换为后缀表达式后的结果是"9 3 1 - 3 * + 8 2 / +"，
整个步骤如下：

（1）初始化栈，以供符号进出栈使用。

（2）第 1 个符号是数字"9"，根据规则，数字输出到 result，后面是"+"，进栈 stack。

（3）第 3 个符号是左括号"（"，非数字，进栈 stack。

（4）第 4 个符号是数字"3"，输出到 result。

（5）第 5 个符号为"-"，非数字，进栈 stack，此时栈内从栈底到栈顶为"+（-"。

（6）第 6 个符号是数字"1"，输出到 result，此时按顺序输出表达式为"9 3 1"。

（7）第 7 个符号是右括号"）"，需要去匹配之前的左括号"（"，于是栈顶元素依次出栈，直到出现
左括号"（"，其上方只有"-"，输出即可，此时表达式为"9 3 1 -"。

（8）第 8 个符号为"*"，因为此时栈顶符号为"+"，根据规则，"*"优先级高于"+"，故"*"直
接进栈。

（9）第 9 个符号为数字"3"，输出到 result，此时表达式为"9 3 1 - 3"。

265

（10）第 10 个符号为"+"，此时的栈顶元素"*"优先级高于它，根据规则，栈中元素需要一次输出，直到出现比"+"更低的优先级才停止，此时栈内元素优先级均不低于"+"，因此全部出栈，即表达式为"9 3 1 - 3 * +"，然后这个"+"进栈 stack。

（11）第 11 个符号为数字 8，输出到 result。

（12）第 12 个符号为"÷"，比栈内符号"+"优先级高，进栈。

（13）最后一个符号为数字"2"，输出到 result。

（14）中缀表达式中的符号全部遍历完，将栈 stack 中的符号依次输出就可得到最后的后缀表达式结果。

下面是编写的由中缀表达式转换为后缀表达式的函数 lftoPf()，它将把从调用者那里传递过来的中缀表达式 exp 作为参数：

```python
def lftoPf(exp):
    result = []      # 结果列表
    stack = []       # 栈
    for item in exp:
        if item.isnumeric():   #如果当前字符为数字，那么直接放入列表 result
            result.append(item)
        else:                          #如果当前字符为一切其他操作符
            if len(stack)==0:   #如果栈空，直接入栈 stack
                stack.append(item)
            elif item in '*/(':    #如果当前字符为*/（，直接入栈 stack
                stack.append(item)
            elif item==')':
            #若遇右括号，则从 stack 弹出元素进入 result，直到碰见左括号
                t=stack.pop()
                while t!='(':
                    result.append(t)
                    t=stack.pop()
            #如果当前字符为加、减且栈顶为乘、除，则开始弹出
            elif item in '+-' and stack[len(stack)-1] in '*/':
                if stack.count('(') == 0:    #如果有左括号，弹出运算符到左括号为止
                    while stack:
                        result.append(stack.pop())
                else:                   #如果没有左括号，弹出所有
                    t = stack.pop()
                    while t!='(':
                        result.append(t)
                        t=stack.pop()
                    stack.append('(')
                stack.append(item)   #弹出操作完成后将+、-入栈
            else:
                stack.append(item)   #其余情况直接入栈（如当前字符为+，栈顶为+、-）
    #表达式遍历完，但栈中还有操作符不满足弹出条件，把栈中的东西全部弹出
    while stack:
        result.append(stack.pop())
    #返回字符串
    str="" #定义一个空字符串
    return str.join(result)
#主程序
print('\n')
exp="3+(6*7-2)+2*3"
print('中缀表达式 '+exp+'的后缀表达式是: ',end='')
print(lftoPf(exp))
print('\n')
exp="A*B+C*D"
print('中缀表达式 '+exp+'的后缀表达式是: ',end='')
print(lftoPf(exp))
```

```
print('\n')
exp="(A+B)*C-(D-E)*(F+G)"
print('中缀表达式 '+exp+'的后缀表达式是: ',end='')
print(lftoPf(exp))
print('\n')
exp="9+(3-1)*3+8/2"
print('中缀表达式 '+exp+'的后缀表达式是: ',end='')
print(lftoPf(exp))
```

图 10-31 所示是程序的运行结果。

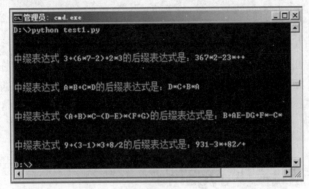

图 10-31

在函数 lftoPf() 最后的 return 语句 "return str.join(result)" 里，遇到字符串调用方法 join() 的事。join() 是一个功能与方法 split() 相反的方法，方法 split() 能够把字符串拆分成列表，方法 join() 则是把列表合并成一个字符串。正是它把在列表 result 里形成的后缀表达式的诸元素合并到了字符串 str 中。这样，就能够将所需要的后缀表达式以字符串的形式返回了。如果没有 str 调用方法 join()，那么只返回 result 时，输出的将不是后缀表达式应有的形式。

思考与练习十

第11章

Python游戏开发

制作与开发游戏是 Python 实际应用的一个方面。Python 已经成为当前非常受人青睐的一款游戏开发软件。

Python 用于游戏开发的模块是 pygame，它可用于电子游戏的设计（包含图像、声音），也可用于进行实时的电子游戏研发。由于 pygame 把开发游戏时所需要的功能和理念（主要体现在图像方面）都完全简化成了游戏逻辑本身，用到的资源结构都可以由其进行提供，所以用 pygame 开发游戏，不会受到如 C、汇编等低级程序设计语言的束缚与干扰。

本章首先介绍安装 pygame 的步骤，然后利用 pygame 来开发几款小游戏。

11.1 安装游戏模块 pygame

在 Python 中使用 pygame 之前，必须先完成对它的安装，以下是安装的步骤。

1. 进入命令提示符窗口

执行"开始→运行"命令，如图 11-1 所示（不同的操作系统进入"管理员：命令符"的方式不同，这里以 Windows 10 操作系统为例，其他操作系统方法类似），打开"运行"对话框，输入"cmd"，单击"确定"按钮，如图 11-2 所示。进入命令提示符窗口，如图 11-3 所示。

图 11-1

图 11-2

图 11-3

2. 键入 install 命令

如图 11-4 所示，在命令提示符窗口键入以下命令：

```
pip install pygame
```

图 11-4

这时系统就开始安装我们所需要的游戏模块 pygame 了。安装时，命令提示符窗口会随时显示装入的进度，最终将显示信息：

```
Installing collected packages:pygame
Succesfully installed pygame-1.9.4
```

表示已成功装入了该模块。

3. 测试版本号

安装完毕后，如果想检查一下安装模块的版本号，可在命令提示符窗口键入 import 导入 pygame，或由 pygame 调用方法 ver()。

如果要卸载已安装的 pygame 模块，可以在命令提示符窗口键入命令：

```
pip uninstall pygame
```

在 pygame 里，集中了开发游戏软件时需要的、涉及底层功能的各种模块，所以我们在开发过程中，只需将自己的精力放在软件实现的逻辑关系和结构设计上即可。表 11-1 列出了 pygame 中常用的模块（黑体字标示的是本章实战案例中会用到的模块）。

表 11-1　pygame 常用模块

模块名	功能
pygame.color	管理颜色
pygame.cursors	加载光标
pygame.display	**显示游戏窗口**
pygame.draw	绘制形状、线和点
pygame.event	**管理游戏窗口的事件**
pygame.font	使用字体
pygame.image	**往游戏窗口加载和存储图片**
pygame.key	**读取键盘按键**
pygame.mixer	声音
pygame.mouse	鼠标
pygame.rect	**管理图形所在窗口上的矩形区域**
pygame.surface	管理图像和屏幕
pygame.time	**管理时间**
pygame.transform	缩放和移动图像

11.2　实战案例 1：跳跃的小圆球

11.2.1　案例分析与结果展示

"跳跃的小圆球"是利用 pygame 开发的一个极为简单的游戏，程序（ball.py）开始运行时，在背景为红色的窗口左上角出现一个白色的小圆球，它会自动按照虚线指引的方向移动，如图 11-5 所示。直到碰撞到窗口的底部边界，如图 11-6 所示。移动到底部边界后，小圆球将按规定的方向弹起，继续进行移动，如图 11-7 所示。小圆球持续在窗口中运动，直到单击"关闭"按钮，即可结束游戏。

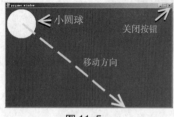
图 11-5

图 11-6

图 11-7

游戏很简单，其程序的结构涉及如下的几个方面：

（1）创建游戏窗口。

（2）往窗口上添加小圆球。

（3）让小圆球在窗口上移动。

（4）检测小圆球与窗口边界的撞击。

下面的程序设计中，将详细地描述在 pygame 里是如何实现这些功能的。

11.2.2 创建游戏窗口

在计算机上安装了 pygame 后，就可以借助 pygame，创建游戏所需要的窗口了。我们给创建游戏窗口的程序取名为"cjck"：

```
#导入有关模块
1   import pygame
2   import sys

#初始化窗口
3   pygame.init()

#设置游戏窗口
4   screen=pygame.display.set_mode((640,480))
5   pygame.display.set_caption("跳跃的小圆球")

#游戏主循环
6   while True:
        #添加检测窗口发生的事件
7       for event in pygame.event.get():
8           if event.type==pygame.QUIT:
9                       sys.exit()

10  pygame.quit()
```

图 11-8 所示为程序运行结果，创建出了一个名为"跳跃的小圆球"的游戏窗口。

整个程序的结构分为 5 个部分：

（1）语句 1、2 是导入 pygame 和 sys 模块。

（2）语句 3 是对 pygame 的初始化。

（3）语句 4、5 是对游戏窗口的设置。

（4）语句 6~9 是游戏主循环做的事情。

（5）语句 10 是退出 pygame。

基于已经学到的 Python 编程知识，理解语句的整体结构是没有什么困难的。现在对程序中出现的

display、event 模块加以解释。

图 11-8

1. pygame 的 display 模块

display 是 pygame 中控制显示窗口和屏幕的模块。display 模块里包含很多方法（对传递过来的参数做处理，完成某件事情）或函数（对传递过来的参数做处理，然后返回处理结果）。这里，主要介绍程序中涉及的 set_mode() 和 set_caption()。

（1）set_mode()。

set_mode() 有 3 个参数，通常情况下只用第 1 个，其他两个省略不写。第 1 个参数是元组，有两个数值型元素，pygame 就通过这两个元素，规定了窗口屏幕的尺寸。具体写法是：

```
pygame.display. set_mode()
```

例如，程序中的语句 4 表明创建一个长 640 像素、宽 480 像素的窗口，调用后将创建的窗口赋予变量 screen，它就成为游戏窗口对象的标识，游戏的窗口就存在了。

（2）set_caption()。

set_caption() 有两个参数，通常情况下也只用第 1 个，该参数用来设置当前窗口的标题的。具体写法是：

```
pygame.display. set_caption()
```

例如，程序中的语句 5 表明创建的游戏窗口的标题为"跳跃的小圆球"；如果程序中没有这条语句，那么该窗口标题栏显示的将是"pygame window"。

注意 如果游戏窗口原先有标题，那么执行该语句，将会用新的标题取代窗口上原有的标题。另外，给出的窗口名称必须用单引号或双引号括起，否则会出错。

2. pygame 的 event 模块

event 是 pygame 中用来处理事件与事件队列的模块。在游戏进行过程中，会发生很多的事件，例如 QUIT（退出）、KEYDOWN（按下键盘上的某个键）、KEYUP（松开键盘上的某个键）、MOUSEBUTTONUP（抬起鼠标）、MOUSEBUTTONDOWN（按下鼠标）等。这里要特别注意，出现在 pygame 中的各种事件名称，必须都是英文大写字母。

在游戏过程中，首先需要获得事件，然后才能去判断发生的是什么事件。获得事件是通过 pygame 调用方法 get() 完成的，具体写法是：

```
pygame.event.get()
```

方法 get() 没有参数，调用后它会将所获得的事件标识返回，程序中应该用一个事件变量接收这一事件。例如，程序里的语句 7 是通过 for 循环，把 pygame 事件队列里的事件逐一赋予变量 event 的。然后将 event 里记录的事件类型与 pygame 中的事件类型进行比较，以确定对此事件采取什么样的处理措施。

例如，语句 8 中的 if 语句就是把 event 里的事件类型（event.type）与 pygame 中的 QUIT 事件进行比较。如果相等，那么就执行语句 10 以退出 pygame。

至此，创建游戏窗口的程序功能已经明确：先是导入需要的模块；然后对 pygame 进行初始化；接着对游戏窗口进行设置；最后是无限循环主程序，以便游戏窗口一直在计算机平台上显示；直至单击"关闭"按钮，产生了 QUIT 事件，从而结束程序的运行，退出 pygame。

11.2.3　往游戏窗口中添加小圆球

上面的程序只是完成了对游戏窗口的创建。本小节就来解决向游戏窗口中添加小圆球的问题。

游戏中的小圆球是一张图片，需要事先准备好。可以通过绘图软件自己绘制，也可以在百度上搜索一张小圆球图片。图片可以为".jpg"".png"或".gif"格式。在准备图片时，要注意所选用图片的尺寸，如果图片较大，游戏窗口尺寸与其不匹配，程序运行时的效果可能会不太好。

找到图片后，可以将它存放在与程序相同的文件夹下，这样使用起来就比较方便。例如，下面的程序"tjxq.py"位于D盘根目录下名为"ball"的文件夹里，于是把小圆球图片文件"ball.gif"也放在该文件夹中，这时图片的完整位置是"D:/ball/ball.gif"。

下面是在"cjck.py"程序的基础上，添加若干条功能性语句（粗体标示），以便将小圆球添加进在游戏窗口中，为该程序取名为"tjxq"：

```
1    import pygame
2    import sys

#初始化窗口
3    pygame.init()

#设置游戏窗口
4    screen=pygame.display.set_mode((640,480))
5    pygame.display.set_caption("跳跃的小圆球")
6    ball=pygame.image.load('D:/ball/ball.gif')
7    ballrect=ball.get_rect()

#游戏主循环
8    while True:
     #添加检测窗口发生的事件
9    for event in pygame.event.get():
10   if event.type==pygame.QUIT:
11   sys.exit()

12   screen.blit(ball,ballrect)
13   pygame.display.flip()

14   pygame.quit()
```

运行上述程序，结果如图11-9所示。

1. pygame 的 image 模块

为了将图片加载到游戏窗口，需要用到pygame里的image模块。image模块包含很多用于图像传输、保存的函数。例如，pygame.image.load()用于将指定的图像文件加载到游戏窗口；pygame.image.save()用于将游戏窗口中形成的图像保存到磁盘上等。程序中的语句6就是通过调用image的load()方法，把图片ball.gif加载到游戏窗口中的。

方法load()的写法是：

```
<变量名>=pygame.image.load('<文件名>')
```

即将<文件名>所指定的图像文件传递给由<变量名>所示的变量，以后程序中就将这个变量作为所加载图像的标识。

使用方法load()加载图片时，要注意3点：

（1）<文件名>必须用单引号或双引号括起来，否则就会出错。

（2）要正确表述文件名，例如程序中用的是"/"分隔符，而不是"\"，否则不可能找到所需要的图片。

（3）通过方法load()，只是将图片归入了所编写的游戏中，它还不会在窗口的屏幕上出现，这时若运行局部程序（没有语句 7、12、13），在窗口上是根本见不到小圆球的。

2. screen 的方法 blit()

为了让已加载的图片在游戏窗口（screen）中显现出来，必须调用方法 blit()。调用该方法时，需要传递两个参数：

```
screen.blit(<图像名>，<图像在窗口的位置>)
```

例如，程序中的语句 12 的第 1 个参数是 ball（小圆球图片，见语句 6）；第 2 个参数是 ballrect，代表图片在窗口的位置。注意，加载到窗口上的图片位置 ballrect，应该由该图片（ball）调用方法 get_rect() 获得，这正是前面语句 7 所要做的事情。

Python 的 pygame 模块，是通过一个个矩形（rect）来管理和操作图片对象的，因为矩形在窗口上很容易定位。rect 对象（这里就是 ballrect）的参数很多，例如可以由参数 left、top、width、height 来获取或设定矩形在窗口屏幕上的位置及区域大小，如图 11-10 所示。又如 center、centerx、centery 等参数，可以用来获取或设定矩形的中心坐标。

图 11-9

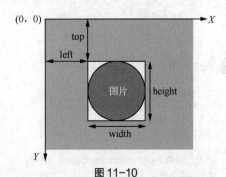

图 11-10

特别要注意，图 11-10 所示的屏幕坐标系是选整个窗口屏幕的左上角为坐标原点，x 轴向右取值为正，向左取值为负；y 轴向下取值为正，向上取值为负。

3. display 模块的方法 flip()及 update()

flip()是 display 模块中的一个重要方法，其功能是重新绘制整个窗口所对应的屏幕。由于它是"重新绘制"，所以调用它时不需要任何参数。例如，程序里的语句 13 表示将当前屏幕上的画面，无论是发生了变化的、还是保持原样不变的区域，都重新绘制一遍。

不过，display 模块中还有一个功能与方法 flip()类似的方法，即 update()，也用于重新绘制屏幕画面。它们之间的区别在于：方法 flip()是重新绘制整个屏幕画面，方法 update()则只是重新绘制屏幕上刚才发生了变化的区域。

作为一个游戏，若窗口屏幕上当前只是偶有几个物体（矩形）在移动，其他物体（矩形）保持不动，那么在程序中调用方法 update()，就只是将发生移动的物体重新绘制，不去绘制那些没有变化的物体；但是如果游戏进行过程中各个物体移动频繁，场景变化很快，那么调用方法 flip()就更合适。

至此，已将程序 tjxq.py 里新增的语句解释完毕，下面对其功能进行综合描述。

程序开始时，创建了一个 640 像素×480 像素的游戏窗口，通过调用 image 的方法 load()，把小圆球纳入游戏中（语句 6），该小圆球对象的标识为 ball。随之，由小圆球 ball 调用方法 get_rect()，得到该球在窗口屏幕上的矩形位置（语句 7）。程序进入主循环后，如果没有单击"关闭"按钮，那么屏幕 screen 将调用方法 blit()，使小圆球在屏幕上显示出来（语句 12），并通过 display 调用方法 flip()，将整个窗口画面重新绘制一遍。由于循环不断进行，屏幕在语句 12 和 13 的作用下，会不断地被刷新。但因为小圆球的位置 ballrect 并没有发生任何变化，所以整个程序运行中，根本看不出小圆球移动。效果就如图 11-9 所示那样。

11.2.4　在窗口中移动小圆球

小圆球要移动，就必须改变它在屏幕上的位置。由前面的程序 tjxq.py 知道，变量 ballrect 记录着小圆球在屏幕上的位置，只有改变它的取值，让小圆球按照它的新值移动，才可以达到让小圆球移动的目的。下面的程序取名为"ydxq"，可以让小圆球在游戏窗口上移动：

```
1    import pygame
2    import sys

#初始化窗口
3    pygame.init()

#设置游戏窗口
4    screen=pygame.display.set_mode((640,480))
5    pygame.display.set_caption("跳跃的小圆球")
6    ball=pygame.image.load('D:/ball/ball.gif')
7    ballrect=ball.get_rect()
8    speed=[5,5]

#游戏主循环
9    while True:
       #添加检测窗口发生的事件
10    for event in pygame.event.get():
11    if event.type==pygame.QUIT:
12    sys.exit()

13    ballrect=ballrect.move(speed)
14    screen.blit(ball,ballrect)
15    pygame.display.flip()

16    pygame.quit()
```

运行程序 ydxq.py，结果如图 11-11 所示。

图 11-11

小圆球的移动轨迹像是一条从上到下的斜光柱。为什么会是这样？为什么它碰撞到窗口底部边界后就不见了？其实，由于小圆球移动极快，屏幕画面在不断更新，于是就画出了这样一条像是白色的光柱。另外，小圆球碰撞到了窗口底部边界后，程序仍在继续运行，小圆球仍在不断地移动，只是受窗口大小的限制，我们看不见它。为了能够看见它，应该安排对其位置进行检测的语句，如果检测到它碰撞到了窗口的某个边界，就改变它的移动方向，使其仍然在我们可见范围之内。这将是下节要讲述的内容。

对比 tjxq.py，给出的程序 ydxq.py 中增加了语句 8 和 13（程序中粗体标示）。正是这两条语句，使得安放在屏幕上的小圆球"动"了起来。

1. 矩形对象的方法 move()

为了移动小圆球，只需用代表小圆球的对象（ballrect）调用方法 move()即可。方法 move 需要一个列表参数，其第 1 个元素代表要求小圆球对象移动的 x 坐标，第 2 个元素代表要求小圆球对象移动的 y 坐标。若列表名为 speed，那么 ballrect 调用方法 move()可以使用以下两种语句。一种为：

```
ballrect.move(speed)
```

另一种为：

```
ballrect.move(speed[0],speed[1])
```

语句 8 正是起到这个作用，程序中就是由 speed 变量的取值来控制小圆球的每次移动的。调用方法 move()的结果是返回当前 ballrect 对象的坐标位置。

不过，程序中只执行 ballrect.move(speed)，而不去将调用的结果赋予 ballrect，小圆球仍然是不会动的，因为 ballrect 根本没有发生变化。所以，完整的做法应该如语句 13 所示，即：

```
ballrect =ballrect.move(speed)
```

也可以使用以下语句：

```
ballrect =ballrect.move(speed[0],[1])
```

2. 小圆球的起始位置

当程序 ydxq.py 执行到语句 7 时，pygame 总是默认把该矩形对象安放在 $x=0$、$y=0$ 的窗口原点坐标处，除非通过属性 left、top 对 ballrect 对象坐标重新赋值。例如，若在程序中增加语句：

```
ballrect.left=150, ballrect.top=80
```

就会使小圆球的位置移到 $x=150$、$y=80$ 的地方。为此，可以在 ydxq.py 程序的窗口设置（语句 4~8）处，添加两条 print(ballrect)语句（黑体显示）来验证这一结果：

```
screen=pygame.display.set_mode((640,480))
pygame.display.set_caption("跳跃的小圆球")
ball=pygame.image.load('D:/ball/ball.gif')
ballrect=ball.get_rect()
#输出矩形位置坐标
print(ballrect)
speed=[5,5]
ballrect.left=150
ballrect.top=80
#再次输出矩形位置坐标
print(ballrect)
```

这时运行程序，在管理员窗口，会输出如下的两条信息，运行结果如图 11-12 所示。

<rect<0,0,110,110>>　及　<rect<150,80,110,110>>

其中，rect 表示矩形，第 1 条信息中的"0、0"表示该矩形的位置坐标，"110、110"表示矩形的宽度和高度，这表示开始时 pygame 确实是把小圆球放在了"0、0"的位置；第 2 条信息中的"150、80"表示该矩形现在的位置坐标，"110、

图 11-12

110"表示矩形的宽度和高度。可见执行 ballrect.left=150 及 ballrect.top=80 后，小圆球的位置坐标改变了，小圆球被移动到了 150、80 的位置。这时，若运行程序 ydxq.py，其执行结果不再如图 11-11 所示，而是如图 11-13 所示。

从图 11-14 不难看出，若让 speed=[5,0]保持不变，只是修改 ballrect.top=8，那么小圆球的移动轨迹将如图 11-14（a）所示；若修改 ballrecd.left=10，小圆球的移动轨迹将如图 11-14（b）所示。

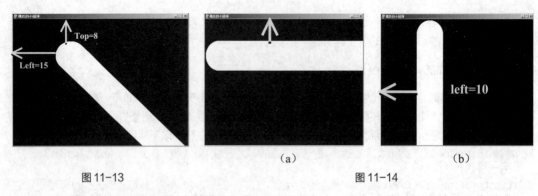

图 11-13 　　　　　　　　　　　　　　　（a）　　　　　　　　　　　　　（b）

　　　　　　　　　　　　　　　　　　　图 11-14

11.2.5　小圆球与窗口边界的碰撞处理

　　小圆球的移动问题通过矩形对象 ballrect 调用方法 move()解决了，最后只需要解决小圆球与窗口边界的碰撞问题了。下面给出完整的最终程序 ball.py：

```
1    import sys
2    import pygame

#初始化 pygame
3    pygame.init()

#设置游戏窗口
4    screen=pygame.display.set_mode((640,480))
5    ball=pygame.image.load('D:/ball/ball.gif')
6    pygame.display.set_caption("跳跃的小圆球")
7    ballrect=ball.get_rect()
8    speed=[5,5]
9    clock=pygame.time.Clock()   #创建时间对象

#游戏主循环
10   while True:
11   clock.tick(10)                    #控制循环执行速度
     #检测事件
12   for event in pygame.event.get():
13   if event.type==pygame.QUIT:
14   sys.exit()

15   ballrect=ballrect.move(speed)
     #碰撞检测
16   if ballrect.left<0 or ballrect.right>640:
17   speed[0]=-speed[0]
18   if ballrect.top<0 or ballrect.bottom>480:
19   speed[1]=-speed[1]

20   screen.fill((230,0,0))
21   screen.blit(ball,ballrect)
22   pygame.display.flip()

23   pygame.quit()
```

　　为了顺利地检测小圆球移动过程中与窗口边界的碰撞，程序中添加了语句 9、11、16～20（黑体显示），真正用于检测小圆球与边界碰撞的语句是 16～19。下面就来分析这些语句的具体作用。

1. 碰撞检测：语句 16～19

　　所谓"碰撞检测"，是指小圆球在窗口移动过程中接触到窗口边界时，如何改变它的移动方向，以确保其不越出窗口，仍在屏幕上移动。

整个窗口有 4 条边界。首先来看如何判断小圆球是否接触到了窗口的左右边界。这时需要用到小圆球对象 ballrect 的属性 left 及 right。窗口的左边界是 left，取值 0；窗口的右边界是 right，取值 640（窗口的宽度）。要判断小圆球是否接触到了窗口的左或右边界，只需用程序中的语句 16 即可。接触到左或右边界后，应该立即让小圆球在原地向反方向移动，也就是执行程序中的语句 17。

同理，判断小圆球是否接触到了窗口的上下边界。这时需要用到小圆球对象 ballrect 的属性 top 及 bottom。窗口的上边界是 top，取值 0；窗口的下边界是 bottom，取值 480（窗口的高度）。要判断小圆球是否接触到了窗口的上或下边界，只需用程序中的语句 18 即可。接触到上或下边界后，应该立即让小圆球在原地向反方向移动，也就是执行程序中的语句 19。

这样，通过接触到窗口边界时，改变小圆球的移动方向，就达到了让小圆球保持在窗口屏幕上移动的目的。如果暂时剔除程序中新添加的语句 9、11、20，运行后的结果如图 11-15 所示：小圆球沿着白色路线标识的箭头方向，无休止地运动着。最后由于小圆球不断地重叠，白色路线充满了整个屏幕。

2. 填充背景避免圆球重叠

为了避免小圆球重叠绘制，可以在每次循环时增加绘制背景色的语句。程序中的语句 20 就是一条这样的语句。

语句中的 fill() 是对屏幕对象（screen）背景实施填充的一种方法。写法是：

```
screen.fill(color)
```

其中参数 color 是一个元组，包含 3 个值：红、绿、蓝。在计算机中，任何一种颜色都可以由红、绿、蓝 3 原色组合而成，简称 "RGB"。在表示时，它们的取值范围都是 0~255。例如，（255,0,0）代表红色，（0,255,0）代表绿色，（0,0,255）代表蓝色等。

如果暂时剔除程序中新添加的语句 9、11，这时程序的运行结果如图 11-5～图 11-7 所示。这里要注意，程序中的 20、21、22 这 3 条语句的次序不能颠倒乱写，如果把它们的顺序改为 21、20、22：

```
screen.blit(ball,ballrect)
screen.fill((230,0,0))
pygame.display.flip()
```

那么这时运行，窗口上就只是一片红色，根本看不到一个小圆球出现，如图 11-16 所示。

这时小圆球的连续移动轨迹

图 11-15

图 11-16

道理很简单，因为如果先执行语句 21，在窗口上显示出小圆球；然后执行语句 20，用颜色（230,0,0）填充整个窗口背景，则会把刚绘制到窗口上的小圆球掩盖了。这样再执行语句 22，就会把整个窗口重新绘制一遍，当然绘制不出小圆球来。

3. 控制圆球的移动速度

计算机的运行速度极快，因此上面程序运行时，小圆球在窗口上的移动速度也是很快的，会让人眼花缭乱。为了控制小圆球的移动速度，就要控制程序中循环的执行速度。

在 pygame 里，可以通过使用它所提供的 time 模块，控制循环执行的速度，以便让人能够真正观察到小球在窗口的移动情况。这是程序中语句 9 和 11 的作用。

time 模块在游戏开发过程中被用来管理时间。表 11-2 是 pygame 中 time 模块可调用的主要方法。

表 11-2　time 模块的主要方法

方法名	功能
clock=pygame.time.Clock()	创建一个 time 对象 clock，用于管理时间
clock.tick()	设置执行次数
clock.wait()	暂停程序一段时间
clock.delay()	暂停程序一段时间

（1）time 模块的方法 Clock()。

在游戏中要使用时钟模块，首先要调用它的方法 Clock()，以创建一个 time 对象。例如，程序中的语句 9：

```
clock=pygame.time.Clock()
```

就是在游戏里创建了一个名为"clock"的时钟对象，有了它，就可以控制主循环的运行速度。要注意，创建时间对象时调用的时间方法，首字母必须大写。

（2）设置时间的方法 tick()。

创建了时间对象后，就可以在循环体的入口处，由它调用设置时间的方法 tick()，以控制循环执行的次数。调用方法 tick()时，需要提供一个参数，告知执行一次循环的条件。例如，程序中语句 11：

```
clock.tick(10)
```

该语句表示经过 10 次 tick 后，执行下一次循环。所以，tick 数设置得大，循环的执行速度就快；tick 数设置得小，循环执行的速度就慢。

有了语句 9 及 11 的配合，程序中的循环速度就能够调节，我们就可以看清楚小圆球在窗口屏幕上的移动了。

至此，制作"跳跃的小圆球"游戏的整个过程就详细地介绍完了。

11.3　实战案例2：一步步行走的小圆球

11.2 节的小圆球，在碰撞到窗口边界时，将自动改变移动方向。本节中"一步步行走的小圆球"，则是在键盘方向键的控制下，一步步地前进，当前进过程中遇到窗口边界时，会往反方向调整自己的步伐。由于已经了解了上一节的各种知识，本节不再对程序的逻辑和结构做详细的讲述。下面除了给出程序"bxxq.py"，只对 pygame 里的"读取键盘按键"模块 key 做必要的解释。

11.3.1　一步步行走的小圆球的程序 bxxq.py

"一步步行走的小圆球"的程序"bxxq.py"的代码如下：

```
#导入所需模块
1  import pygame
2  import sys

#pygame 初始化
3  pygame.init()

#设置游戏窗口
4  screen = pygame.display.set_mode((640,480))
5  pygame.display.set_caption("键盘控制圆球移动")
```

```
6      ball=pygame.image.load('D:/ball/ball.gif')
7      ballrect=ball.get_rect()
8      ballrect.center=(200,200)
9      move_x,move_y=50,50

#游戏主循环
10     while True:
11         for event in pygame.event.get():
12             if event.type == pygame.QUIT:
13                     sys.exit()
14             if event.type==pygame.KEYDOWN:
15                 if event.key==pygame.K_LEFT:
16                         ballrect.centerx -=move_x
17                         if ballrect.centerx<0 :
18                             ballrect.left =0

19                 elif event.key==pygame.K_RIGHT:
20                         ballrect.centerx +=move_x
21                         if ballrect.centerx>640 :
22                             ballrect.right =640

23                 elif event.key==pygame.K_UP:
24                         ballrect.centery -=move_y
25                         if ballrect.centery<0 :
26                             ballrect.top =0

27                 elif event.key==pygame.K_DOWN:
28                         ballrect.centery +=move_y
29                         if ballrect.centery>480 :
30                             ballrect.bottom =480

31         screen.fill((0,0,230))
32         screen.blit(ball,ballrect)
33     pygame.display.update()

34     pygame.quit()
```

程序中用黑体标注的语句是需要重点理解的。

11.3.2 键盘按键的事件

pygame 是通过游戏过程中所发生的各种事件（event）来管理键盘的。当键盘上的某个键被按下时，pygame 就会向系统发送一个相应的扫描码，它是键盘反馈当前哪一个按键被按下的关键信息。

系统接收到键盘的扫描码后，经过处理就会去调用有关的函数，对发生的事件做出不同的响应。不过，程序员并不需要去记住各按键的扫描码，只需使用事件的名称即可。程序中出现的部分键盘按键事件名如表 11-3 所示。

表 11-3 pygame 按键的部分事件

事件名	含义
K_UP	向上箭头（up arrow）
K_DOWN	向下箭头（down arrow）
K_RIGHT	向右箭头（right arrow）
K_LEFT	向左箭头（left arrow）
KEYDOWN	键盘按键被按下

程序中用到的键盘事件，有"向上箭头""向下箭头""向右箭头""向左箭头"。在按下它们中的某

一个时，程序首先判断当前是否发生了"键盘按键被按下"的事件（即 KEYDOWN）。只有在判定发生了这一事件后，才去判定它是属于上、下、左、右中的哪一个键。这一切都是由程序中的语句 14～30来完成的。

例如程序中的语句 14～18：

```
if event.type==pygame.KEYDOWN:
        if event.key==pygame.K_LEFT:
            ballrect.centerx -=move_x
            if ballrect.centerx<0 :
                ballrect.left =0
```

先判断当前是否发生了"KEYDOWN"事件。确定以后，再去判断是否是"K_LEFT"事件（按下了"向左箭头"键）。只有过了这两关，程序才去执行修改 ballrect.centerx-=move_x 的语句，再判断小圆球的矩形中心点是否越出了左边界。如果越出了，那么就通过执行语句 ballrect.left =0，使圆球回退到左边界处。语句 19～30 要做的事情与之类似。

11.3.3 小圆球的行进路线

由于程序后面有语句 31：

```
screen.fill((0,0,230))
```

所以，在程序运行中其实看不到小圆球具体的移动轨迹。如果暂时不让语句 31 执行，那么图 11-17所示就为它的移动轨迹。

图 11-17

至此，制作"一步步行走的小圆球"游戏的整个过程就介绍完了。

11.4 实战案例 3：小鸟穿越门柱游戏

本案例通过键盘键或鼠标键，用一根手指在游戏屏幕上控制小鸟飞行。单击时，小鸟慢速上升；不单击时，小鸟则快速下降。在游戏过程中，屏幕上会出现上下成对的门柱，让小鸟穿行。飞行中小鸟可能会顺利穿越门柱，也可能碰撞到门柱。穿越一道门柱，玩家就得一分，屏幕上将显示出当前得分；碰撞到门柱或窗口，小鸟则死亡，游戏结束，屏幕上显示出玩家的总得分。

整个游戏安排两个对象："小鸟"与"门柱"。小鸟最主要的属性是"生存状态"，即活着或死亡；主要的方法是飞翔。门柱主要的方法是移动，没有属性。

屏幕安放一张背景图片，有一只小鸟和一道门柱。要注意，在游戏中，其实只是让小鸟在屏幕中上下移动，门柱则不断地向屏幕左侧移动，从而给人造成小鸟在向前（即屏幕右侧）飞行的感觉。当一对门柱移出屏幕左边界时就消失，屏幕的右侧又出现另一道门柱。小鸟穿过了门柱一定距离，玩家就会得一分。不断穿越门柱，玩家的得分就不断累加，直至碰到了门柱，或飞行时碰到了窗口边界，游戏结束，显示出总得分。

从以上描述中，我们可以知道程序的实现将分成 5 个步骤：搭建主框架（窗口、背景）→创建小鸟类（属性、移动方法）→创建门柱类（移动方法）→计算得分（小鸟越过门柱一段距离后，计算得分）→碰撞检测（碰撞到上下门柱，或窗口上下边界）。

程序的编写与开发是一个逐步细化和深入的过程，不可能一蹴而就。下面就分上述的 5 个方面来介绍该游戏程序。由于整个程序的行数较多，为了方便，下面总是先以粗体的方式给出有关的局部程序，加以解释说明后，再将它们汇集在一起，给出完整内容。

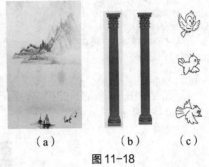

（a）　　　　（b）　　　（c）

图 11-18

为了顺利地完成开发，应先准备图 11-18 所示的 3 张图片：（a）是游戏窗口的背景图片、（b）是一对门柱、（c）是 3 只不同飞行姿势的小鸟（由上到下为"初起""飞行""死亡"）。

11.4.1　制作游戏框架

1．制作基本的游戏框架

在 Python 里开发一个游戏，基本的框架要包含：

（1）导入所需模块。

（2）给出涉及的类的粗略定义。

（3）游戏窗口的初始化。

（4）主循环。

下面就是一个名为"flappybird"的游戏窗口框架：

```python
#flappybird.py
import pygame
import sys

class Bird(object):
    #定义一个小鸟类
    def __init__(self):
        #定义初始化方法
        pass

    def birdUpdate(self):
        #定义移动方法
        pass

class Pipeline(object):
    #定义一个管道类
    def __init__(self):
        #定义初始化方法
        pass

    def updatePipeline(self):
        #定义移动方法
        pass

#主程序
pygame.init() #初始化 pygame
```

```
size=width,height=350,600    #设置窗口尺寸
screen=pygame.display.set_mode(size)    #设置窗口
clock=pygame.time.Clock()    #设置时钟

while True:
    clock.tick(60)    #每秒执行60次
    #检测发生的事件
    for event in pygame.event.get():
        if event.type==pygame.QUIT:
            sys.exit()

pygame.quit()
```

框架的结构是清晰的，如果这时运行该程序，工作平台上会显示一个黑色背景的游戏窗口，如图 11-19 所示。

图 11-19

2. 添加背景图片

要想在游戏窗口显示背景图片，必须在主程序中，将准备好的图 11-18（a）所示的背景图片，通过 image.load()加载，然后通过方法 blit()填充到窗口；最后通过方法 flip()或方法 update()刷新屏幕内容。这 3 个方法在前面都接触过，它们在开发中起到举足轻重的作用。程序编写如下：

```
#flappybird.py
import pygame
import sys

class Bird(object):
    #定义一个小鸟类
    def __init__(self):
        #定义初始化方法
        pass

    def birdUpdate(self):
        #定义移动方法
        pass

class Pipeline(object):
    #定义一个管道类
    def __init__(self):
        #定义初始化方法
        pass

    def updatePipeline(self):
```

```
        #定义移动方法
        pass

#主程序
pygame.init()  #初始化 pygame

size=width,height=350,600   #设置窗口尺寸
screen=pygame.display.set_mode(size)  #设置窗口
clock=pygame.time.Clock()  #设置时钟

while True:
    clock.tick(60)  #每秒执行 60 次

    #检测发生的事件
    for event in pygame.event.get():
        if event.type==pygame.QUIT:
            sys.exit()

background=pygame.image.load('D:/bird/background.png')     #加载图片
    screen.blit(background,(0,0))         #将图片填充到窗口
    pygame.display.flip()  #重新显示屏幕

pygame.quit()
```

将图片填充到窗口的方法 blit()需要两个参数,第 1 个参数是图片名称,第 2 个参数是图片在窗口的位置。

方法 flip()也可以改用方法 update()。它们都是"更新窗口"的意思。不同之处是,后者可以只刷新局部(如果括号内有更新对象的参数);如果方法 update()的括号里没有参数,那么它们的作用是相同的,都是更新屏幕中的全部。

考虑到"将图片填充到窗口"和"重新显示屏幕"在后面会经常用到,所以在编写程序时,可以将它们单独提取出来,定义成一个专门的函数——createMap(),简称"创建地图",以备随时调用:

```
    screen.blit(background,(0,0))      #将图片填充到窗口
    pygame.display.flip()  #刷新整个窗口
```

这样,程序 flappybird.py 就变成如下形式:

```
import pygame
import sys

class Bird(object):
    #定义一个小鸟类
    def __init__(self):
        #定义初始化方法
        pass

        def birdUpdate(self):
            #定义移动方法
            pass

class Pipeline(object):
    #定义一个管道类
    def __init__(self):
        #定义初始化方法
        pass

    def updatePipeline(self):
        #定义移动方法
        pass

def createMap():    #创建地图函数
    screen.blit(background,(0,0))       #将图片填充到窗口
    pygame.display.flip()  #刷新全部窗口
```

```
#主程序
pygame.init()  #初始化 pygame

size=width,height=350,600  #设置窗口尺寸
screen=pygame.display.set_mode(size)  #设置窗口
clock=pygame.time.Clock()  #设置时钟

while True:
    clock.tick(60)  #每秒执行 60 次

    #检测发生的事件
    for event in pygame.event.get():
        if event.type==pygame.QUIT:
            sys.exit()

    background=pygame.image.load('D:/bird/background.png')
    createMap()  #创建地图函数

pygame.quit()
```

至此，运行程序 flappybird.py，结果如图 11-20 所示。

图 11-20

11.4.2 创建小鸟类

小鸟类应该包含图 11-21 所示的内容，即小鸟的属性及方法。

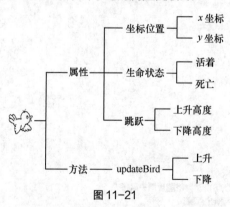

图 11-21

1. 定义小鸟类的属性

按照类的概念，要定义小鸟类的属性，应该在其类定义的初始化方法 def __init__(self)中进行。程序编写如下：

```
def __init__(self):
    self.birdstatus=[pygame.image.load('D:/bird/bird2-g.gif'),
                     pygame.image.load('D:/bird/bird1-g.gif'),
                     pygame.image.load('D:/bird/bird3-g.gif')]
    self.status=0          #小鸟初始状态
    self.birdx=120         #小鸟初始的 x 和 y 坐标
    self.birdy=350
    self.jump=False        #判断是否是跳跃状态
    self.jumpSpeed=10      #跳跃时的跳跃高度
    self.gravity=5         #坠落时的坠落高度
    self.dead=False        #判断是否是死亡状态
```

- 小鸟飞行时有几个不同的状态：bird2-g.gif、bird1-g.gif、bird3-g.gif。这些图片描述了一个动画过程，bird3-g.gif 实际上是一个死亡状态。将这几张图片通过 image.load()一一加载，然后放在一个列表（self.birdstatus）中。使用时，根据列表的下标，获取不同的小鸟图片。self.status=0 是一个默认的属性（显示第 1 张 bird2-g.gif，下标应该是 0）。

- 小鸟初始位置的坐标是：self.birdx=120、self.birdy=350。

- 设置小鸟最初是否跳跃的属性：self.jump=False，即最初是不跳跃的。

- 小鸟跳跃或坠落时的高度：self.jumpSpeed=10（跳跃一次为 10 个高度）、self.gravity=5（坠落一次是 5 个高度）。

- 设置小鸟是否处于死亡的状态：self.dead=False。

按键盘键或鼠标键时，小鸟往上跳跃。由于重力作用，它会越跳越慢；不按按键时，小鸟就做自由落体运动，越坠落越快。初始时，往上跳跃的高度是 jumpSpeed，往下坠落的高度是 gravity。

2. 定义小鸟的移动方法

根据设计要求，小鸟类的移动就是上下移动，往上的跳跃，表现为它的属性 jump，取值为真；否则就是往下坠落。程序编写如下：

```
def birdUpdate(self):
    #定义小鸟移动方法
    if self.jump:                    #小鸟处于跳跃状态
        self.jumpSpeed -=1           #往上跳跃逐渐变慢
        self.birdy -=self.jumpSpeed
    else:
        self.gravity +=0.2           #往下坠落越来越快
        self.birdy +=self.gravity
```

3. 小鸟在主程序中移动的体现

- 进入主程序后，进行小鸟实例化：Bird=Bird()，即 Brid 是一个小鸟类的对象。

- 在 while 循环中，测试是否发生了按下键盘按键或鼠标按键的相应事件。如果键盘键按下或鼠标键按下，且小鸟处于非死亡状态，那么就将 Bird.jump 改为 True（小鸟在跳跃），并恢复 Bird.gravity =5、Bird.jumpSpeed =10。

程序编写如下：

```
if (event.type==pygame.KEYDOWN or event.type==pygame.MOUSEBUTTONDOWN) and not Bird.dead:
        Bird.jump =True
        Bird.gravity =5
        Bird.jumpSpeed =10
```

> **注意** KEYDOWN 和 MOUSEBUTTONDOWN 表示只要按下任何一个键盘键或鼠标键，小鸟都将会跳跃。另外，玩此游戏时，只有鼠标箭头在窗口屏幕范围之内显现操作时，小鸟才会跳跃，否则单击鼠标按键是不起作用的。

● 显示不同状态小鸟的功能，被移动到创建地图函数 createMap() 中实现，即：

```python
def createMap(): #创建地图函数
    screen.blit(background,(0,0))
    #显示小鸟
    if Bird.dead:
        Bird.status =2
    elif Bird.jump:
        Bird.status =1
screen.blit(Bird.birdstatus[Bird.status],(Bird.birdx,Bird.birdy))
Bird.birdUpdate()
pygame.display.update()   #更新窗口
```

方法 blit() 很重要，这里的调用者是 screen。调用方法 blit() 时需要提供两个参数，一是要在屏幕上显示的图片 source；二是显示图片的位置，即 dest。这里的 source 是 "Bird.birdstatus[Bird.status]"，这里的 dest 是 "Bird.birdx,Bird.birdy"。

完成了上述局部各项有关小鸟类的工作后，游戏程序 flappybird.py 如下所示：

```python
#flappybird.py
import pygame
import sys

class Bird(object):
    #定义一个小鸟类
    def __init__(self):
        #定义初始化方法
        self.birdstatus=[pygame.image.load('D:/bird/bird2-g.gif'),
                    pygame.image.load('D:/bird/bird1-g.gif'),
                    pygame.image.load('D:/bird/bird3-g.gif')]
        self.status=0           #小鸟初始状态
        self.birdx=120          #小鸟初始坐标
        self.birdy=350
        self.jump=False         #判断是否是跳跃状态
        self.jumpSpeed=10       #跳跃时的跳跃高度
        self.gravity=5          #坠落时的坠落高度
        self.dead=False         #判断是否是死亡状态

    def birdUpdate(self):
        #定义小鸟移动方法
        if self.jump:
            #小鸟处于跳跃状态
            self.jumpSpeed -=1   #往上跳跃逐渐变慢
            self.birdy -=self.jumpSpeed
        else:
            self.gravity +=0.2   #往下坠落越来越快
            self.birdy +=self.gravity

class Pipeline(object):
    #定义一个门柱类
    def __init__(self):
        #定义初始化方法
        pass

    def updatePipeline(self):
        #定义移动方法
        pass
```

```
def createMap(): #创建地图函数
    screen.blit(background,(0,0))
    #显示小鸟
    if Bird.dead:
        Bird.status =2
    elif Bird.jump:
        Bird.status =1
    screen.blit(Bird.birdstatus[Bird.status],(Bird.birdx,Bird.birdy))
    Bird.birdUpdate()                #调用小鸟类的跳跃方法
    pygame.display.update()          #更新窗口

#主程序
pygame.init()  #初始化 pygame

size=width,height=350, 600           #设置窗口尺寸
screen=pygame.display.set_mode(size)  #设置窗口
clock=pygame.time.Clock()            #设置时钟

Bird=Bird()                          #实例化小鸟类

while True:
    clock.tick(60)                   #每秒执行 60 次

    #检测发生的事件
    for event in pygame.event.get():
        if event.type==pygame.QUIT:
            sys.exit()
        if (event.type==pygame.KEYDOWN or event.type==pygame. MOUSEBUTTONDOWN) and not Bird.dead:
            Bird.jump =True
            Bird.gravity =5
            Bird.jumpSpeed =10

    background=pygame.image.load('D:/bird/background.png')
    createMap()     #创建地图函数

pygame.quit()
```

这时运行程序 flappybird.py，结果如图 11-22 所示。

小鸟出现了

图 11-22

11.4.3　创建门柱类

门柱类的属性和方法如图 11-23 所示。由于门柱（pillar）有上、之分，所以属性中要区分上、下

门柱。又由于门柱只是向左移动，所以它们的坐标位置属性只需要设定 x 轴。门柱的方法只有一个，即 UpdatePipeline()，它的功能是更新位置。

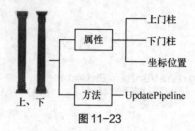

图 11-23

1. 定义门柱类的属性

在门柱类的初始化中，给出门柱类的有关属性：

```
def __init__(self):
    #定义门柱类属性
    self.wallx=400          #两根门柱在 x 轴上距离 400 个单位
    self.pineUp=pygame.image.load('D:/bird/pillarU.png') #加载上门柱图片
    self.pineDown=pygame.image.load('D:/bird/pillarD.png')     #加载下门柱图片
```

- 上下门柱都距 x 轴 400 个单位，即 self.wallx=400。
- 上门柱为 pineUp，加载上门柱图片 pillarU.png，注意图片地址的斜杠写法。
- 下门柱为 pineDown，加载下门柱图片 pillarD.png。

2. 定义门柱类的移动方法

```
updatePipeline ():
    self.wallx -=5          #调用时，每次门柱的 x 坐标往左移动 5 个单位
    if self.wallx<-15:      #门柱移出窗口 15 个单位后，恢复到右边出现位置
        self.wallx=400
```

- 门柱总是往左移动，因此只需要修改它的 x 坐标，每次移动都是移 5 个单位。注意 5 前面的负号，根据坐标轴的方向，向 x 轴左方移动即取负值。
- 当门柱移动到其 x 坐标小于-15 时，也就是门柱移出屏幕的左边界时，就让门柱恢复到右边的起始位置（self.wallx=400），给人的感觉是又出现了一对新的门柱。

3. 门柱在主程序中的体现

- 进入主程序后，进行门柱实例化 Pipeline=Pipeline()，即 Pipeline 是一个门柱类的对象，在 x 轴 400 处，加载上下两根门柱。
- 显示移动的门柱时，将在函数 createMap()中实现：

```
screen.blit(Pipeline.pineUp,(Pipeline.wallx,-100))
screen.blit(Pipeline.pineDown,(Pipeline.wallx,400))
Pipeline.updatePipeline()
```

这里仍是利用方法 blit()在屏幕上绘制上下门柱，它们的 x 坐标相同，y 坐标不一样。要注意，由于门柱较长，不一定要将它们完全在屏幕上显示出来。例如，从图 11-24 中可看出上、下门柱的尺寸都是 54 像素 × 294 像素，即高度是 294 像素。在方法 blit()中，上门柱的 y 坐标现在是-100（也就是说，上门柱的 y 坐标在第一象限，为负值），以便整个门柱只显示一部分；同样地，下门柱的 y 坐标现在是 400（即在第四象限，正值），也只显示一部分。最后由门柱对象 Pipeline 调用移动方法 updatePipeline()，从

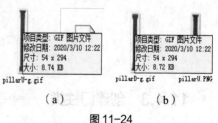

（a）　　　　　　　（b）

图 11-24

而实现门柱的"循环"移动。

完成了对门柱类的定义，flappybird.py 可以集成如下：

```python
#flappybird.py
import pygame
import sys

class Bird(object):
    #定义一个小鸟类
    def __init__(self):
        #定义初始化方法
        self.birdstatus=[pygame.image.load('D:/bird/bird2-g2.gif'),
                        pygame.image.load('D:/bird/bird1-g2.gif'),
                        pygame.image.load('D:/bird/bird3-g2.gif')]
        self.status=0           #小鸟初始状态
        self.birdx=120          #小鸟初始坐标
        self.birdy=350
        self.jump=False         #判断是否是跳跃状态
        self.jumpSpeed=10       #跳跃时的跳跃高度
        self.gravity=5          #坠落时的坠落高度
        self.dead=False         #判断是否是死亡状态

    def birdUpdate(self):
        #定义小鸟移动方法
        if self.jump:
            #小鸟处于跳跃状态
            self.jumpSpeed -=1  #往上跳跃逐渐变慢
            self.birdy -=self.jumpSpeed
        else:
            self.gravity +=0.2  #往下坠落越来越快
            self.birdy +=self.gravity

class Pipeline(object):
    #定义门柱类
    def __init__(self):
        #定义初始化方法
        self.wallx=400                  #两根门柱在 x 轴上距离 400 个单位
        self.pineUp=pygame.image.load('D:/bird/pillarU.png')#加载上门柱图片
        self.pineDown=pygame.image.load('D:/bird/pillarD.png')
                                        #加载下门柱图片
    def updatePipeline(self):
        #定义移动方法
        self.wallx -=5                  #调用时，每次门柱的 x 坐标往左移动 5 个单位
        if self.wallx<-15: #门柱移出窗口 15 个单位后，恢复到右边出现位置
            self.wallx=400

def createMap():        #创建地图函数很重要，小鸟、门柱在窗口里的循环显示都由它控制
    screen.blit(background,(0,0))
    #显示门柱
    screen.blit(Pipeline.pineUp,(Pipeline.wallx,-100))
    screen.blit(Pipeline.pineDown,(Pipeline.wallx,400))
    Pipeline.updatePipeline()

    #显示小鸟
    if Bird.dead:
        Bird.status =2
    elif Bird.jump:
        Bird.status =1

    screen.blit(Bird.birdstatus[Bird.status],(Bird.birdx,Bird.birdy))
    Bird.birdUpdate()
```

```
        pygame.display.update()  #显示全部窗口(与 update 比较)

#主程序
pygame.init()  #初始化 pygame

size=width,height=350,600  #设置窗口尺寸
screen=pygame.display.set_mode(size)  #设置窗口
clock=pygame.time.Clock()  #设置时钟

Bird=Bird()                #实例化小鸟类
Pipeline=Pipeline()        #实例化门柱类

while True:
        clock.tick(60)  #每秒执行 60 次

        #检测发生的事件
        for event in pygame.event.get():
            if event.type==pygame.QUIT:
                sys.exit()
            if (event.type==pygame.KEYDOWN or event.type==pygame. MOUSEBUTTONDOWN) and not Bird.dead:
                Bird.jump =True
                Bird.gravity =5
                Bird.jumpSpeed =10

        background=pygame.image.load('D:/bird/background.png') #加载背景图片
createMap()  #创建地图函数

pygame.quit()
```

有了小鸟和门柱，运行程序的结果如图11-25所示，小鸟和门柱出现在屏幕上。

11.4.4 计算得分

计算得分的基本思想是，当小鸟"穿越"门柱、门柱左移到即将在左边界窗口消失时，就给这次操作加分。为此，需要设置一个变量 score 来记录分数，其初始值为0。为了显示得分，需要用到 pygame 里的字体设置。

1. 利用变量记录得分

在主程序中，设置一个初始值为 0 的变量 score：

图 11-25

```
score=0
```

随后，在门柱的移动方法（updatePipeline）里，当判定它们将要移出窗口左边界（self.wallx <-15）时，让变量 score 加 1。

但要注意，加1的任务是在门柱类的移动方法里通过外面的变量 score 完成的，所以在使用 score 之前，要将它定义成一个全局变量，这样才能获得类以外的变量内容。所以程序中要有一条语句：

```
global score
```

否则找不到变量，就会出错。因此，完整的语句是：

```
global score   #score 为全局变量
score+=1       #飞过一个门洞，加分
```

2. 显示得分

显示得分会涉及字体样式，因此要用到 pygame 中的 font 对象。这将安排在主程序里完成：

```
pygame.font.init()    #初始化字体类
font=pygame.font.SysFont(None,50)
```

这里，第 1 句是对 pygame 的字体模块 font 进行初始化。第 2 句是通过模块中的 font，调用系统的默认字体 SysFont，它有两个参数，第 1 个参数是指明字体，这里写"None"，表示采用系统默认值；第 2 个参数表示字体大小为 50。最后将设置结果赋予变量 font。

字体的显示，将被安排在函数 createMap() 中进行：

```
text=font.render('Score:'+str(score),-1,(255,0,0))
screen.blit(text,(100,50))
```

font 调用方法 render()，显示要在屏幕上出现的内容。它需要 4 个参数，第 1 个是显示的内容，这里就是"Score:"及具体的 score 值。由于"Score:"是一个字符串，score 是一个整型数值，所以要由 str 把 score 转换为字符串进行拼接。第 2 个参数是一个布尔值，表示是否抗锯齿，若设置为 True，字体会平滑一些，否则就不够平滑；这里设置为 False，即"-1"。第 3 个参数是字体的颜色，这里选用红色。第 4 个参数为背景色，由于这里没有背景色，所以不写。

为了将文字展示在屏幕，需要由屏幕 screen 调用方法 blit()。方法 blit() 的第 1 个参数是显示的内容，即 text；第 2 个参数是显示的位置坐标 x 和 y，它是一个元组（100,50）。

有了上面的准备工作，flappybird.py 程序集成如下：

```python
#flappybird.py
import pygame
import sys

class Bird(object):
    #定义一个小鸟类
    def __init__(self):
        #定义初始化方法
        self.birdstatus=[pygame.image.load('D:/bird/bird2-g2.gif'),
                    pygame.image.load('D:/bird/bird1-g2.gif'),
                    pygame.image.load('D:/bird/bird3-g2.gif')]
        self.status=0              #小鸟初始状态
        self.birdx=120             #小鸟初始坐标
        self.birdy=350
        self.jump=False            #判断是否是跳跃状态
        self.jumpSpeed=10          #跳跃时的跳跃高度
        self.gravity=5             #坠落时的坠落高度
        self.dead=False            #判断是否是死亡状态

    def birdUpdate(self):
        #定义移动方法
        if self.jump:
            #小鸟处于跳跃状态
            self.jumpSpeed -=1     #往上跳跃逐渐变慢
            self.birdy -=self.jumpSpeed
        else:
            self.gravity +=0.2     #往下坠落越来越快
            self.birdy +=self.gravity

class Pipeline(object):
    #定义门柱类
    def __init__(self):
        #定义初始化方法
        self.wallx=400
        self.pineUp=pygame.image.load('D:/bird/pillarU-g.gif')
        self.pineDown=pygame.image.load('D:/bird/pillarD-g.gif')

    def updatePipeline(self):
        #定义移动方法
```

```
            self.wallx -=5
            if self.wallx<-15:
                global score          #score 为全局变量
                score+=1              #飞过一个门洞，加分
                self.wallx=400

    def createMap(): #创建地图函数
        screen.blit(background,(0,0))
        #显示门柱
        screen.blit(Pipeline.pineUp,(Pipeline.wallx,-100))
        screen.blit(Pipeline.pineDown,(Pipeline.wallx,400))
        Pipeline.updatePipeline()

        #显示小鸟
        if Bird.dead:
            Bird.status =2
        elif Bird.jump:
            Bird.status =1

        screen.blit(Bird.birdstatus[Bird.status],(Bird.birdx,Bird.birdy))
        Bird.birdUpdate()
        text=font.render('Score:'+str(score),-1,(255,255,255))
        #由字体对象 font 调用方法 renser()，显示得分
        screen.blit(text,(100,50))
        pygame.display.update()   #显示全部窗口(与 update 比较)

#主程序
pygame.init()  #初始化 pygame
pygame.font.init()                        #初始化字体类
font=pygame.font.SysFont(None,50)         #调用系统的默认字体，字体大小 50

size=width,height=350,600                 #设置窗口尺寸
screen=pygame.display.set_mode(size)      #设置窗口
clock=pygame.time.Clock()                 #设置时钟

Bird=Bird()                               #实例化小鸟类
Pipeline=Pipeline()                       #实例化门柱类
score=0                                   #得分初始化

while True:
    clock.tick(60)                        #每秒执行 60 次

    #检测发生的事件
    for event in pygame.event.get():
        if event.type==pygame.QUIT:
            sys.exit()
        if (event.type==pygame.KEYDOWN or event.type==pygame.MOUSEBUTTONDOWN) and not Bird.dead:
            Bird.jump =True
            Bird.gravity =5
            Bird.jumpSpeed =10

    background=pygame.image.load('D:/bird/background.png')
    createMap()                           #创建地图函数

pygame.quit()
```

至此，运行程序，其结果如图 11-26 所示。由于此时并没有考虑小鸟是否碰撞了门柱，所以只要程序运行，门柱出现一次，Score 就会从 0 累加一次，并显示出来。接下来就应该解决小鸟碰撞的检测问题了。

图 11-26　height

11.4.5　检测碰撞

1. 创建小鸟与门柱的图片矩形

小鸟与门柱间的碰撞，仍是将其转化成代表它们的矩形之间的关系来处理。小鸟和门柱图片都是矩形，在 pygame 中，检测矩形碰撞有一个简单的方法，即 colliderect()。

（1）创建代表小鸟与门柱的矩形。在小鸟类中，通过 pygame 调用方法 Rect()，定义小鸟矩形 birdRect 属性：

```
self.birdRect=pygame.Rect(65,50,40,40)
```

方法 Rect()需要 4 个参数，前两个参数是矩形左上角的坐标点 65、50，后两个参数是矩形的宽度和高度 40、40。

（2）更改小鸟矩形的位置。

当小鸟的位置更改后，相应的矩形位置也需要更改，这将由小鸟类的方法 birdUpdate()完成，使小鸟的矩形根据小鸟的移动而移动。即：

```
self.birdRect[1]=self.birdy  #小鸟移动时，其矩形坐标随 y 坐标变动
```

2. 在主程序中判断小鸟的生存状态

通过函数 checkDead()判断小鸟的生存状态，如果小鸟死亡，那么由函数 getResult()获得总得分；否则调用创建地图函数 createMap()：

```
if checkDead():          #如果小鸟死亡
    getResult()          #获取总分
else:
    createMap()          #创建地图函数
```

3. 编写函数 checkDead()与 getResult()

（1）检测小鸟碰撞及死亡的函数 checkDead()。

小鸟的碰撞检测将在该函数里实现。仍然是通过方法 Rect()，先定义上下门柱相应的矩形：upRect 和 downRect。方法 Rect()中的第 1 个参数是该矩形的 x 坐标，直接使用门柱的 Pipeline.wallx；第 2 个参数是矩形的 y 坐标，在创建地图函数 createMap()里，我们给出的上门柱 y 坐标是-100，所以这里仍是-100；第 3、第 4 个参数是矩形的宽度和高度，可以通过对象 Pipeline 的属性 pineUp 和 pineDown，分别调用方法 get_width()和 get_height()获得。

pygame 提供的函数 colliderect()专门检测矩形之间的碰撞。

用法：

```
<碰撞矩形对象名>.colliderect(<被碰撞矩形对象名>)
```

upRect.colliderect(Bird.birdRect)表示检测上门柱矩形是否与小鸟矩形碰撞，而 downRect.colliderect(Bird.birdRect)表示检测下门柱矩形是否与小鸟矩形碰撞。若发生了碰撞，就让小鸟的 dead 属性取值 True。

接着用小鸟矩形的 y 坐标 Bird.birdRect[1]，来检测小鸟是否飞出了窗口屏幕的上下边界。即：

```
0<Bird.birdRect[1]<height
```

所以，检测小鸟碰撞及死亡的函数 checkDead()如下：

```
def checkDead():              #检测小鸟死亡
    upRect=pygame.Rect(Pipeline.wallx,-100,Pipeline.pineUp.get_width(),Pipeline.pineUp.get_height()) #定义上门柱的
矩形 upRect
    downRect=pygame.Rect(Pipeline.wallx,400,Pipeline.pineDown.get_width(),Pipeline.pineDown.get_height())
       #定义下门柱的矩形 downRect
    #检测矩形碰撞
    if upRect.colliderect(Bird.birdRect) or downRect.colliderect(Bird. birdRect):
        Bird.dead=True
    #检测飞出边界
    if not 0<Bird.birdRect[1]<height: #0 是屏幕 y 轴上边界，height 是 y 轴下边界
        Bird.dead=True
        return True
    else:
        return False
```

（2）游戏结束获取总分的函数 getResult()。

获取总分，就是用 font 向窗口中显示文字，游戏结束时希望给出两行文字："Game Over!"以及"Your final score is："，两行文字显示的颜色不一样。这里，通过 font 调用方法 render()，对文字加以渲染，第 1 个参数是要渲染的文字；第 2 个参数是一个布尔值，表示是否要顺滑文字，1 表示要；第 3 个参数是文字的颜色（它是一个三元组）。然后通过 blit 在屏幕上显示文字，它需要两个参数，第 1 个是显示的文字内容，第 2 个是显示文字左上角的 x 和 y 的坐标，它是一个二元组。最后通过 display 的 update 刷新屏幕内容。于是，游戏结束获取总分的函数 getResult()如下所示：

```
def getResult():
    #获取总分
    ft1_surf=font.render('Game Over!',1,(242,3,36))#显示带有颜色的文字
    ft2_surf=font.render('Your fianl score is :'+str(score),1,(242,3,36))
    screen.blit(ft1_surf,(70,100))
    screen.blit(ft2_surf,(10,150))
    pygame.display.update()
```

于是，小鸟飞越门柱的完整游戏程序如下：

```
#flappybird.py
import pygame
import sys

class Bird(object):
    #定义一个小鸟类
    def __init__(self):
        #定义初始化方法
        self.birdRect=pygame.Rect(65,50,40,40)    #小鸟矩形属性
        self.birdstatus=[pygame.image.load('D:/bird/bird2-g2.gif'),
                    pygame.image.load('D:/bird/bird1-g2.gif'),
                    pygame.image.load('D:/bird/bird3-g2.gif')]
        self.status=0                #小鸟初始状态
        self.birdx=120               #小鸟初始坐标
        self.birdy=350
        self.jump=False          #判断是否是跳跃状态
        self.jumpSpeed=10        #跳跃时的跳跃高度
        self.gravity=5           #坠落时的坠落高度
        self.dead=False          #判断是否是死亡状态

    def birdUpdate(self):
```

```
                #定义移动方法
                if self.jump:
                    #小鸟处于跳跃状态
                    self.jumpSpeed -=1   #往上跳跃逐渐变慢
                    self.birdy -=self.jumpSpeed
                else:
                    self.gravity +=0.1   #往下坠落越来越快
                    self.birdy +=self.gravity
                self.birdRect[1]=self.birdy      #小鸟移动时，更改其 y 坐标

class Pipeline(object):
    #定义门柱类
    def __init__(self):
        #定义初始化方法
        self.wallx=400
        self.pineUp=pygame.image.load('D:/bird/pillarU-g.gif')
        self.pineDown=pygame.image.load('D:/bird/pillarD-g.gif')

    def updatePipeline(self):
        #定义移动方法
        self.wallx -=5
        if self.wallx<-15:
            global score       #score 为全局变量
            score+=1           #飞过一个门洞，加分
            self.wallx=400

def createMap(): #创建地图函数
    screen.blit(background,(0,0))
    #显示门柱
    screen.blit(Pipeline.pineUp,(Pipeline.wallx,-100))
    screen.blit(Pipeline.pineDown,(Pipeline.wallx,400))
    Pipeline.updatePipeline()

    #显示小鸟
    if Bird.dead:
        Bird.status =2
    elif Bird.jump:
        Bird.status =1

    screen.blit(Bird.birdstatus[Bird.status],(Bird.birdx,Bird.birdy))
    Bird.birdUpdate()
    text=font.render('Score:'+str(score),-1,(255,0,0))
    #调用方法 render()，显示得分，4 个参数
    screen.blit(text,(100,50))

    pygame.display.update()    #显示全部窗口

def checkDead():
    #检测小鸟死亡
    upRect=pygame.Rect(Pipeline.wallx,-100,Pipeline.pineUp.get_width(),Pipeline.pineUp.get_height())
    downRect=pygame.Rect(Pipeline.wallx,400,Pipeline.pineDown.get_width(),Pipeline.pineDown.get_height())
    #检测矩形碰撞
    if upRect.colliderect(Bird.birdRect) or downRect.colliderect(Bird. birdRect):
        Bird.dead=True
    #检测飞出边界
    if not 0<Bird.birdRect[1]<height:
        Bird.dead=True
        return True
    else:
        return False

def getResult():
    #获取总分
    ft1_surf=font.render('Game Over!',1,(242,3,36))       #显示带有颜色的文字
    ft2_surf=font.render('Your fianl score is :'+str(score),1,(242,3,36))
```

```
        screen.blit(ft1_surf,(70,100))
        screen.blit(ft2_surf,(10,150))
        pygame.display.update()

#主程序
pygame.init()                      #初始化 pygame
pygame.font.init()                 #初始化字体类
font=pygame.font.SysFont(None,50)  #调用系统的默认字体，字体大小 50

size=width,height=350,600          #设置窗口尺寸
screen=pygame.display.set_mode(size)   #设置窗口
clock=pygame.time.Clock()          #设置时钟

Bird=Bird()                        #实例化小鸟类
Pipeline=Pipeline()                #实例化门柱类
score=0                            #得分初始化

while True:
    clock.tick(60)                 #每秒执行 60 次

    #检测发生的事件
    for event in pygame.event.get():
        if event.type==pygame.QUIT:
            sys.exit()
        if (event.type==pygame.KEYDOWN or event.type==pygame. MOUSEBUTTONDOWN) and not Bird.dead:
            Bird.jump =True
            Bird.gravity =5
            Bird.jumpSpeed =10

    background=pygame.image.load('D:/bird/background.png')
    if checkDead():                #如果小鸟死亡
        getResult()                #获取总分
    else:
        createMap()                #创建地图函数

pygame.quit()
```

至此，有关小鸟穿越门柱的游戏程序全部介绍完毕。通过键盘按键或鼠标按键的操作，就能够让该程序投入运行。图 11-27 所示就是该游戏结束时的一个画面。

图 11-27

思考与练习十一

参考书目

[1] SHAW ZED A. "笨办法"学 Python：第 3 版[M].王巍巍，译. 北京：人民邮电出版社，2014.

[2] 董付国. Python 程序设计第 2 版[M]. 北京：清华大学出版社，2016.

[3] MATTHES E. Python 编程：从入门到实践[M]. 袁国忠，译. 北京：人民邮电出版社，2016.

[4] 吴惠茹，等. 从零开始学 Python 程序设计[M]. 北京：机械工业出版社，2018.

[5] LIE HETLAND M. Python 基础教程[M]. 袁国忠，译. 北京：人民邮电出版社，2018.

[6] 张健，张良均. Python 编程基础[M]. 北京：人民邮电出版社，2018.

[7] 明日科技. 零基础学 Python[M]. 长春：吉林大学出版社，2018.

[8] 王国辉，李磊，冯春龙，等. Python 从入门到项目实践[M]. 长春：吉林大学出版社，2018.

本书内容简要索引

位置	名称	说明
第1章	交互执行	在 Python 提示符 ">>>" 后输入一条条命令
	程序执行	用 Sublime Text 编写程序、通过 Python 调用执行
	IDLE	Python 自带的集成开发环境
第2章	变量命名规则	
	Python 的保留字	
	id()	返回变量所在的内存地址
	字符串	用单引号（'）或双引号（"）括起来的一系列字符
	索引	Python 规定，索引从 0 开始
	子串	字符串中任意多个连续字符所组成的子序列
	title()	将字符串变量里出现的每个单词的首字母改为大写
	upper()	将字符串变量里的所有字母都改为大写
	lower()	将字符串变量里的所有字母都改为小写
	find()	查找子串在主串中的位置，返回子串首次出现时第一个字符的索引
	rfind()	查找子串在主串中的位置，返回子串最后出现时第一个字符的索引
	count()	计算子串在主串中出现的次数
	replace()	用新子串替换字符串中出现的旧子串
	len()	获得字符串中字符的个数，也就是字符串的长度
	isalnum()等	测试字符串是否为数字或字母等
	index()等	返回指定范围内字符串在另一字符串中出现的位置索引
	转义字符	用 "\" 后跟特定单个字符，表示键盘上一些不可见的功能控制符
	切片	用方括号 "[ ]" 运算符提取字符串中单个字符或局部范围
	整数	有十进制、二进制、八进制和十六进制 4 种不同的表示形式
	实数	只有两种表示：十进制小数和指数形式的实数
	表达式	用运算符把运算对象连接在一起组成的式子
	自反赋值运算符	Python 中的自反赋值运算符:-=、+=、*=、/=、**=、//=、%=
	条件运算符	Python 中的条件运算符: <、<=、>、>=、==、!=
	逻辑运算符	Python 中的逻辑运算符: and、or、not
	按位运算符	将十进制数转换为二进制数，然后进行所需要的按位运算
	ASCII 值	键盘上的字母、数字及符号相应的十进制 ASCII 值
第3章	input()	向用户提供的输入数据的方式
	int()	将字符串形式的数字转换成数字
	#	从#开始到该行的结束，表示为注释
	3 个单或双引号	多行注释
	if	单分支选择
	if-else	双分支选择
	if-elif-else	多分支选择
	for/in-else	一种计次循环，通过计数来控制循环重复执行的次数
	in/not in	成员运算符
	range()	通过序列索引，自动控制 for 循环的执行次数
	while	根据条件成立与否控制循环的进行
	break	遇到 break 时中断整个循环，跳去执行后续语句
	continue	提前结束本次循环，返回到循环体起始处

位置	名称	说明
第4章	type()	返回变量所属的数据类型
	str()	将数值转换成字符串值
	print()里的 end	若 print 中的 end='',后面输出的位置仍保持在原行不变
	格式控制字符%	按格式说明,将列出的变量值转换成所需要的输出格式
	()	定义一个元组
	len()	求元组中元素的个数,即元组的长度
	count()	求元组中某元素出现的个数
	index()	获得元素在元组给定范围内第一次出现的位置
	[]	定义一个列表
	append()	将给出的元素添加到调用该方法的列表的末尾
	insert()	将元素按指定的索引位置,插入调用此方法的列表中
	extend()	将另一个列表中的所有元素添加到原列表的末尾
	remove()	将指定的元素从列表中删除
	pop()	按索引值删除并返回列表中的某个元素
	clear()	清除列表中的所有元素,成为空列表
	sort()	对列表元素进行原地排序
	sorted()	对元组或列表进行排序后返回,原元组或列表保持不变
	reverse()	对列表元素进行排序
	count()	返回指定元素在列表中出现的次数
	split()	将所给字符串拆分成为一个列表
	[][]	定义一个二维列表
	{}	定义一个字典
	del	删除字典中的"键-值"对
	iter()	从字典中取出"键-值"对中的键
	items()	不断从字典中返回"键-值"对,自动遍历字典
	keys()	遍历和获得字典中的"键"
	values()	遍历和获得字典中的"值"
	sorted()	对该字典的元素按键或值进行升序或降序排列
	get()	返回键 key 所对应的值
	update()	合并两个字典
	popitem()	删除字典的最后一个元素,返回它的"键-值"对
第5章	def	定义函数时必不可少的关键字
	return	将返回值返回到调用该函数的相关代码行
	*<形参>	形参是元组,收纳传递过来的或长或短的多余实参
	*<表达式>	把列表中的元素"拆分"开,传递给函数中的形参,供加工处理
	**<形参>	与字典搭配,收纳调用者传递过来的或长或短的多余实参
	**<表达式>	把字典中的键和值拆分开来,传递给形参,供函数加工处理
	global	全局变量关键字
	import	导入模块关键字
	as	给模块或函数指定别名
	math	数学模块,使用该模块中的方法可便捷、精确地求得数学计算结果
	sqrt(x)	计算 x 的平方根
	pow(x,y)	计算 x 的 y 次幂
	fmod(x,y)	计算 x%y 的余数
	hypot(x,y)	计算 sqrt(x*x+y*y)
	gcd(a,b)	计算 a 和 b 的最大公约数

位置	名称	说明
	random	随机数模块，由它提供的方法，可以根据需要产生随机数
	choice(x)	从有序的 x 中，随机挑选一个元素
	randrange()	按参数的指定范围，产生一个随机数
	sample(x,k)	从有序的 x 中，随机挑选 k 个元素，以列表形式返回
	shuffle(x)	将有序的 x 重新排序
	time	获取时间模块
	time()	以浮点数的形式返回从 1970 年 1 月 1 日之后的秒数值
	asctime()	以字符串的形式返回当前的日期和时间
	ctime()	以字符串的形式返回当前的日期和时间
	sleep(secs)	让程序（线程）延迟执行 secs 秒
	calendar	日历模块，它提供与日历有关的各种方法
	calendar()	与 print 配合，输出全年的日历，默认每行输出 3 个月份
	prcal()	输出全年的日历，默认每行输出 3 个月份
	setfirstweekday()	修改日历输出以周日开始
	month()	与 print 配合，输出指定年份的某月日历
	prmonth()	输出指定年份的某月日历
	isleap()	判断某年是否为闰年
	leapdays()	判断两个年份之间有几个闰年
第 6 章	class	定义类的关键字
	__init__	初始化程序的名字
	self	代表创建的新对象，成为新对象在系统内部的替身
	pass	用于子类原封不动地继承父类的一切
	super()	建立子类与父类的联系，在子类里实现对所需方法的调用
第 7 章	tkinter	图形用户界面 GUI 模块
	Button	按钮控件
	Checkbutton	复选按钮控件，可以勾选其中的多个按钮
	Entry	文本框控件（单行），用以接收键盘输入
	Text	文本框控件，显示和接收多行文本或图片
	Listbox	列表框控件，给出一个个选项条目，供用户选择
	Menu	菜单控件
	Menubutton	菜单选项，可以下拉或级联
	message	信息框控件，包含对话框、文件对话框、颜色选择框等
	Radiobutton	单选按钮，成组时只能选择其中的一个按钮
	Scale	滑块，可根据给出的始值和终值，得到当前位置的准确值
	Scrollbar	滚动条，用于 Text、Listbox 等控件
	Label	标签，显示文字和图片的地方
	Toplevel	创建一个子窗口容器
	PhotoImage	图片控件，用于存放图片
	place()	用坐标值定位的方法
	grid()	由行、列属性定位的方法
	pack()	由系统自动或传递参数 side 定位的方法
	title()	更换顶层窗口的标题栏名称
	iconify()	将顶层窗口对象最小化到整个桌面的任务栏
	deiconify()	将顶层窗口对象从最小化图标还原成原来面貌
	按钮类常用属性	
	anchor	文字对齐方式

续表

位置	名称	说明
	background	背景颜色，即底色
	foreground	前景颜色
	borderwidth	按钮框线宽度，名称可用 bd 代替
	relief	配合 bd 的框线样式
	font	按钮上的字体
	command	按下按钮时相应的回调函数
	cursor	鼠标指针移动到按钮上时的指针样式
	state	按钮的 3 种状态
	width	按钮宽度
	justify	按钮上多行文字的对齐方式
	文本框常用属性	
	text	标签中要显示的文字
	background	背景颜色，即底色，名称可用 bg 代替
	foreground	前景颜色，名称可用 fg 代替
	borderwidth	设置框线宽度，名称可用 bd 代替
	image	图片（只认.png 格式）
	font	字体、字号、粗细、斜体等
	width	标签宽度
	height	标签高度
	justify	标签中多行文字的对齐方式
	anchor	标签中文字的对齐方式
	compound	文本与图像在标签出现的位置
	复选框类属性	
	anchor	文字对齐方式
	background	背景颜色，即底色，名称可用 bg 代替
	foreground	前景颜色，名称可用 fg 代替
	borderwidth	复选按钮框线宽度，名称可用 bd 代替
	relief	配合 bd 的框线样式
	font	字体、字号、粗细、斜体
	height	复选按钮的高度
	width	复选按钮的宽度
	text	复选按钮上的文字
	onvalue/offvalue	复选按钮选中/不选后所链接的变量值
	variable	复选按钮所链接的变量
	单选按钮属性	
	anchor	文字对齐方式
	background	背景颜色，即底色，名称可用 bg 代替
	foreground	前景颜色，名称可用 fg 代替
	borderwidth	单选按钮框线宽度，名称可用 bd 代替
	relief	配合 bd 的框线样式
	font	字体、字号、粗细、斜体
	height	单选按钮的高度，默认为自适应显示的内容
	width	单选按钮的宽度，默认为自适应显示的内容
	text	单选按钮上的文字
	onvalue/offvalue	单选按钮选中/不选后所链接的变量值
	variable	单选按钮所链接的变量，跟踪单选按钮的状态

位置	名称	说明
	command	指定发生事件时，单选按钮的回调函数
	image	使用 gif 图像
	bitmap	指定位图
	state	设置控件状态
	selectcolor	设置选中按钮的颜色
	value	获取属性 variable 的值，用于与其他控件进行链接
	indicatoron	让单选按钮以按钮方式出现
菜单控件		
	geometry()	设置顶层窗口尺寸及在整个屏幕上的初始位置
	add_cascade()	添加主菜单项名
	add_command()	以按钮形式添加菜单项
	add_separator()	在子菜单项之间加入一条分隔线
信息框控件		
	simpledialog	接收用户对字符串、整数、浮点数等的输入
	massagebox	标准对话框
	filedialog	文件对话框
文本框控件		
	insert()	把所给的字符插入由 index 所指明的文本框位置处
	delete()	删除文本框里的字符
列表框控件		
	curselection()	返回选定表项的行号
	delete()	删除在索引范围内的表项
	get()	返回指定范围内的表项元组
	insert()	在索引指定的表项前插入列表框
	size()	返回列表框中的表项数
鼠标事件及方法		
	<Button>	按下鼠标某键
	<ButtonRelease>	释放鼠标按键
	<Double-Button>	双击鼠标左键
	<Enter>	鼠标进入某个控件范围
	<Leave>	鼠标离开某个控件范围
	<Motion>	鼠标移动
	<MouseWheel>	使用鼠标滚轮
	bind()	将控件与事件绑定
	event	处理者通过 event 方式，访问传递过来的属性
键盘事件		
	<KeyPress>	按下键盘上的某键
	<KeyRelease>	释放键盘上的某键
第 8 章	NameError	试图访问一个没有定义的变量引发的错误
	IndexError	索引超出序列允许范围引发的错误
	IndentationError	缩进错误
	ValueError	传递的值出现错误
	KeyError	请求一个不存在的字典关键字引发的错误
	IOError	输入输出错误（例如读取的文件不存在）
	ImportError	Import 无法找到模块
	AttributeError	试图访问未知的对象属性引发的错误
	TypeError	类型不符要求引发的错误
	MemoryError	内存不足引发的错误

续表

位置	名称	说明
	ZeroDivisionError	除数为 0 引发的错误
	SyntaxError	Python 代码非法，语法错
	try/except	捕捉程序中的异常
	try/except/else	捕捉异常的 Python 语句
	finally	完整的异常处理时还应该包括 finally 子句
第9章	open()	创建和打开文件
	close()	把缓冲区里的内容写入文件，同时关闭文件，释放文件对象
	read()	读取字符内容并返回结果
	readline()	从文本文件中读取一行内容后返回
	readlines()	把文本文件中的每行内容作为字符串存入列表，返回该列表
	seek()	移动文件指针到新位置
	tell()	返回文件指针的当前位置
	truncate()	删除从当前指针位置到文件末尾的内容
	write(s)	把字符串 s 的内容写入文件
	writelines(s)	把字符串列表写入文本文件，不添加换行符
	mkdir()	创建目录的方法
	makedirs()	创建多级目录的方法
	exists()	判断目录是否存在
	rmdir()	删除目录
	rmtree()	删除非空目录
	chdir()	更改当前目录
	getcwd()	获得当前目录名
	rename()	重新命名文件
	isfile()	判断路径是否为文件
	remove()	删除指定文件
	copyfile()	复制指定文件
	make_archive()	压缩指定文件
	unpack_archive()	解压指定文件
第10章	heapq	Python 中的堆模块
	heappush()	往堆里插入关键字，自动调整成具有堆性质的完全二叉树
	heappop()	堆里弹出顶元素并返回，自动调整堆为完全二叉树
	heapify()	将<列表>转换为一个具有堆特性的完全二叉树
	heapreplace()	用给出的关键字替换堆中最小元素，并自动构建成一个堆
	nlargest()	以降序方式返回堆中 n 个记录的关键字
	nsmallest()	由升序方式返回堆中 n 个记录的关键字
	FIFO	先进先出队列
	LIFO	后进先出队列
	Priority	优先级队列
	queue	Python 提供的创建、操作队列的模块
	Queue()	创建 FIFO 队列
	LifoQueue()	创建 LIFO 队列
	PriorityQueue()	创建 Priority 队列
	qsize()	返回队列中当前拥有的元素个数
	empty()	如果队列为空，返回 True；否则返回 False
	full()	如果队列已满，返回 True；否则返回 False
	put()	往队列里插入一个元素
	get()	从队列里弹出一个元素
	clear()	清空一个队列

感谢

本书终于出版了！回望走过的漫漫长路，确实需要感谢非常多的人！

第一，感谢马华崇大夫：是他，亲自为我动了"结肠癌"手术；是他，在我结束化疗后，积极鼓励和支持我继续打开计算机，完成本书的写作。

第二，感谢本书责任编辑桑珊：是她，接受了我这个带病之躯写书的请求；是她，积极为我提供写作过程中所需的参考书目。

第三，感谢原人大研究生且未曾谋面的周梦溪，以及北京工业大学信息学部计算机学院教师周珺，以及"梦之昂"文化传媒有限公司的责任人余楠：向他们请教时，他们总是那么有耐心，有问必答，他们是我学习 Python 的"引路人"。

第四，感谢我的家人，他们处处照顾我，默默地承担着烦杂的生活琐事，关注着我的衣食住行。

最后，要感谢的是网络上为我提供各种资料的人们。

由衷地感谢大家！